U0667373

权威·前沿·原创

皮书系列为
"十二五""十三五""十四五"时期国家重点出版物出版专项规划项目

B

BLUE BOOK

智库成果出版与传播平台

企业ESG蓝皮书

BLUE BOOK OF CORPORATE ESG

中国企业环境、社会与治理报告
（2024）

CHINA CORPORATE ENVIRONMENTAL, SOCIAL
AND GOVERNANCE REPORT (2024)

组织编写／中华环保联合会
　　　　　天成聚海顾问公司
主　　编／王秀峰　谢玉红
执行主编／林　彬

社会科学文献出版社
SOCIAL SCIENCES ACADEMIC PRESS（CHINA）

图书在版编目（CIP）数据

中国企业环境、社会与治理报告. 2024 / 王秀峰，
谢玉红主编；林彬执行主编. --北京：社会科学文献
出版社，2025.5. --（企业 ESG 蓝皮书）. --ISBN 978
-7-5228-5437-3

Ⅰ. X322. 2

中国国家版本馆 CIP 数据核字第 2025ZD1336 号

企业 ESG 蓝皮书

中国企业环境、社会与治理报告（2024）

组织编写／中华环保联合会　天成聚海顾问公司
主　　编／王秀峰　谢玉红
执行主编／林　彬

出 版 人／冀祥德
组稿编辑／路　红
责任编辑／连凌云
责任印制／岳　阳

出　　版／社会科学文献出版社·皮书分社（010）59367127
　　　　　地址：北京市北三环中路甲 29 号院华龙大厦　邮编：100029
　　　　　网址：www. ssap. com. cn
发　　行／社会科学文献出版社（010）59367028
印　　装／天津千鹤文化传播有限公司

规　　格／开本：787mm×1092mm　1/16
　　　　　印 张：19.75　字 数：293 千字
版　　次／2025 年 5 月第 1 版　2025 年 5 月第 1 次印刷
书　　号／ISBN 978-7-5228-5437-3
定　　价／168.00 元

读者服务电话：4008918866

▲ 版权所有 翻印必究

《中国企业环境、社会与治理报告（2024）》
编 委 会

主　　任　王秀峰　谢玉红

执行主任　林　彬

副 主 任　李　群　王晓光　王海灿　陈　琼　郝　琴

委　　员　（排名不分先后）

宋豫秦　周北鸿　郑庆宝　李瑞东　王统海

郑　漾　梅　简　卫　斌　孙孝文　陈　锋

袁吉伟　瞿伟锋　李默成　刘轶芳　林志鹏

张　元　梁　轩　支玲玲　王　磊　张　洁

吴克实　闫武昆　郭府青　陈建国　刘愿军

王甲佳　袁秀丽　罗春辉　李亚萍　胡　泊

张莉平　毛世伟　毛巧荣　郭莹莹　李恩慧

丁怡雅　许彦君　周海燕　窦立辉　牟宏伟

安　波　牟　艳　林再宝　陈丽晶

主要编撰者简介

王秀峰　中华环保联合会主席，中国共产党党员，副研究员。中央和国家机关工委原委员（副部长级），第十三届全国人民代表大会环境与资源保护委员会委员。曾任原地质矿产部人事司人事干部处副处长、处长；全国政协办公厅秘书局处长、人口资源环境委员会办公室副主任，中国文史出版社总编辑、社长，全国政协办公厅人事局局长，第十一、十二届全国政协提案委员会副主任（驻会，副部长级），中央直属机关工委副书记。第十三届全国人大代表，中共十八大代表，第十一、十二届全国政协委员。曾担任《纵横》杂志总编辑、《中国书法大观》总编辑、《霍英东风范长存》主编。

谢玉红　中华环保联合会副主席兼秘书长，中国共产党党员，高级工程师。长期在原环境保护部工作，先后任审计办公室主任科员、监察部派驻国家环保总局监察专员办公室主任科员、监察局综合室副处级纪检监察员。2004 年 11 月任中华环保联合会副处级干部，2005 年 10 月至 2009 年 3 月任中华环保联合会办公室主任，2009 年 3 月至 2019 年 3 月任中华环保联合会第二届理事会副秘书长，2019 年 3 月至 2024 年 7 月任中华环保联合会第三届理事会副主席兼秘书长，2024 年 7 月至今任中华环保联合会第四届理事会副主席兼秘书长。主编国内首部"企业 ESG 蓝皮书"——《中国企业环境、社会与治理报告（2023）》，获得第十五届优秀新皮书奖。

林　彬　中华环保联合会 ESG 专业委员会主任委员、研究员，中国共产党党员，全国工商联智库委员，中安正道自然科学研究院院长、首席研究员。曾任中标民营企业综合标准化战略指导中心主任，中国社会科学院企业社会责任研究中心副主任，全国工商联《中国民营企业社会责任报告》编委会执行副主编，北京师范大学中国公益研究院社会责任（ESG）研究中心主任、研究员。主持研究编撰出版 7 部《中国民营企业社会责任报告》、30 多部省市工商联民营企业社会责任报告、近百部企业社会责任（ESG）报告。多次获得全国工商联优秀课题成果奖、创新研究成果奖。主持编写的《中国企业环境、社会与治理报告（2023）》获得第十五届优秀新皮书奖。

主编单位简介

中华环保联合会

中华环保联合会成立于 2015 年，是经国务院批准、由生态环境部和民政部监督管理的全国性社会团体，其宗旨是围绕实施可持续发展战略，发挥政府与社会、企业之间的桥梁纽带作用，促进生态文明和美丽中国建设。

中华环保联合会拥有联合国经济与社会理事会特别咨商地位、联合国环境规划署咨商地位及联合国气候变化大会观察员等 12 个国际组织成员身份，是中国最大、最有影响力的环保组织之一。联合会有包括 39 位两院院士在内的 1500 多位国内一流知名专家学者组成的智库和 ESG 等 28 个专业委员会，有包括中石化、中化工、海亮等世界 500 强企业在内的 15000 余家企事业单位和个人会员。

中华环保联合会 ESG 专业委员会（简称 ESG 专委会）是中华环保联合会负责 ESG 的专职工作机构，拥有近百位国内 ESG 领域顶级专家学者智库委员和具有丰富实践经验的领军人才，致力于为企业提供具有国际水准的 ESG 全方位专业咨询服务，包括并不限于 ESG 战略规划、报告编制、评价认证、评级提升、活动策划、品牌传播、培训辅导、体系与能力建设等全方位的专业服务，是国内最具研发实力和创新精神的 ESG 专业咨询团队之一。是生态环境部支持的 ESG 国家新职业牵头申报单位。在中华环保联合会的支持下，ESG 专委会与国务院国资委合作举办了企业社会价值实验室大讲堂，与全国工商联及多个省级工商联、国资委合作举办了企业 ESG/社会责任培训班，与中国社会科学院大学合作举办国内首个 ESG 方向博士高级研修班，与《人民日报（海外版）》合作共同打造"新时代中国品牌形象海外传播论坛暨企业 ESG 蓝皮书发布会"品牌活动。

天成聚海顾问公司

深圳市天成聚海企业管理顾问有限公司（简称"天成聚海顾问公司"）是一家集国内外资深金融专家、管理专家于一体的综合服务机构，旨在为国内企业提供一系列企业管理、综合培训及金融咨询服务。

天成聚海顾问公司成立以来，结合自身资源优势，与国内外多方金融机构达成了紧密合作关系。创始人陈琼与香港股票分析师协会主席邓声兴博士及数位香港知名金融专家共同在香港成立了益盛管理有限公司，并与香港一流会计师事务所、律师事务所建立了长期战略合作伙伴关系。以香港益盛管理有限公司与香港股票分析师协会的资源为纽带，天成聚海顾问公司又与香港会计师协会、香港证监会、港交所以及香港的中金国际、大新银行、巴黎银行等建立了深度的战略合作伙伴关系。同时，天成聚海顾问公司与国信证券、五矿证券、财富证券、国海证券等国内知名金融机构以及一流会计师事务所、律师事务所建立了深度的战略合作伙伴关系。

天成聚海顾问公司历经十多年沉淀，积累了一批集行业经验、管理经验、金融经验于一身的高级金融实战专家，为国内企业搭建起内地资本和香港、国际资本互联互通的桥梁。借助强大的香港及国际金融资源和资本运作能力，为内地企业提供一系列各阶段所需的战略规划、培训管理、金融咨询服务；并开创了"资本+战略+运营"一站式服务系统，以及"核心建设管理及运营"的资本运作体系，积极推动中国优质企业赴 A 股及香港主板、创业板挂牌上市；并依托自身专业和资源优势助力上市企业进行核心价值提升和维护。

历经十多年发展，天成聚海顾问公司积累了丰富的香港和内地金融运作、战略规划、公司管理、营销策划团队人才；具备丰富的核心管理建设和企业上市经验，有主导多家 A 股、港股公司上市和市值管理的成功案例；并建立了"未来核心战略运营"竞争力系统，深耕于企业核心价值的打造；

重视各领域的科技、资源、人才及管理的积淀，协助企业站在全球化视野、行业趋势以及政策走向的角度进行战略布局和规划，立足金融思维及自身特色形成战略力、科技力、品牌力、营销力和资本力；并凭借国内外广泛的人工智能技术和产业资源，助力企业数字化、智能化发展，同时倡导并助力企业ESG建设，从而实现企业可持续高质量发展及价值倍增；助力企业登陆A股和港股资本市场，实现可持续优势价值成长的梦想。

摘　要

《中国企业环境、社会与治理报告（2024）》紧密围绕中国企业 ESG 实践，融合专业视角、专家智慧与实证研究方法，对 2024 年中国企业 ESG 发展态势及热点议题进行年度观测和深度解读，对未来发展趋势进行分析预测。

报告基于全国范围内企业 ESG 专项调研所获得的详实数据，结合生态环境部等有关部门及企业的公开信息，创新性突破以往仅聚焦于上市公司的研究局限，将研究视角扩展至更广泛的企业群体，依据中华环保联合会《企业环境社会治理（ESG）评价指南》（T/ACEF 168—2024）团体标准，构建 ESG 指数体系，立足当前我国企业 ESG 实践的内外部条件和阶段性特征，对数据进行结构化分析，采用数据、图表、案例相结合的形式，总结分析评价样本企业在环境、社会与公司治理方面的能力建设、实践模式与绩效表现。设置《ESG 投资政策、发展以及展望》《健全 ESG 生态，促进城市高质量发展》《ESG 助力"双碳"目标实现的作用机制与策略路径》《ESG 人才的发展趋势和路径》四个专题报告，力求为我国企业 ESG 创新发展探索路径提供参考与借鉴。

2024 年是联合国全球契约组织提出 ESG 的 20 周年。ESG 为我国高质量发展提供了一个全局性、动态性、长期性的政策工具抓手。中国近年来 ESG 领域新政频出，投资热情高涨，信息披露量质并进，专业服务紧跟市场步伐，呈现以碳达峰碳中和为焦点、以信息披露为抓手、整体加速发展的良好态势，ESG 的影响力也正在从资本市场投资工具过渡到城市发展指引，并落地到区域规划和企业经营实践中。据测算，中国企业 ESG 发展指数稳步提升，社会维度得分领跑，环境维度增长最快，治理水平差异显著。具体而言，定性指标与定量指标之间差距缩小，企业信息披露质量提升，供应链管理相对薄弱，产业链 ESG 风险传导问题凸显，企业 ESG 发展面临概念模糊、工具缺乏、人才短缺三大障碍。

报告剖析中国 ESG 发展的五大挑战：理念认知不足、信息披露质量有待提升、评价体系多元繁杂、"漂绿"现象扰乱市场秩序、工具供给不足。特别是在 ESG 投资领域，我国 ESG 债券以绿色债券为主，资管产品规模尚小，与国际先进水平存在差距，面临监管政策不完善、洗绿风险、数据瓶颈、人才短缺及投资者教育滞后等挑战。因此建议从加大 ESG 理念宣传力度、推进企业 ESG 信息披露、构建本土化 ESG 评级标准、建立健全 ESG 监管体系等方面入手，探寻构建中国 ESG 发展新格局的有效路径。

关键词： 中国企业　ESG 实践　ESG 指数　ESG 生态

目　录

I　总报告

II　评价报告

III　行业报告

IV　专题报告

V 典型案例

皮书数据库阅读**使用指南**

总报告

B.1

中国企业 ESG 发展报告（2024）

课题组*

摘　要： 本报告聚焦 ESG 的中国化进程，通过国际与国内双重维度，系统梳理并总结了当前 ESG 在全球及中国的发展态势。全球 ESG 发展格局分化明显：美国现抵制风潮，欧盟强监管加码，而中国最活跃、进步最快。ESG 发展在遭受各种挑战的情况下仍然保持韧性，不断扩大其全球影响力。中国近年来在 ESG 领域新政频出，投资热潮涌动，信息披露量质并进，专业服务紧跟步伐，呈现出以碳达峰碳中和为焦点、以信息披露为抓手、整体加速的特征。报告剖析中国 ESG 发展五大挑战：理念认知不足、信息披露质量有待提升、评价体系多元繁杂、"漂绿"现象扰乱市场秩序、工具供给不足，提出从加大 ESG 理念宣传力度、推进企业 ESG 信息披露、构建本土

---

* 课题组主要成员：林彬，全国工商联智库委员会委员，中华环保联合会 ESG 专业委员会主任委员，中安正道自然科学研究院院长，研究方向为企业社会责任、ESG；卫斌，中华环保联合会 ESG 专业委员会委员、执行秘书长，副研究员，研究方向为 ESG 战略与投资研究；丁怡雅，中安正道自然科学研究院助理研究员，研究方向为企业社会责任、ESG 信息披露、企业风险评估。

化 ESG 评级标准、建立健全 ESG 监管体系等方面探寻构建 ESG 发展新格局的有效路径。

关键词： 中国企业 ESG 理念宣传 ESG 信息披露 ESG 评级标准 ESG 监管体系

自"ESG"概念提出以来，作为一种从非财务因素视角关注企业发展的价值理念，能够基于环境（E）、社会（S）和治理（G）三个维度全面评估企业可持续发展绩效，成为企业高质量发展的有力工具，快速受到全球各个利益相关主体的关注与认同。

相比欧美发达国家，我国 ESG 起步较晚，但我国所践行的新发展理念、可持续发展战略、"双碳"目标、生态文明建设、数字中国建设等，与 ESG 发展理念具有极高契合度，ESG 作为推动发展方式全面转型升级的工具和手段，正发挥着越来越重要的作用。目前，国务院国资委、国家发改委、生态环境部、中国证监会、各证券交易所等多方主体陆续出台 ESG 相关政策，中国特色 ESG 理念正进一步深化。中国已成为 ESG 发展实践最活跃、进步最快的国家。

一 ESG 概览与战略价值

ESG 驱动企业可持续发展，通过构建能力评估框架，引导资源流向优质企业，促进市场有效运作，以正向激励促企业转型，实现环境、经济、社会和谐共生。而将 ESG 理念内化于心、外化于行的关键在于对 ESG 概念内涵的深刻理解与认同，将 ESG 理念根植于我国发展土壤中，将有效推进中国特色 ESG 体系的形成与完善。

（一）ESG 解读

从环境、社会和公司治理三个维度分别解析 ESG 内涵，有助于企业对

ESG 概念的深度理解，从而在经营过程中实现环境保护、社会责任和公司治理的协调发展。借助上海、深圳、北京证券交易所新发布的《上市公司可持续发展报告指引》中的议题结构，可为企业践行 ESG 提供清晰的对标框架，更有助于企业规范自身行动，积极推进 ESG 工作。

1. 概念内涵

ESG 理念认为，企业在追求经济效益的同时，应着眼于环境、社会、公司治理多维度综合发展，将企业自身发展置于整个环境和社会范围中，在实现企业价值增长的同时促进人类社会的可持续发展。其中，"E"是 Environmental（环境）的缩写，该维度关注自然资源和生态系统的健康发展，包括应对气候变化、废弃物处理、能源利用等关键议题；"S"是 Social（社会）的缩写，该维度涉及企业活动对社会的影响，主要包括对员工、消费者、社区、供应链等利益相关方的影响；"G"是 Governance（治理）的缩写，该维度聚焦企业的公司治理，包括反不正当竞争、反商业贿赂等关键议题。

2. 主要内容

放眼中国，为深入贯彻新发展理念，推动高质量发展，引导上市公司践行可持续发展理念，规范可持续发展相关信息披露，2024 年 4 月 12 日，上海证券交易所、深圳证券交易所和北京证券交易所分别发布《上海证券交易所上市公司自律监管指引第 14 号——可持续发展报告（试行）》《深圳证券交易所上市公司自律监管指引第 17 号——可持续发展报告（试行）》《北京证券交易所上市公司持续监管指引第 11 号——可持续发展报告（试行）》，自 2024 年 5 月 1 日起实施。[①]《指引》中对环境、社会、可持续发展相关治理三个维度的相关议题进行了统一明确，共 21 个关键议题，其中环境议题 8 个、社会议题 9 个、可持续发展相关治理议题 4 个，更适合中国企业的 ESG 议题体系正逐步形成，中国 ESG 信息披露迎来标准化时代。

---

① 上海证券交易所、深圳证券交易所、北京证券交易所官网。

表1 上海、深圳、北京证券交易所上市公司可持续发展报告指引议题

维度	序号	议题
环境	1	应对气候变化
	2	污染物排放
	3	废弃物处理
	4	生态系统和生物多样性保护
	5	环境合规管理
	6	能源利用
	7	水资源利用
	8	循环经济
社会	9	乡村振兴
	10	社会贡献
	11	创新驱动
	12	科技伦理
	13	供应链安全
	14	平等对待中小企业
	15	产品和服务安全与质量
	16	数据安全与客户隐私保护
	17	员工
可持续发展相关治理	18	尽职调查
	19	利益相关方沟通
	20	反商业贿赂及反贪污
	21	反不正当竞争

（二）ESG 中国化

高质量发展、可持续发展、全面均衡发展的 ESG 理念在我国战略体系中早已有所体现，高度契合的战略背景使 ESG 理念在我国得到快速传播和认同，为经济高质量发展提供了一个全局性、动态性、长期性的政策工具抓手。

1. 中国式现代化与 ESG 理念高度契合

ESG 理念致力于实现经济、社会、环境综合价值的最大化，是企业追求可持续发展、实现多方共赢、共创长期价值的重要指引。党的二十大报告

阐明了中国式现代化的丰富内涵：中国式现代化是全体人民共同富裕的现代化，是物质文明和精神文明相协调的现代化，是人与自然和谐共生的现代化。① 这与 ESG 发展理念高度契合。随着我国参与全球治理的深入，助力联合国全球可持续发展目标的实现，推动 ESG 高质量发展，既是加快建设中国式现代化的题中要义，也是积极参与全球治理体系建设的有效路径。

2. 国家发展战略与 ESG 目标高度一致

2023 年 7 月，习近平总书记在全国生态环境保护大会上的重要讲话中提到，建设美丽中国是全面建设社会主义现代化国家的重要目标。2024 年 1 月，《中共中央　国务院关于全面推进美丽中国建设的意见》正式发布，意见指出，深化环境信息依法披露制度改革，探索开展环境、社会和公司治理（ESG）评价。这是迄今为止，中国政府最高层发出的支持中国 ESG 发展的最清晰的信号。意见正式将 ESG 界定为美丽中国建设的重要任务，这无疑契合全球重要发展趋势；同时将美丽中国建设作为 ESG 的顶层设计，这在一定程度上解决了 ESG 的体制机制定位，将有效推动 ESG 的真正落地。②

2023 年 9 月，习近平总书记主持召开新时代东北全面振兴座谈会并发表重要讲话，首次提到"新质生产力"，新质生产力是科技创新在其中起主导作用的生产力，是符合高质量发展要求的生产力。2024 年 1 月，习近平总书记在主持中共中央政治局第十一次集体学习时明确指出，发展新质生产力是推动高质量发展的内在要求和重要着力点，必须继续做好创新这篇大文章，推动新质生产力加快发展。而科技创新正是贯彻 ESG 发展理念、实现 ESG 发展目标的内在要求。

3. 我国 ESG 生态体系建设持续强化

近年来，国务院国资委、生态环境部、中国证监会、中国人民银行等政

---

① 习近平：《高举中国特色社会主义伟大旗帜　为全面建设社会主义现代化国家而团结奋斗——在中国共产党第二十次全国代表大会上的报告》（2022 年 10 月 16 日），人民出版社，2022，第 22~23 页。

② 李志青：《开展 ESG 评价：避免长期主义"短期化"》，《可持续发展经济导刊》2024 年 3 月刊。

府部门及监管机构持续出台了有关信息披露、企业合规管理、绿色消费、绿色金融等 ESG 政策。值得注意的是，为进一步提升上海市涉外企业环境、社会和治理（ESG）水平，2024 年 3 月，上海市商务委印发《加快提升本市涉外企业环境、社会和治理（ESG）能力三年行动方案（2024—2026年）》；为充分发挥环境社会治理（ESG）体系对激发企业可持续发展内生动力、促进城市高质量发展的重要作用，2024 年 6 月，北京市发改委发布《北京市促进环境社会治理（ESG）体系高质量发展实施方案（2024—2027年）》。可以看出，国家层面的 ESG 顶层设计已逐渐辐射至地方，以上海、北京为首的一线城市开始结合区域实际情况，制定具有针对性的 ESG 地方政策文件，自上而下的 ESG 生态体系建设正在不断强化。

此外，2024 年 5 月，财政部重磅发布《企业可持续披露准则——基本准则（征求意见稿）》，该准则为国内企业指明了提高可持续信息披露质量的道路，为国际可持续发展标准在国内的融合与实施奠定了基调，是一套既具中国本土适用性，又与国际接轨的 ESG 准则。准则既覆盖国际准则提及的所有重要议题内容，为可比性奠定基础条件，同时还明确提出"乡村振兴""社会贡献"等更具中国特色的可持续议题内容[1]。该准则的发布，标志着我国本土打造、彰显特色、统一可比的可持续披露准则已取得阶段性成果。

二 全球与中国 ESG 发展

2024 年是联合国全球契约组织提出 ESG 的 20 周年。ESG 发展在遭受各种挑战的情况下仍然保持韧性，不断扩大其全球影响力。ISSB 两份可持续披露标准的发布，使国际可持续信息披露迈入新的阶段，而中国 ESG 相关政策体系正不断完善，政策效应在持续显现，市场积极因素在集聚增多，企

---

[1] 《ESG 第一视点 | 独家解读财政部发布〈企业可持续披露准则——基本准则（征求意见稿）〉》，可持续发展评价，2024 年 5 月 27 日，https：//mp.weixin.qq.com/s/R5m8LmhlA2fYRFUpswUuPA。

业 ESG 理念不断增强，ESG 报告披露数量逐年上升。ESG 价值标准和行动理念契合人们对美好生活的追求，正展现昂扬向上的发展态势。

（一）国际 ESG 发展形势

全球 ESG 发展深入，法规完善，市场活跃，信息披露优化。但欧美地区出现逆流与争议，挑战与机遇并存。在曲折中前行，ESG 仍是可持续发展的关键力量。

1. ESG 披露标准不断完善

目前，国际主流的 ESG 或可持续信息披露标准包括使用最广泛的可持续发展报告标准（GRI）、聚焦气候变化的气候信息披露框架（TCFD）以及可持续性会计准则（SASB）。2023 年 6 月，国际可持续发展标准理事会（ISSB）正式发布《国际财务报告可持续披露准则第 1 号——可持续相关财务信息披露一般要求》（IFRS S1）和《国际财务报告可持续披露准则第 2 号——气候相关披露》（IFRS S2）。这两项准则的颁布，是全球可持续披露基线准则建设中的里程碑，为全球 ESG 信息披露提供了重要参考，也使国际 ESG 信息披露标准体系更加完善。

具体来看，国际 ESG 披露标准呈现明显的加速和深化趋势。欧盟于2023 年生效的企业可持续性报告指令（CSRD），要求公司根据新的欧洲可持续性报告标准（ESRS）披露与可持续性相关的信息，是迄今为止欧洲最全面的 ESG 要求。加拿大计划于 2024 年实施强制性 ESG 报告，特别是针对大型银行、保险公司和联邦监管的金融机构，从而推动金融市场的可持续性发展和价值创造。聚焦美国，上市企业气候信息披露规则迎来新进展。2024年 3 月，美国证券交易委员会历时两年，终于正式通过修正了部分细则内容的气候信息披露规则，放宽部分企业范围 1 和范围 2 温室气体排放量强制披露的要求、范围 3 温室气体排放量披露等规则要求，以鼓励更多上市公司参与气候信息披露，标志着企业环境实践向更高透明度和问责制迈出了实质性的一步。

2. ESG 评价体系各具特色

据不完全统计，目前全球共有 ESG 评级机构 600 多家，主流的 ESG 评级机构有明晟（MSCI）、标普全球（S&P Global）、晨星（Morningstar Sustainalytics）、富时罗素（FTSE Russell）、路孚特（Refinitiv）和穆迪（Moody's）等。由于各个评级机构都有自身的评价体系和评价特点，所以尽管各评级机构在评级过程中，都会对目标公司做详尽的调查分析，但不同评级机构采取的指标体系、数据获取渠道、指标计算规则等不尽相同，导致同一个目标公司在不同评级机构中所获得的 ESG 评级结果会有一定差异。

3. 全球 ESG 投资不断发展

ESG 投资作为一种超越传统基于财务指标的投资方式，在全球范围内得到不断发展。而联合国负责任投资原则（PRI）的推出，标志着 ESG 投资理念的正式确立和普及，全球范围内对 ESG 议题的重视程度也不断上升。2023 年，ESG 投资市场热度不减，全球签署联合国负责任投资原则（PRI）和支持气候信息披露框架（TCFD）等相关国际倡议的机构数量增速稳定，全球已有超 5300 家机构成为 PRI 签署方，超 4700 家机构公开支持 TCFD。在全球资产管理规模排名前 50 的资管机构中，有 43 家机构已成为 PRI 成员，占比高达 86%，可以看出领先资管机构对 ESG 投资的重视[①]。根据彭博社预测，2025 年全球 ESG 投资规模将超过 53 万亿美元，占资产管理总规模的 1/3[②]。可以看出，全球 ESG 发展持续升温，ESG 投资在国际资本市场表现强韧，同时呈现出较为强劲的发展动力。

4. ESG 信息披露持续向好

ESG 信息披露对于评级和投资决策具有至关重要的作用，2023 年，国际组织和各国监管机构均加大对企业可持续报告披露的监管力度，推动企业在全球范围内承担可持续发展责任，其中欧盟的 ESG 披露要求最为严格，

---

① 《2023 年 ESG 投资研究报告》，资产信息网，2023 年 11 月 24 日，https：//mp. ofweek. com/finance/a056714603457。

② 彭博社：《填补 ESG 数据鸿沟，突破 ESG 投资发展瓶颈》，彭博社网站，2022 年 4 月，https：//www. bloombergchina. com/blog/esgdata/。

已上升至立法层面。以环境数据披露为例，2023 年，全球超过 2.3 万家、占全球市值 2/3 的企业及 1100 多个城市、州和地区通过全球环境信息研究中心（CDP）平台披露了其环境影响数据，增速为 25%，中国（含港澳台）参与 CDP 环境信息披露的企业数量超过 3400 家，创下新高，增长率达 26%①。但联合国可持续证券交易所倡议组织（UNSSE）的数据显示，全球大多数交易所仍未要求强制披露 ESG 信息。随着全球对 ESG 投资重视程度的不断提升，ESG 信息披露的标准化和强制化已成为未来发展趋势。同时，基于对优质 ESG 信息需求的加速增长，对企业 ESG 信息披露的质量要求随之提高，为提高 ESG 报告可信度，全球自主为 ESG 信息提供鉴证的上市公司比例也在持续上升②。ESG 信息披露作为全球性议题，正呈现"质""量"同步提升的良好态势。

5. 全球 ESG 争议再掀热潮

ESG 提出以来一直与争议相伴随，近几年在美国掀起的一股抵制 ESG 的风潮和运动，更是将对 ESG 的质疑和批评推向高潮。2022 年马斯克因为特斯拉被踢出标普 500ESG 指数而指责"ESG 是一场骗局"。整个 2023 年，美国南部 37 个州的共和党议员共计提出 165 项限制或反对 ESG 的法案，《华尔街日报》因此以"ESG 已经成为美国企业界最新的脏话"为题报道美国企业界对 ESG 的争议。2024 年，全球两大资产管理公司摩根大通与道富环球投资管理公司宣布退出气候行动联盟"Climate Action 100+"，黑石集团也宣布减少与该框架的关联。美国摩根大通、花旗银行、富国银行及美国银行四大银行均确认退出"赤道原则"，进一步凸显了 ESG 在全球金融领域的复杂处境。关于 ESG 的争议或将在全球范围内持续，但 ESG 背后的可持续发展理念依旧坚定，面对全球挑战，其价值与意义日益凸显，争议或成推动变革的力量。

---

① 许婧：《业内：强制性可持续发展信息披露时代已到来　企业应尽早应对》，中新网上海，2024 年 6 月 7 日，http://www.sh.chinanews.com.cn/jinrong/2024-06-07/125220.shtml。

② 翟梓琪：《第三方鉴证必将成为 ESG 报告生态系统重要组成部分》，《中国会计报》2023 年 4 月 21 日，https://finance.sina.com.cn/wm/2023-04-21/doc-imyrcxsm9538363.shtml。

（二）中国 ESG 发展现状

2023 年以来，ESG 领域新政频出，投资热潮涌动，信息披露量质并进，专业服务紧跟步伐，呈现以碳达峰碳中和为焦点、以信息披露为抓手、整体加速的特征。

ESG 的发展需要多个利益主体共同参与其中，共建和谐的 ESG 生态，ESG 从理念过渡到实践也正是由这些参与主体的行动构成闭环的 ESG 体系运作机制，在此界定中国 ESG 参与主体为政府部门、投资机构、实体企业和服务机构。

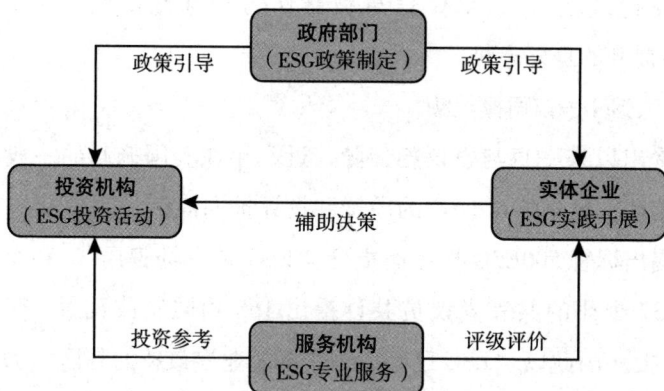

图 1　中国 ESG 体系运作机制

1. 政府部门：ESG 政策制定

政府部门作为 ESG 体系运作中的制度制定者，可以通过政策法规来引导投资活动中的资金流向，也可以通过政策作用于企业，激发企业进行 ESG 实践的积极性和发展潜能。

明确可持续发展报告披露。2023 年 7 月，国务院国资委发布《关于转发〈央企控股上市公司 ESG 专项报告编制研究〉的通知》，要求央企控股上市公司按照参考指标体系和参考模板，编制并披露 ESG 专项报告，力争到 2023 年实现"全覆盖"。2024 年 4 月，在中国证监会的指导下，上海证券交易所、深圳证券交易所和北京证券交易所正式发布上市公司可持续发展报告指引。其中，上海证券交易所明确上证 180、科创 50 指数样本公司，以及境内外同时上市的公司应当最晚在 2026 年首次披露 2025 年度《可持续发展报告》；深圳证券交易所明确报告期内持续被纳入深证 100、创业板指数样本公司，以及境内外同时上市的公司最晚可在 2026 年 4 月 30 日前首次披露 2025 年度《可持续发展报告》。ESG 信息披露由完全自愿披露向半强制披露转化，上市公司进入可持续发展报告新时代。2024 年 6 月，为推动中央企业在新时代高标准履行社会责任，国务院国资委发布《关于新时代中央企业高标准履行社会责任的指导意见》，明确提出切实加强环境、社会和公司治理（ESG）工作，并要求中央企业建立规范的社会责任报告定期编制发布制度。一系列可持续发展报告披露指引、意见，一方面引领中国企业从上市公司到非上市公司成规模地向可持续性商业转型，另一方面深刻触动企业可持续发展的外部环境的构建与生态系统的重塑，加速推动中国企业高质量发展进程。

持续完善环保领域政策体系。2023 年，生态环境部先后印发了《关于深化气候适应型城市建设试点的通知》《温室气体自愿减排交易管理办法（试行）》《中国应对气候变化的政策与行动 2023 年度报告》等，持续纵深推进气候变化应对；2023 年 7 月，工信部印发《通信行业绿色低碳标准体系建设指南》，说明绿色低碳发展标准建设已聚焦至具体行业；2023 年 8 月，国家发改委印发《绿色低碳先进技术示范工程实施方案》，提出加快绿色低碳先进适用技术示范应用。2024 年 1 月，国务院印发《中共中央　国务院关于全面推进美丽中国建设的意见》，明确提出，到 2035 年，广泛形成绿色生产生活方式，碳排放达峰后稳中有降，美丽中国目标基本实现。

为可持续金融提供有效激励。政府部门针对绿色金融、绿色债券、普惠金融、绿色低碳等出台了一系列政策法规指引。2023 年 9 月，国务院印发《国务院关于推进普惠金融高质量发展的实施意见》，提出在普惠金融重点领域服务中融入绿色低碳发展目标；2023 年 10 月，中央金融工作会议明确要做好绿色金融等"五篇大文章"；2023 年 11 月，国务院印发《空气质量持续改善行动计划》，鼓励银行等金融机构发行绿色债券，吸引长期机构投资者投资绿色金融产品；2024 年 4 月，中国人民银行、国家发改委、工信部等七部门联合印发《关于进一步强化金融支持绿色低碳发展的指导意见》，明确到 2035 年，各类经济金融绿色低碳政策协同高效推进，金融支持绿色低碳发展的标准体系和政策支持体系更加成熟，资源配置、风险管理和市场定价功能得到更好发挥。

加速推动城市 ESG 生态建设。2024 年 3 月 1 日，上海市商务委员会发布《加快提升本市涉外企业环境、社会和治理（ESG）能力三年行动方案（2024—2026 年）》，并于 6 月 13 日举办涉外企业环境、社会和治理（ESG）能力建设大会，推动上海市 ESG 生态体系建设；3 月 19 日，苏州工业园区发布《苏州工业园区 ESG 产业发展行动计划》《苏州工业园区关于推进 ESG 发展的若干措施》；6 月 14 日，北京市发改委发布《北京市促进环境社会治理（ESG）体系高质量发展实施方案（2024—2027 年）》。ESG 的影响力正在从资本市场投资工具过渡到城市发展指引，并落地到区域规划和企业经营实践中。ESG 生态建设越来越成为区域/城市可持续竞争力的关注点。

2. 投资机构：ESG 投资活动

2018 年以来，全球社会责任投资市场快速扩张，投资者越来越多地将资本投向在 ESG 领域表现突出的企业，投资风向的转变表明 ESG 管理实践所体现的可持续发展理念得到了广泛认可。

国内 ESG 投资稳步增长。在"双碳"目标之下，我国金融机构对 ESG 的重视程度与日俱增，加入联合国负责任投资原则组织的中国机构越来越多。目前，签署 PRI 的中国机构已超过 140 家，ESG 作为重要工具支持我国可持续发展相关政策的落地。2023 年，我国责任投资市场整体规模仍保持较快增长态势，ESG 投资产品数量显著增长，ESG 指数数量和 ESG 公募基金产品数量均保持上升趋势。据不完全统计，截至 2024 年 7 月 8 日，公募基金市场上存续 ESG 产品共 544 只，ESG 产品净值总规模达到 5166. 22 亿元。其中，环境保护产品规模占比最大，为 40. 94%。ESG 债券市场上，我国已发行 ESG 债券达 4045 只，排除未披露发行总额的债券，存量规模达 6. 11 万亿元。其中，绿色债券余额规模占比最大，约为 62. 09%[①]。

绿色金融市场保持平稳发展。近年来，我国绿色金融发展势头良好，在金融市场中，最大品类的绿色金融产品无疑是银行的绿色信贷。中国人民银行发布的《2024 年第一季度金融机构贷款投向统计报告》显示，2024 年第一季度，我国绿色贷款保持高速增长，截至第一季度末，本外币绿色贷款余额 33. 77 万亿元，同比增长 35. 1%，高于各项贷款增速 25. 9 个百分点，第一季度增加 3. 7 万亿元，季度增量创历史新高。其中，投向具有直接和间接碳减排效益项目的贷款分别为 11. 21 万亿元和 11. 34 万亿元，合计占绿色贷款的 66. 8%[②]。2024 年 1 月，国务院颁布《碳排放权交易管理暂行条例》，同月，全国温室气体自愿减排交易市场正式启动，是继全国碳排放权交易市场后，又一推动实现"双碳"目标的政策工具，强制碳市场与自愿碳市场共同构成全国碳市场体系。截至 2024 年 7 月 15 日，中国核证自愿减排量（CCER）累计成交量 4. 72 亿吨二氧化碳当量，累计成交额 70. 92 亿元人民币[③]。此外，国务院批准的绿色金融改革创新试验区都根据各自区域特点，持续增强地方绿色金融能力建设，标志着中国绿色金融迈入顶层设计与区域探索有机结合的发展新阶段。

保险行业 ESG 发展整体加速。近年来，我国推动银行业保险业加大对绿色发展的金融支持，持续提升绿色金融的服务质效。原银保监会（现国家金融监督管理总局）2022 年发布《银行业保险业绿色金融指引》《绿

---

① 吴婧：《6 月全球气温刷新最高纪录 ESG 公募基金环保产品占比超 40%》，《中国经营报》2024 年 7 月 11 日，https://cj. sina. com. cn/articles/view/1650111241/625ab309020019f96。

② 人民日报：《一季度绿色贷款保持高速增长（新数据 新看点）》，人民日报-人民网，2024 年 5 月 20 日，http://paper. people. com. cn/rmrb/html/2024-05/20/nw. D110000renmrb_20240520_7-01. htm。

③ 马芙蓉、阮煜琳：《中国温室气体自愿减排交易市场半年开户 4500 余家》，中国新闻网，2024 年 7 月 21 日，http://www. chinanews. com. cn/cj/2024/07-21/10254801. shtml。

色保险统计制度》，引导银行业保险业绿色金融发展。2023 年，中国保险行业协会发布《绿色保险分类指引》，促进保险业在绿色保险领域的创新和规范发展。公开数据显示，2023 年我国绿色保险业务保费收入达到 2297 亿元[①]。2024 年，政策层面，国家金融监督管理总局印发《国家金融监督管理总局关于推动绿色保险高质量发展的指导意见》《国家金融监督管理总局关于银行业保险业做好金融"五篇大文章"的指导意见》，明确提出，未来五年，绿色保险覆盖面进一步扩大，银行保险机构环境、社会和治理（ESG）表现持续提升的发展目标。实践层面，2024 年上半年，中国人寿集团绿色保险提供风险保障近 7 万亿元，截至 2024 年上半年末，集团旗下资产公司 ESG/绿色主题固收类资管产品总规模超 108 亿元[②]。绿色保险在助力经济社会全面绿色转型，推动碳达峰碳中和过程中扮演着越来越重要的角色，推动保险行业 ESG 发展，可以为绿色金融市场进一步发展增添动力。

3. 实体企业：ESG 实践开展

企业在 ESG 体系运作中作为实践者，需要在日常生产经营中践行可持续发展理念，制定 ESG 策略、目标和措施等，并及时披露 ESG 报告，回应利益相关方期望，通过信息披露辅助 ESG 投资者的投资行动。

企业 ESG 信息披露数量稳步增长。自我国资本市场开始逐步建立起上市公司 ESG 信息披露的相关规则体系后，独立披露社会责任报告及 ESG 报告的 A 股上市公司数量逐年增多，并于 2023 年突破 1800 家。据商道融绿数据统计，A 股上市公司 ESG 报告发布率持续攀升，ESG 指标披露率和披露质量均呈现加速提升态势。截至 2024 年 6 月 3 日，A 股上市公司共有 2124 家发布 2023 年 ESG 报告，占总数的 39.88%。其中，沪深 300 指数成分股

---

① 国家金融监督管理总局办公厅：《国新办"金融服务经济社会高质量发展"新闻发布会现场实录》，国家金融监督管理总局网站，2024 年 1 月 25 日，https：//www.cbirc.gov.cn/cn/view/pages/ItemDetail.html？docId=1149455&itemId=915&generaltype=0。

② 陈露：《上半年中国人寿集团绿色保险提供风险保障近 7 万亿元》，中国证券报·中证网，2024 年 8 月 8 日，https：//www.cs.com.cn/bx/202408/t20240808_6430444.html。

中有 285 家发布了 ESG 报告，占比达到 95.00%。纵观 2009 年至 2024 年（截至 6 月 3 日）A 股 ESG 报告发布情况，2024 年 ESG 报告增长率保持自 2021 年起快速增长的水平，发布 ESG 报告的上市公司数量从 2009 年的 371 家增长至 2024 年（截至 6 月 3 日）的 2124 家，达到近 16 年最高的 ESG 报告发布量[①]。

地方 ESG 信息披露发展迈上新台阶。2024 年以来，上海市、北京市分别出台《加快提升本市涉外企业环境、社会和治理（ESG）能力三年行动方案（2024—2026 年）》《北京市促进环境社会治理（ESG）体系高质量发展实施方案（2024—2027 年）》，其中北京市明确指出，到 2027 年，在京上市公司 ESG 信息披露率力争达到 70% 左右，ESG 鉴证和评级水平进一步提升，ESG 实践进一步丰富和深化，ESG 相关标准体系进一步完善。同时，方案明确 7 个方面 20 项具体举措，其中"强化 ESG 信息披露"排在首位。

4. 服务机构：ESG 专业服务

ESG 服务机构主要包括评级机构、咨询机构、认证机构、数据公司等，通过研究制定 ESG 具体标准体系，为其他主体提供信息参考，发挥 ESG 体系运作机制的中介作用。

ESG 评级处于多元探索阶段。国内 ESG 评价起步较晚，目前尚未形成统一标准，评价对象也基本局限于国内的上市公司。目前国内较为知名的评级机构包括华证、中证、商道融绿、Wind、商道纵横 MQI 指引、社会价值投资联盟等，部分机构也已实现 A 股上市公司评级全覆盖。由于缺乏统一标准，各个评级机构的评级框架和评级方法等方面展现出多元化特征，由此导致机构间的评级结果不统一，甚至在产品和服务方面也存在较大差异。建立相对统一、清晰、规范的 ESG 评级评价体系将是短期内 ESG 评级发展的重点方向。

ESG 指数主要聚焦于环境领域。ESG 指数可以为市场提供公开透明的基准，为投资者提供更为丰富的投资渠道和投资标的，有助于投资方根据

① 商道融绿：《A 股上市公司 ESG 评级分析报告 2024》，商道融绿官网，2024 年 6 月，https：//www.syntaogf.com/products/asesg2024。

ESG 因素评估规避 ESG 投资风险。据统计，2005~2023 年，沪深两市累计发行了近 430 只 ESG 指数。综合考察 ESG 三个维度的指数共计发行近 180 只，考察任意一到两个维度的指数共计发行近 250 只，其中超八成指数单独考察环境（E）指标，仅不足两成指数覆盖社会（S）、治理（E）等领域①。2023 年新发指数中，整体来看还是聚焦于环境（E）领域，但对社会（S）和治理（E）的关注有所上升。

三 未来展望与策略建议

在 ESG 理念加速推行的当下，许多企业已开始推进 ESG 信息披露、ESG 治理架构搭建等工作，为 ESG 发展奠定了良好的基础。但整体来看，我国 ESG 发展尚处于初级阶段，在理念普及、信息披露、ESG 评级、ESG 监管等方面还存在一定的阻碍因素，通过剖析目前我国 ESG 发展中存在的问题，结合未来发展展望提出发展路径的对策建议，以期对我国 ESG 发展提供一定的参考价值。

（一）问题与挑战

通过梳理我国 ESG 发展现状，从多个角度将目前我国 ESG 发展的问题与挑战归结为 ESG 内涵理解有待加深、信息披露质量有待提高、评价体系多元趋势显著、"漂绿"造成投资干扰、工具供给失衡短缺五个方面。

1. ESG 内涵理解有待加深

企业针对 ESG 所采取的综合实践，以及所拥有的 ESG 优势，将成为企业未来的重要竞争力。虽然目前我国企业普遍接受 ESG 理念，并逐步将 ESG 理念与企业自身战略与实践相融合，但整体来看，企业作为 ESG 实践主体，对其理念和内涵的理解有待进一步加深。根据《中国责任投资年度报告 2023》相关数据，超过半数的个人投资者不了解"责任投资""ESG"

---

① 财新智库、中国 ESG30 人论坛：《2023 中国 ESG 发展白皮书》，中国 ESG30 人论坛，https://promote.caixin.com/upload/esg30whitepaper2023.pdf。

"绿色金融"，其中 16% 从未听说过，41% 听说过但不了解[①]。从企业信息披露角度来看，虽然企业信息披露数量逐年增长，但多集中于上市公司和国有企业，ESG 信息披露的全面性仍有较大提升空间。同时，一些企业在进行信息披露时，会将报告命名为"企业社会责任暨 ESG 报告"，从某种意义上来说，此种命名方式恰恰展现出企业对 ESG 理念的理解不够深刻。社会责任报告的意义更多在于传播、沟通，塑造企业正面社会形象等，而 ESG 报告相对来说各个指标更加量化具体，侧重于公司治理和风险管控，并为投资者提供重要参考。

2. 信息披露质量有待提高

目前我国已陆续出台了一系列促进企业信息披露的政策文件，但大多在征求意见稿或试行环节，而披露标准也多为自愿披露，仅对少数企业施行强制披露。由此会导致企业在披露信息时"报喜不报忧"，仅选择披露对自身有利的信息，规避对自身不利的负面信息，导致最终呈现的 ESG 报告成为企业的绩效展示和成果宣传，从而加剧市场中的信息壁垒，导致投资者判断难度增大，极易造成投资资源的浪费。此外，从 ESG 报告的具体内容来看，企业所披露的信息侧重于对 ESG 相关管理政策和制度的定性描述，而缺乏对具体执行举措和最终效果的定量数据披露，由此导致 ESG 信息披露的实质性极大降低。而仅靠企业宏观政策和方针规划类描述，投资者和公众也难以对企业实际情况做出客观判断。

3. 评价体系多元趋势明显

国内 ESG 起步较晚，ESG 评级发展时间更短，在 ESG 评级缺乏坚实的理论支撑和统一标准的情况下，整体来看，ESG 评级机构受自身研究、偏好等因素的影响，各个评级机构间存在指标选取差异大、指标权重确定方法各异、评分规则统一性低、评级等级及内涵相似度不高等问题。在评级方法差异较大的基础上，所得到的评级结果也存在明显分化，从而降低企业 ESG

---

① 中国责任投资论坛、商道融绿：《中国责任投资年度报告 2023》，商道融绿官网，2024 年 2 月，https：//www.syntaogf.com/products/csir2023。

表现的可比性，难以为投资者提供真实有用的参考信息。此外，ESG 评级市场仍处于初步竞争态势，绝大多数评级机构将评级方法的细节视为商业机密，出于对评级方法的保护而不愿意分享具体方法和数据，导致评级过程的透明度较低，这对投资者和企业理解评级结果造成很大障碍，也易引发评级结果的市场认可度不高等问题。

4. "漂绿"造成投资干扰

随着 ESG 投资的发展，企业为展示对环境负责的良好形象，以 ESG 之名进行虚假环保，"漂绿"问题逐渐形成。具体表现为，企业在没有实施解决环境问题的实际性行动的情况下，表面宣传在环境管理中进行了积极行动。而目前尚未健全的制度体系为企业"漂绿"行为提供一定的制度空间，加之 ESG 评级市场中多元趋势明显，各个评级机构间评级结果具有差异，使企业"漂绿"行为变得更加隐蔽，监管机构与投资者也很难对企业是否"漂绿"做出准确判断，为投资者的投资判断造成困难。最终，企业的"漂绿"行为，与真正致力于绿色治理的企业相比就拥有更大的价格优势，将严重分散市场注意力，造成投资资源的错配和浪费，最终导致行业内产生"劣币驱逐良币"的后果，长此以往会严重影响整个市场秩序，阻碍产业经济发展。

5. 工具供给失衡短缺

当前，企业在推进 ESG 实践过程中，遭遇了工具供给的不平衡不充分困境。尽管 ESG 领域迎来了标准制定、金融产品创新及政策支持的繁荣期，企业在实际操作层面却普遍感受到一种"工具荒"。缺乏针对性强、实用高效的 ESG 工具、方法论、指引及解决方案，真正能够为企业带来实质性指导、促进有效改进与提升的工具方法更是少之又少。这些资源的稀缺，叠加具体行业标准的缺失，企业难以找到参考对象及实践标准，难以厘清 ESG 与主营业务间的关系，无法将 ESG 实践融入商业运营，严重制约了企业有效整合 ESG 要素、推动持续进步与长远规划的能力。

（二）发展展望

随着我国 ESG 的深入发展，在 ESG 信息披露、ESG 评级和 ESG 投资等方面都取得切实进展。展望未来，推动企业 ESG 信息披露是根本要义，只有企业完整准确地进行信息披露，才能拉动 ESG 评级、ESG 投资等领域的长足发展；政府部门、监管机构、投资机构、企业等多方主体，合力推动 ESG 体系建设是必由之路；为激发 ESG 投资的内生动力，促进绿色金融市场有序发展是有力保障；在信息技术飞速发展的今天，发挥数字技术在 ESG 发展中的积极作用是大势所趋。

1. 推动企业 ESG 信息披露是根本要义

政府和监管部门的政策作用主体是企业，投资机构的投资对象是企业，专业服务机构提供产品和服务的载体是企业，企业作用的发挥是决定整个 ESG 生态体系正常运作的关键保障。只有企业做到全面、客观、准确地披露 ESG 信息，投资机构、评级机构、认证机构等才能获得了解企业 ESG 发展的关键渠道，才能推动 ESG 投资、ESG 评级等各个环节的顺利开展。上海、深圳、北京交易所 2024 年 4 月 12 日分别发布《上市公司可持续发展报告指引》，促使信息披露的规范化和标准化成为新常态。此外，相关研究表明，不同行业 ESG 信息披露比例差异明显，银行、非银金融和钢铁 3 个行业的披露率最高；规模越大、市值越高的企业 ESG 报告披露率越高；国有企业主动披露意愿更强[①]。整体来看，目前在我国"双碳"背景下，ESG 信息披露必然是未来的发展趋势。

2. 多方合力推动 ESG 体系建设是必由之路

ESG 体系建设涉及主体众多，同时包含多个工作环节，需要发挥市场各方合力，构建中国特色 ESG 生态体系。"理论架构"作为 ESG 体系建设的重要"抓手"，需要政府部门、监管机构、投资机构等多方主体，从政策引导、标准指引、规则制定等方面充分发挥指导作用，积极参与构建具有中国特色、与国际准则接轨兼容的 ESG 信息披露规则、ESG 绩效评价和 ESG 投资指引等，以此丰富 ESG 业态模式。同时，企业需要深刻认识到 ESG 工作的重要意义，将 ESG 管理理念与企业发展战略充分融合，推动企业通过

---

① 闵志慧、肖瑞珂：《我国 ESG 信息披露现状及改进》，《财务管理研究》2024 年第 2 期。

明确 ESG 重点议题、建立 ESG 工作机制、编制发布高水平 ESG 报告等方面，着力提升企业 ESG 综合治理能力。此外，投资机构应进一步强化 ESG 投资意识，在投资决策中充分考虑 ESG 因素，建设壮大我国 ESG 投资体系。

3. 促进绿色金融市场有序发展是有力保障

发展绿色金融对我国"双碳"目标的实现具有重要意义。在加快建设金融强国、推动我国金融高质量发展的战略规划下，ESG 理念将逐渐融入绿色金融体系建设，是监管政策推动金融机构有效服务实体经济的重要抓手。2023 年 10 月举行的中央金融工作会议提出，加快建设金融强国、推动我国金融高质量发展是实现中国式现代化的重要内涵，会议更是明确指出，把更多金融资源用于促进科技创新、先进制造、绿色发展和中小微企业，把绿色金融作为未来重点工作方向之一①。此外，绿色加普惠的产品创新，是绿色金融政策鼓励的新方向。2023 年 9 月，国务院印发《关于推进普惠金融高质量发展的实施意见》，要求发挥普惠金融支持绿色低碳发展作用。

4. 发挥数字技术的积极作用是大势所趋

当前，以互联网、大数据、人工智能等为代表的数字技术飞速发展，加速变革着人类社会的生产生活方式。与此同时，技术的应用在 ESG 信息披露中也将发挥更加重要的作用。利用大数据、云计算、人工智能等高效的信息收集方式与技术手段，能够帮助企业更有效地收集和分析 ESG 数据，提高信息的准确性和时效性。不仅可以优化企业的 ESG 管理，还可为投资机构和监管机构提供更加可靠的决策支持。相关研究也表明，数字化转型可以通过降低信息不对称、提高内部控制质量、缓解融资约束以及驱动绿色转型路径，显著改善企业"漂绿"行为②。

（三）对策建议

针对目前我国 ESG 发展遇到的问题与挑战，结合未来 ESG 发展展望，可

---

① 中信证券：《2024 年 ESG 投资策略：凝聚共识，ESG 理念发展新格局与新趋势》，未来智库，2023 年 11 月 29 日，https://www.vzkoo.com/read/2023112934f19bee17a97b27dc8f1e3a.html。

② 李素梅、田祝祝：《数字化转型能否改善企业漂绿行为》，《金融与经济》2024 年第 4 期。

从加大 ESG 理念宣传力度、推进企业 ESG 信息披露、构建本土化 ESG 评级标准、建立健全 ESG 监管体系等方面，探寻构建 ESG 发展新格局的有效路径。

1. 加大 ESG 理念宣传力度

当前，ESG 作为推动企业高质量可持续发展的工具，其重要性正在日益凸显。但仍有企业将 ESG 定义为单纯增加企业成本的实践活动，这样的认知也成为推动企业 ESG 实践的重要阻力，普及 ESG 理念，推动 ESG 实践显得十分必要。通过加大 ESG 理念的普及宣传力度，使企业充分认识到，ESG 表现好的企业通常能更好地应对环境风险，优化治理结构，提高企业运营效率，并对外树立良好的企业形象，从而提升企业的市场竞争力。同时，ESG 理念的认可也将驱动企业进行 ESG 报告的披露，而 ESG 报告的披露又反向促进了 ESG 理念的传播，引导更多企业关注可持续发展，推动形成绿色环保、公平规范、共建共享的社会氛围，从而构成 ESG 理念传播与报告披露的良性循环。

2. 推进企业 ESG 信息披露

近年来，政府部门出台了一系列促进企业 ESG 信息披露的政策文件，而上海、深圳、北京证券交易所于 2024 年 4 月 12 日发布的《上市公司可持续发展报告指引》，更是我国 ESG 发展的重要里程碑。其中引入了"乡村振兴""新质生产力"等概念，有效凸显了中国特色，也为我国上市公司 ESG 信息披露提供了本土化框架。以此为契机，我国应全面推进企业 ESG 信息披露，在保障企业 ESG 报告覆盖率的同时，不断提高企业信息披露质量，使企业 ESG 报告真正成为利益相关方了解企业的有力参考。此外，针对不同行业的特有性质，有针对性地调整其披露标准和披露要求也是未来可考虑的发展方向，由此可使企业披露的 ESG 数据带有行业特征，促进企业 ESG 信息披露"质""量"同步提升。

3. 构建本土化 ESG 评级标准

本土化 ESG 评级标准必然要适应不同国家和地区的经济发展阶段、社会文化差异等，片面引入国际 ESG 评级体系，会使评级标准与我国发展实际出现"断层"现象。随着上海、深圳、北京证券交易所《上市公司可持续发展报告指引》和财政部《企业可持续披露准则——基本准则（征求意见稿）》的相继发布，我国可持续信息披露迈出历史性一步，同时也对配套的 ESG 评级体系建设提出新的要求。鉴于目前我国 ESG 评级中存在的评级标准不统一、评级过程不透明等问题，构建透明、完整、可比的本土化 ESG 评级标准，使其既满足国际环境要求，又具有我国本土特色，必然是未来 ESG 评级领域的重要发展方向。ESG 评级机构可参考指引内容完善评价指标体系，从而提供更为准确、可比的 ESG 评级服务，呈现更具参考价值的评级结果。

4. 建立健全 ESG 监管体系

在 ESG 理念和 ESG 投资被逐渐普及和接受的情况下，ESG 监管体系的建立对我国 ESG 的健康稳定发展起到至关重要的作用。政府部门、监管机构、新闻媒体等相关主体需采取具体行动，助力我国 ESG 发展行稳致远。目前，在实现"双碳"目标的过程中，"漂绿"行为是需要加以重视的重要问题，如果不进行严格管理，必将给我国低碳经济的未来发展带来严重威胁。针对"漂绿"问题，首先政府部门需要从法律法规层面加强对"漂绿"行为的管理，制定明确的标准和规范，并对违规企业制定严厉的处罚措施，推动形成健全的责任约束机制。其次，聚焦重点行业重点领域，加强对"漂绿"行为严重领域的重点监管，完善适合不同行业特征的环境信息披露制度。最后，新闻媒体需充分发挥监管作用，从社会舆论角度抑制企业的"漂绿"行为。

5. 深化挖掘 ESG 应用场景

ESG 是促进资源有序流转和高效配置的关键机制。企业作为经济活动的主体，其核心关注点聚焦于如何吸引并获取实质性的支持，如投资资金、优先采购权及税收优惠等正向激励。通过进一步深化挖掘 ESG 应用场景，释放 ESG 价值，吸引更多资源向 ESG 表现优秀的企业倾斜，进而推动企业进一步改善 ESG 实践。这种良性循环不仅激发了企业的内生动力，还推动整个社会高质量发展，实现更全面的、可持续的、包容性的发展。

评价报告

B.2

中国企业 ESG 指数报告（2024）

王海灿　毛世伟*

摘　要：　本报告立足于国家生态文明建设与可持续发展战略，将研究视野扩展至更广泛的企业群体，选取涵盖不同行业、规模、所有制结构以及上市与非上市状态的 5168 家企业作为跟踪观测的样本群体。依据中华环保联合会 ESG 团体标准，构建指数体系量化分析中国企业 ESG 发展的主要特征与发展趋势。同时，筛选出表现优秀的前 100 家企业，由中国质量认证中心提供第三方鉴证，形成"2024 中国企业 ESG 100 指数"，以资行业借鉴与标杆树立。研究发现，中国企业 ESG 发展指数稳步提升，社会维度得分领跑，环境维度增长最快，治理水平差异显著。具体来看，定性指标与定量指标的差距缩小，企业信息披露提升，供应链管理相对薄弱，产业链 ESG 风险传导凸显。企业 ESG 发展面临概念模糊、工具缺乏、人才短缺三大障碍。企业作为实践的重要主体，需以前瞻眼光，持续深化对新兴趋势的洞察，积极

---

* 王海灿，中华环保联合会 ESG 专业委员会智库委员，河南省企业社会责任促进中心主任，研究员，主要从事 ESG 大数据分析；毛世伟，全联正道（北京）企业咨询管理有限公司咨询师，主要从事公益项目设计与评估、利益相关方沟通策略、企业信息披露研究。

探索并实施创新策略，以开辟更加广阔的可持续发展之路。

关键词： 中国企业 ESG 指数 指数观察

中华环保联合会 ESG 专业委员会突破传统以上市公司为研究对象的限制，将研究视角扩展至更广泛的企业群体。以中安正道自然科学研究院 ESG 数据库 5168 家企业为样本，综合企业公开信息、调研问卷、深度访谈及大数据信息，依据中华环保联合会《企业环境社会治理（ESG）评价指南》（T/ACEF 168—2024）团体标准，科学设置议题，通过细化通用指标体系和分行业指标体系，产生"中国企业 ESG 发展指数"，于追踪观测中窥见趋势，以大样本数据佐证分析，结合时事背景剖析解读，持续以独立专业视角反映中国企业 ESG 发展的特征与趋势。

一　技术方案

（一）指数模型

以双重重要性原则为指导，既关注财务重要性也关注影响重要性。借鉴国内外主流机构评价指标，接轨国际标准，结合中国国情，构建风险、机遇和影响的"三位一体"ESG 评价模型（见图 1）。

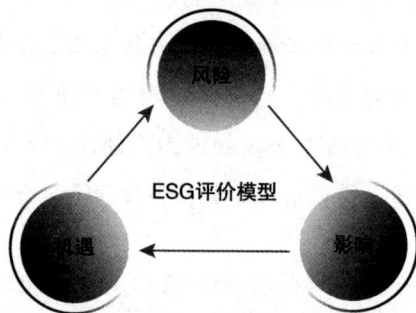

图 1　ESG 评价模型

（二）指标体系

1. 指标选取

依据中华环保联合会《企业环境社会治理（ESG）评价指南》（T/ACEF 168—2024）团体标准，筛选出 ESG 评价指标。并对社会、环境和治理三个层面的评价指标重要性按照 1~9 分进行打分，得到判断矩阵。

表1　ESG 评价体系

一级指标	二级指标	一级指标	二级指标
环境	环境管理	社会	产品与创新
	资源使用		供应链
	污染防治		社会贡献
	气候变化与生物多样性保护	公司治理	ESG 管理
	绿色发展		商业道德
社会	员工权益		信息披露

2. 一致性检验

第一步：计算判断矩阵一致性指标 $CI = \dfrac{\lambda max - n}{n-1}$（$\lambda$ 为矩阵的特征值，n 为矩阵的阶数）。

第二步：查找对应的平均随机一致性指标 RI。

第三步：计算一致性比例 $CR = \dfrac{CI}{RI}$。

如果 CR<0.1，则认为判断矩阵的一致性可以接受，否则需要修正。

3. 计算权重

使用算术平均法、几何平均法、特征值法分别求出权重后计算平均值，再根据得到的权重矩阵计算各指标最终权重。

4. 模型检验

在对建立的模型进行验证和调整的过程中，我们结合国内外主流机构的 ESG 评级结果，使用这些 ESG 评级数据来验证我们建立的模型的准确性和可靠性。之后，根据验证和调整的结果，对模型进行进一步优化和完善。包括更新模型的参数、改进数据处理方法或引入新的分析工具等，不断改进和提升模型的质量和性能。

（三）指数生成

1. 指标评分

对于定性指标，采用等级赋分法，确立不同值域，以提升中间层的区分度。对于定量指标则根据实际情况选取等比例映射、等距分类、等差排序、行业缩放系数法等方法进行测评，以最大程度消除极值和行业特征等因素影响。比如对于碳排放、水资源消耗等数据，根据累积分布函数计算行业缩放系数，基于行业缩放系数计算该项得分；对于慈善捐赠和乡村振兴等数据，则一方面考察企业的投入总额，另一方面考察企业的相对贡献程度，然后综合计算得出该项分值。

对于争议事件，则根据其所产生的影响程度进行适当的减分。对于在环境、社会等方面产生较大负面影响的企业事件，将给予较高的减分。相反，对于那些虽然存在争议，但对环境、社会等影响较小的事件，则给予较低的减分。

2. 指数计算

本次指数采用百分制，总指数是基于各个一级、二级和三级指标得分层层汇总而得，指数得分为各项指标加权平均总分。计算公式为：

$$G = \sum_{i=1}^{m} W_i P_i - T_i$$

公式中，G 代表指数得分，Wi 代表第 i 个指标的权重，Pi 代表第 i 个指标的评分值，Ti 代表第 i 个指标的争议事件评分值，m 代表指标的个数。

（四）指数样本

报告基于全国范围内企业 ESG 专项调研所获得的详实数据，结合生态环境部等有关部门及企业的公开信息，选取 5168 家企业作为指数样本。样本以大中型企业为主，涉及两种类型（国有/民营、上市/非上市）、三大产业（第一、二、三产业）、四大区域（东部、中部、西部、东北），所取样本综合考虑了企业规模、发展阶段、行业特点、地区分布、国际业务、是否上市等多方面因素，具有较强的稳定性、代表性和异质性。

表 2　指数样本企业分布

分类	类别	百分比
行业	制造业	46.2
	建筑业	7.3
	批发和零售业	6.1
	农、林、牧、渔业	5.9
	信息传输、软件和信息技术服务业	4.3
	租赁和商务服务业	3.7
	交通运输、仓储和邮政业	3.4
	采矿业	3.1
	电力、热力、燃气及水生产和供应业	2.8
	住宿和餐饮业	2.6
	其他	14.6
是否上市	上市	37.2
	非上市	62.8
公司类型	有限责任公司	62.5
	股份有限公司	37.5
企业性质	国有企业	11.0
	民营企业	89.0
企业规模	大中型	87.3
	小微型	12.7
地区分布	东部	49.9
	中部	25.7
	西部	20.3
	东北	4.1

资料来源：根据样本企业统计。

（五）信息来源

信息来源主要包括当年度企业公开信息、调研问卷、深度访谈和第三方信息（权威部门官方网站，Wind、迪博等专业数据库）。

（六）研究方法

在数据分析、案头研究、调研访谈的基础上，立足于样本企业的追踪观测，结合学界业界关于企业ESG实践的理论研究成果，力求超越碎片化数据呈现，立足当前企业ESG实践的内外部条件支撑和阶段性特征对数据进行结构化分析，观察样本企业变化趋势，解读企业ESG实践特征亮点，剖析企业ESG行动的影响因素，力求呈现一个多维、立体且动态的企业ESG实践全景。

二 指数洞察

通过长期追踪的样本企业与构建的指数模型，我们深入剖析当前企业ESG发展的现状与趋势。从创新驱动下的社会维度提升，到"双碳"目标引领下的环境维度快速增长；从治理水平差异对指数的影响，到本土化ESG行动的加速推进；再到信息披露的透明度提升与供应链管理的薄弱环节，勾勒出了一幅企业ESG实践的生动画卷。

观察一：ESG发展指数稳步提升，局部发展出现分化

"稳中有升"是中国企业ESG发展的主基调。2024年，样本企业指数得分49.2分，较上年度增长4.4分（见图2）。表明企业ESG的认知、实践和布局程度逐步加深，众多企业在加速拥抱ESG。

从指数分布箱形图来看，2024年企业ESG发展指数分布呈现"整体增长，局部分化"特征。整体增长层面，指数得分的中位值贴合ESG发展指数得分，展现出持续稳健的增长态势，这标志着企业在ESG实践上的普遍进步与提升。局部分化方面，2024年的ESG发展指数分布呈现更为显著的离散性，

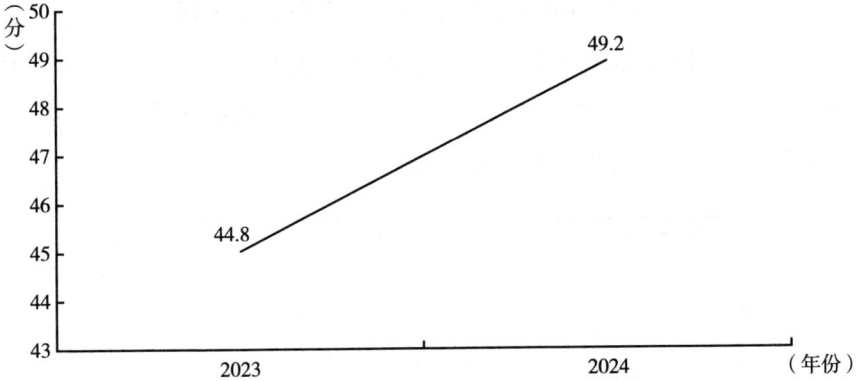

图 2　2023~2024 年度 ESG 指数得分

资料来源：根据样本企业统计。

形成"头部领跑，尾部徘徊"的分化格局。具体来看，指数的最大值与上四分位数实现了较为显著的跃升，显示出 ESG 领先企业正以更快的步伐提升综合表现；下四分位数与最小值却出现了下滑，这反映了 ESG 发展进程中的不均衡现象，部分尾部企业在 ESG 建设上的表现相对滞后（见图 3）。

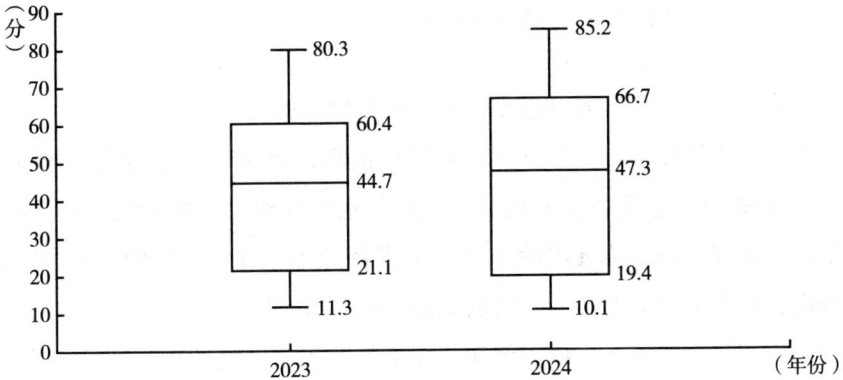

图 3　ESG 指数分布箱线图

资料来源：根据样本企业统计。

通过对规模、行业、类型、成立年限、上市情况、海外业务等背景变量进行多元对应分析可以发现，ESG 头部企业普遍具有以下外在特征：成立时间在 20 年以上、有海外业务、国有企业、股份有限公司、上市公司。指数得分同企业国际化程度和企业性质有较强的关联性（见图 4）。国有企业、国际化程度深的企业指数得分相对较高。这或与此类企业受国际贸易 ESG 规则影响较深及央国企推进 ESG 较早较快有关。

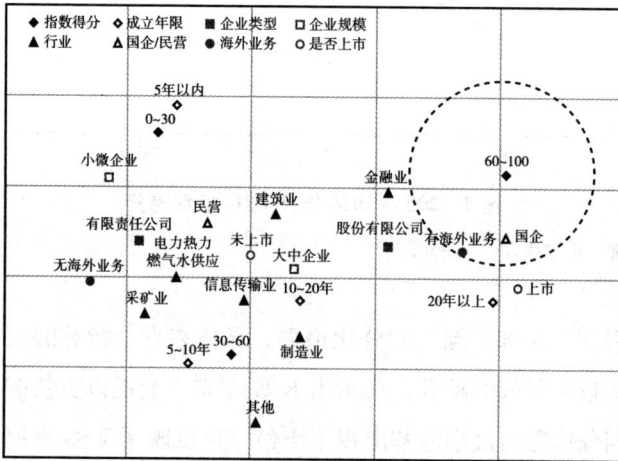

图 4　变量多元对应分析分布图

注：指标距离表示指标间的相关程度。
资料来源：根据样本企业统计。

观察二：社会维度得分最高，创新驱动发力向上

ESG 三大维度中，社会维度指数得分最高，为 52.4 分，继续保持领先优势（见图 5）。企业在员工权益、产品与服务管理、社会贡献等外部性社会活动中表现较好，体现出较强的社会责任感和包容性。尽管 ESG 概念相对较新，但中国企业在社会维度的实践已经具备一定基础。长期以来，企业在安全生产、员工关怀、科技创新、质量管理及公益慈善等方面积累了丰富的经验，这些实践为当前社会维度的亮眼表现奠定了坚实基础。

尤为值得关注的是创新发展的快速进展。创新发展的得分率提高 5.7 个百分点，显著高于其他议题，这一成绩不仅使其在社会维度的议题中得分率位次跃升至第三位，还预示着该领域正进入加速增长阶段（见图 6）。以创新研发投入为例，81.7% 的样本企业有研发投入，其中，有 67.4% 的企业研发投入

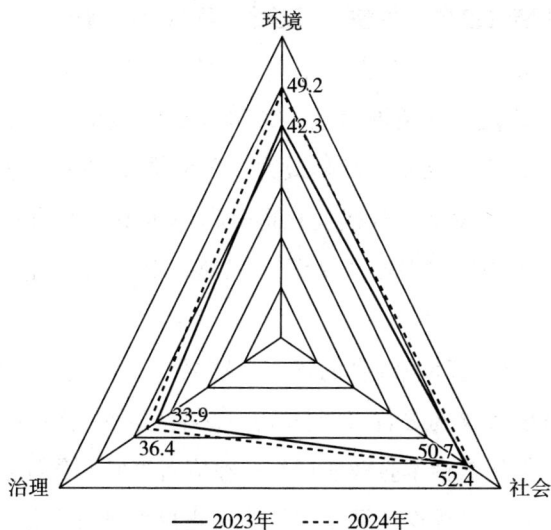

图 5　环境、社会、治理维度得分

资料来源：根据样本企业统计。

金额占营收总额的比重超过 2%，创新投入强度持续发力。企业界正以前所未有的力度深化创新实践，持续强化创新力度，推动产业升级，积极培育和发展新质生产力，为社会的全面发展注入源源不断的价值创造动力。创新发展议题的进展，与当前我国企业创新主体作用逐渐强化的趋势高度契合。

图 6　社会维度议题得分率

资料来源：根据样本企业统计。

观察三：环境维度提升最快，"双碳"目标引领增长

环境作为 ESG 三大"支柱"之一，近年来呈现加速上升的趋势，成为推动企业可持续发展的关键力量。2024 年，环境维度指数得分实现 6.9 分的显著增长，在三大维度中增幅最大。环境维度的四个重要议题环境管理、资源利用、绿色发展、气候变化得分率都实现了不同程度的提升。充分反映了企业积极响应国家"双碳"战略，致力于绿色转型的决心与成效。

气候变化应对作为环境维度的核心议题之一，其绩效的提升尤为显著，增幅位居环境维度各议题之首（见图 7）。尽管气候变化议题在不同行业存在实质性差异，但指数样本企业所属行业在应对气候变化议题的绩效都有不同程度的提升。部分领先企业更是将气候变化视为战略机遇，提前布局，为行业树立了绿色转型的标杆。

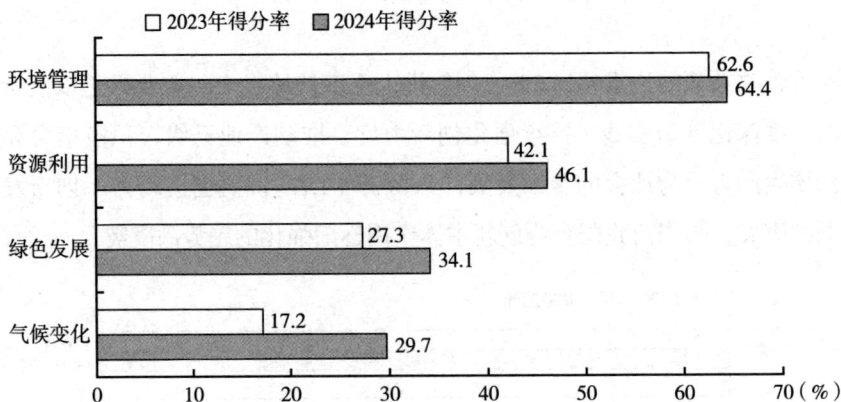

图 7　环境维度议题得分率

资料来源：根据样本企业统计。

观察四：治理维度贡献指数主要差异，企业治理水平差异明显

从指数差异贡献率来看，治理贡献了指数差异的 42.3%，社会和环境分别贡献了指数差异的 31.2%、26.5%（见图 8）。这一现象表明，不同企业间的 ESG 实践水平更加容易在治理方面表现出差异性。进一步研究发现，差异主要体现在治理结构和信息披露这两个二级指标上面，二者的变异系数均超过40%，企业在这两方面得分差异较大（见图9）。

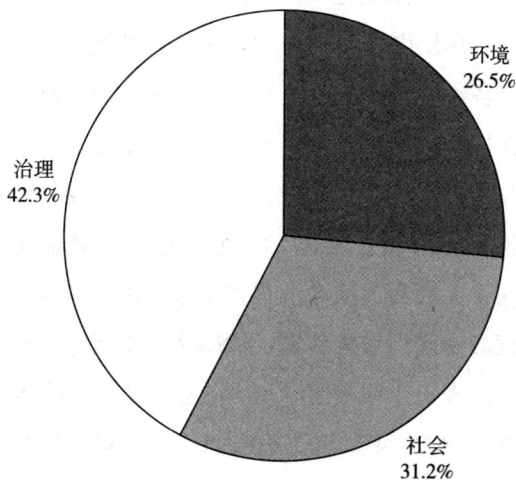

图8 环境、社会、治理维度指数差异贡献率

资料来源：根据样本企业统计。

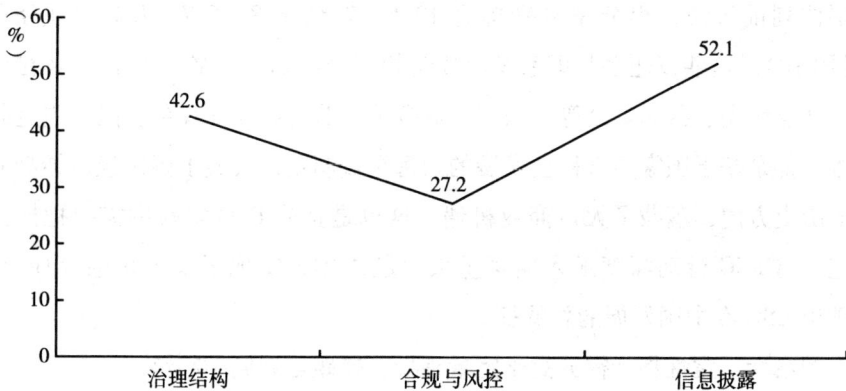

图9 治理维度议题得分变异系数

资料来源：根据样本企业统计。

治理是 ESG 框架的坚实基石。尽管众多企业在 ESG 实践中展现了对环境和社会维度的积极投入，却往往在治理层面缺乏系统性的架构与有效机制。实际上，治理不仅是 ESG 整体实施的核心驱动力，其成熟度直接构建了环境和社会议题及其重要性的评估框架，奠定了企业战略的基础，更决定了企业能否具备持续提升和优化 ESG 绩效的持久能力。如何将 ESG 理念提升至公司战略高度，深度融合至业务运营中，并塑造与之匹配的组织体系与企业文化，成为大多数中国企业亟待解决的关键问题。部分先行者通过发挥 ESG 战略的引领作用，成功促进了 ESG 与业务板块的深度交融，不仅重塑了组织体系与企业文化，还在产品设计、研发创新、生产制造、客户服务等全链条中全面考量环境与社会因素，实现了商业成功与社会贡献的双赢局面。这一实践模式，无疑为其他企业提供了宝贵的参考与启示。

观察五：深度融合国内重大议题，ESG 行动本土化加速

环境、社会、治理三个维度的 ESG 实践展现出了前所未有的活力与深度。12 项核心议题在 2024 年呈现出积极的变化趋势，得分率均有不同程度的提升。这一趋势不仅彰显了企业对可持续发展承诺的坚定信念，更预示着 ESG 理念在中国市场的本土化进程正以前所未有的速度加速推进。

气候变化、信息披露、绿色发展、创新发展、社会贡献 5 个议题得分率增幅位列前五位，得分率分别提升 12.5、7.8、6.8、5.7、4.4 个百分点（见图 10）。这些议题多与国家发展战略相契合，如"双碳"目标、乡村振兴、就业优先、共同富裕等。国家产业政策、监管导向如绿色金融、先进制造等，都是基于国家经济社会发展的长远利益制定，代表了国民经济转型升级的历史方向，蕴藏了大量商业机遇，这也是企业 ESG 实践中需要把握的机遇。将 ESG 行动深度融入国家重大议题之中，实现了本土化融合加速，展现出 ESG 在中国发展的新特征。

观察六：定性指标得分高于定量指标，差距呈现缩小趋势

分析指标类型，定量与定性指标的得分率差异依然显著（见图 11），显示出企业在创新策略、制度完善、流程优化及专项行动等定性方面表现较强，而在具体成效的量化评估上则较薄弱。相较于定性指标，定量指标的实质性更高。ESG 定量指标偏低，凸显企业在数据收集与管理、实践成效评估及战略导向方面存在的问题。首先，数据短板如采集复杂、口径不一、记

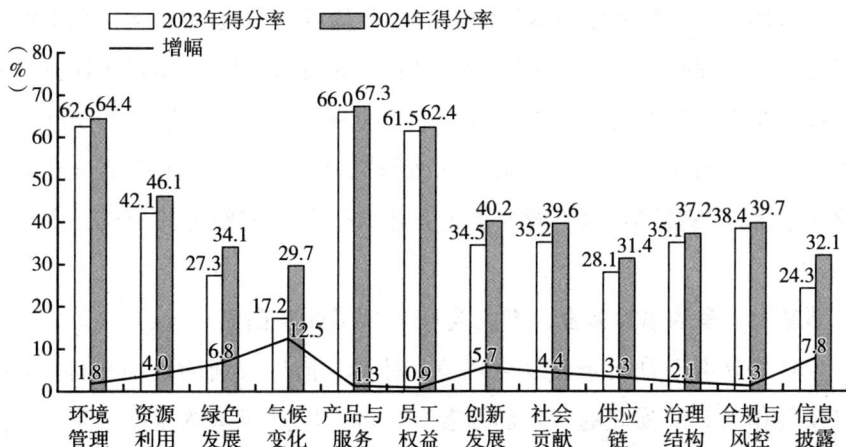

图 10　主要议题得分率及增幅

资料来源：根据样本企业统计。

录系统化缺失，削弱数据准确性与可比性，影响得分。其次，实践虽积极，但成效量化不足，反映出目标设定、执行监控及评估能力有待提升。再者，战略导向模糊或未融入核心业务，导致 ESG 实践缺乏系统性和持续性，难以形成有效的 ESG 绩效提升机制。

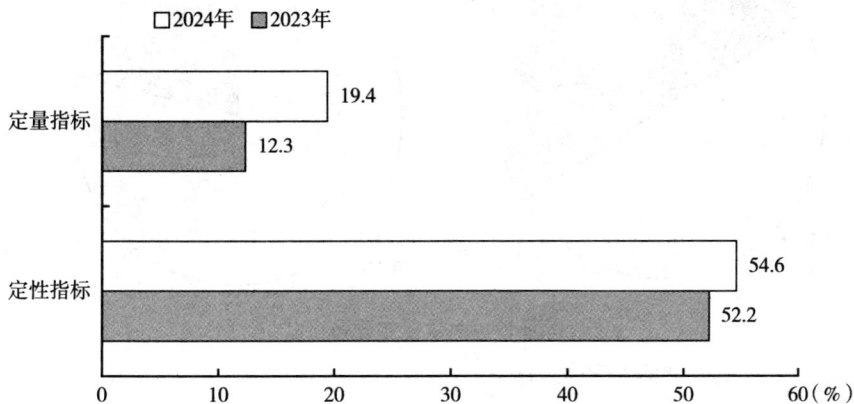

图 11　定量和定性评价指标得分率

注：指标得分率=指标得分/指标满分×100%。

资料来源：根据样本企业统计。

可喜的是，定量指标披露率的加速提升释放了积极的信号。2024年定量指标得分率提高7.1个百分点，高于定性指标提升幅度。定量指标披露率的提高，是企业ESG管理实践深化的一个重要标志。这一趋势不仅反映了企业在ESG数据收集、整理与披露方面的努力与投入，更精准地反映了企业ESG实践的深度与广度，彰显了企业在ESG管理实践上的积极态度与实际行动。

观察七：争议事件多发，产业链ESG风险传导凸显

ESG争议事件是指企业发生环境、社会、治理方面的负面事件。ESG争议事件作为ESG实践的"负面因素"，一定程度上从客观角度反映了企业在ESG方面的不足。经过大数据比对核实，2024年以来，有7.1%的指数样本企业发生过争议事件，较上一年度（6.2%）增长0.9个百分点。具体来看，环境、社会和治理维度的争议事件占比分别为34.2%、49.3%、16.5%。值得注意的是，其中有21.3%的争议事件发生自分支机构、控股或参股公司、供应商等产业链条，产业链条ESG风险传导性凸显（见图12）。

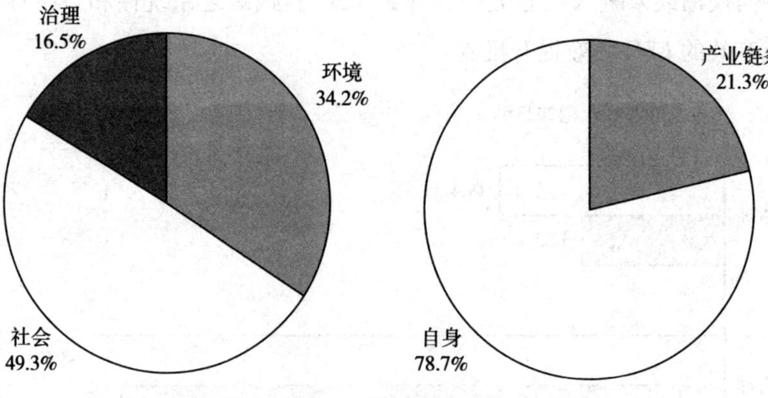

图12 争议事件分布

资料来源：根据样本企业统计。

企业越大，受到的关注越多，透明度和合规性的要求更高。社会维度的风险点更为密集，与相关方的关联更密切，重视"S"维度，有助于企业更全面地识别 ESG 风险和机遇。同时企业应尽可能扩大风险识别范围，特别是与自身产业有密切关系的合作伙伴，以避免或减少因产业上下游风险传导而增加自身 ESG 风险。

观察八：信息披露明显上升，企业面临标准选择困难

2024 年，指数样本企业信息披露率呈明显上升趋势。1007 家发布 ESG 独立报告，较上年度增加 142 家（见图 13）。其中，上市公司增加 119 家，非上市公司增加 23 家。此外，高达 66% 的企业表达出对 ESG 相关披露准则的高度关注，做好了积极迎接高质量披露要求的准备，初步具备了一定的可持续信息披露基础。

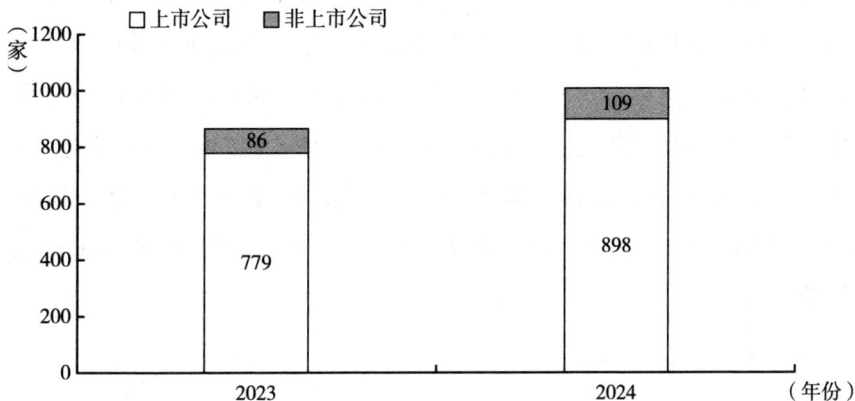

图 13　ESG 信息披露数量

资料来源：根据样本企业统计。

有多达半数的受访企业表示面临可持续信息披露标准选择的困扰。当前 ESG 报告参考框架有很多，国际上流行的如 SASB（可持续会计准则委员会）、TCFD（气候相关财务信息披露工作组）、CDSB（气候披露标准委员会）、GRI（全球报告倡议）、IIRC（国际综合报告理事会）等。国务院国资委发布的《央企控股上市公司 ESG 专项报告参考指标体系》，上海证券交易所、深圳证券交易所、北京证券交易所发布的《上市公司可持续发展报告指引》等。企业需要结合自身的情况来考虑到底采用何种标准框架披露

ESG 信息，包括企业的类型（国有还是非国有）、是否有跨国发展的计划、是否上市等。一是要满足监管机构要求。如央国企重点参照国资委的标准，上市公司采用上交所、深交所、港交所等证券交易所的指引，以规避合规风险。二是契合行业特性需求。例如，污染密集型行业可参考 TCFD 标准，以管理和披露气候变化相关风险，积极响应"双碳"目标。实际操作中，也存在企业综合运用各项标准框架的情况。

观察九：供应链管理相对薄弱，供应商 ESG 管理亟待加强

供应链议题 2024 年得分率为 31.4%，较上年度提高 3.3 个百分点，相较其他议题，尚有较大提升空间（见图 14）。跟踪研究发现，当前企业在供应商筛选和准入环节，主要依赖于负面信息筛查，经济考量占据主导地位。在供应商管理环节，多以签署承诺书、落实合同条款及能力培训为主，在推动供应商提升 ESG 表现方面，尚缺乏针对性的激励机制与成效评估工具。值得高兴的是，企业对于供应链 ESG 整合的意识正迅速增强，有 45% 的企业表示已将供应链 ESG 纳入其战略考量之中，这一比例较 2023 年激增了 11.2 个百分点，预示着供应链 ESG 管理即将迈入加速发展的阶段。

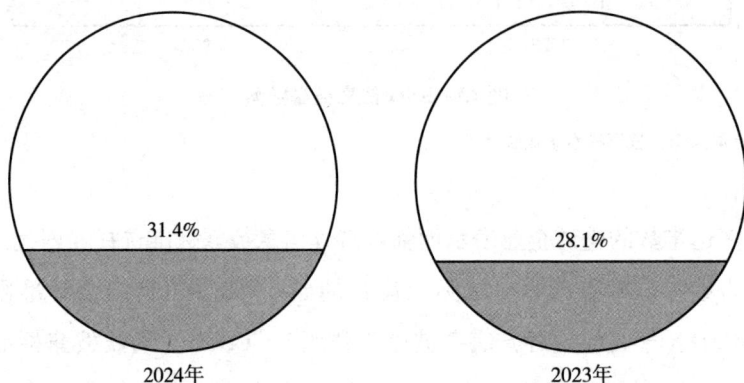

图 14 供应链议题得分率

资料来源：根据样本企业统计。

国际贸易中对供应商的 ESG 合规管理持续加码和不断具体化，供应链 ESG 合规管理纵深延长，超越一级供应商，向源头供应商加速传导。这一趋势的标志性事件包括：2021 年 6 月，德国通过《企业供应链尽职调查法》，要求企业在其供应链上履行人权保障以及环境保护的合规责任；2022 年以来，国际范围内正在逐步加大范围 3（供应链产生的排放）的强制性披露力度，尤其是供应链温室气体排放数据；2024 年 4 月，欧洲议会通过了《企业可持续发展尽职调查指令》，该指令强化了企业对自身及其价值链、供应链透明度和可持续性的全面责任。作为全球产业链供应链的关键节点与制造中心，中国企业在国际贸易中扮演着举足轻重的角色。面对这一国际趋势，中国企业不仅要严格遵守国内的政策法规，更需主动拥抱并融入国际供应链 ESG 合规体系，以免陷入"不进则退"的被动局面。因此，企业应深刻认识到这一变革的紧迫性，积极加强供应链管理，构建完善的 ESG 风险防控机制，以确保在全球竞争中保持领先地位。

观察十：认知障碍有所缓解，工具和人才成瓶颈

企业 ESG 实践的主要障碍仍为 ESG 概念模糊、工具方法缺乏和人才技能缺乏。其中"ESG 概念太泛太模糊"这一障碍仍居高位，但相较上一年度得到 3.9 个百分点的缓解。而"缺乏 ESG 实施的工具方法""缺乏 ESG 相关人才或专业技能"这两大障碍较上一年度分别有 2.4、5.0 个百分点的增长（见图 15）。由上可见，随着国家有关部门各项 ESG 行动方案的出台落地，不同程度上为企业厘清了 ESG，随之而来的是，工具方法缺乏和人才技能缺乏成为企业 ESG 实践中面临的日益凸显的挑战。

综合来看，企业对 ESG 经典三问"是什么？为什么？怎么做？"依然比较困惑。面对近年来 ESG 投资热、报告热、评级热、标准热、评奖热、论坛热、培训热等热潮，企业依然无所适从，无法实现 ESG 议题与企业商业议程对接落地，ESG 理念的普及还需要很长的路要走。强化 ESG 理念的宣贯将是破局的关键。

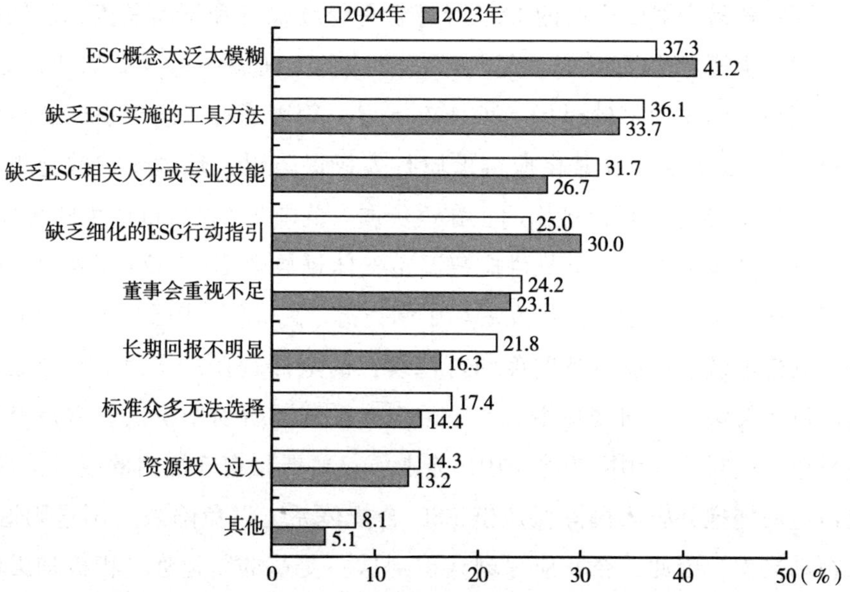

◻2024年 ▤2023年

ESG概念太泛太模糊	37.3 / 41.2
缺乏ESG实施的工具方法	36.1 / 33.7
缺乏ESG相关人才或专业技能	31.7 / 26.7
缺乏细化的ESG行动指引	25.0 / 30.0
董事会重视不足	24.2 / 23.1
长期回报不明显	21.8 / 16.3
标准众多无法选择	17.4 / 14.4
资源投入过大	14.3 / 13.2
其他	8.1 / 5.1

图 15　企业 ESG 实践障碍（多选）

资料来源：根据样本企业统计。

三　典型实践

中国企业 ESG 发展的广阔图景中，涌现一批在环境、社会和公司治理领域表现卓越、实践特色鲜明的企业。它们或深耕绿色转型，引领行业低碳潮流；或强化社会治理，构建和谐劳动关系；或注重环境保护，实施生态修复项目，以各具特色的路径诠释了 ESG 理念在不同维度上的生动实践。我们从企业申报的众多案例中，精选了一批具有代表性的案例，这些案例不仅彰显了企业在追求经济效益的同时，对社会责任、环境保护及公司治理的坚定承诺，更为同行业乃至全社会提供了宝贵的经验与启示。

（一）绿色低碳发展

绿色低碳转型是企业高质量发展关键要素。中国企业正以实际行动践行绿色发展理念，通过一系列创新举措推动绿色转型，引领行业向低碳、环保、可持续的方向迈进，展现了环境责任与可持续发展的深度融合。

【案例】立讯精密：构建绿色供应链，引领零碳发展

立讯精密工业股份有限公司（以下简称"立讯精密"）成立于 2004 年 5 月，于 2010 年 9 月在深圳证券交易所成功挂牌上市（股票代码：002475）。

立讯精密建立健全环境与气候风险管理体系，2023 年旗下 54 家子公司获得 ISO14001 环境管理体系认证，14 家子公司获得国家级或省市级绿色工厂认证。同时，公司按照 SBTi（科学碳目标倡议组织）1.5℃路径要求设定自身运营（范围 1&2）及关键价值链（范围 3）减碳目标，并于 2024 年 1 月正式获得 SBTi 验证与批准。

立讯精密积极推动自身科学碳目标的实现进程，发起"绿色供应链倡议书"，致力于向供应商传递绿色低碳发展理念，携手共同减污降碳，最大程度减少全价值链环境影响。为推动供应商保持环境合规，提高供应链环境合规水平，公司成立专案项目组并制定"动态监控环境表现—监督消除负面影响—建立并优化管理及信息披露机制"三步走的环境合规管理策略，2023 年共协助 55 家供应商摘除环境违规记录，推动 189 家供应商披露 PRTR 信息[①]。公司首次启用 GSCM（绿色供应链管理）系统碳减排模块来收集供应商能源和碳排放数据，并与 IPE（公众环境研究中心）协同发起"迈向零碳供应链倡议"，多渠道督促供应商节能减碳，赋能供应商提高零碳管理水平。

【案例】联想集团：科技创新赋能，共筑可持续发展生态

联想集团是一家服务遍布全球 180 个市场数以百万计客户的高科技公司，位列《财富》世界 500 强第 248 名。为实现"智能，为每一个可能"

---

① 根据企业提供材料整理。

的公司愿景，联想在不断夯实全球个人电脑市场冠军地位的基础上，积极构建从口袋到云端的计算能力。联想始终将 ESG 作为公司发展战略的三大支柱之一，以技术创新赋能，从 ESG+T（科技）到 ESG+AI（人工智能）。

联想引领产业链上下游共同实现低碳化、智能化转型，通过打造"五维一平台"，即"绿色生产""供应商管理""绿色物流""绿色回收""绿色包装"五个维度和一个"供应链 ESG 数字化管理平台"，引导和带动上下游产业链共同行动，合力减少碳足迹。联想为员工建立个人碳普惠平台，也面向会员推出碳普惠活动"联萌乐碳圈"，提供个人碳账户，助力调动全社会减碳的积极性。联想自主研发的海神温水水冷技术凭借强大算力+高效散热+余热回收，把数据中心 PUE 降低到 1.1～1.2，总体能耗降低 40% 以上[①]。联想高度关注生物多样性议题，提出"新 IT·新自然"理念，并发起"新 IT·新自然技术创新赋能生物多样性保护"倡议。

经过持续多年的深耕，联想的 ESG 表现卓越，获得了国际与国内多个权威荣誉，并于 2022、2023 年连续两年取得了明晟指数 MSCI ESG 评级 AAA 级，为全球最高等级。在全球权威机构 Gartner 公布的全球供应链 25 强榜单上，联想集团连续三年排名前十，居亚太区第一。

【案例】美的集团：打造"可持续灯塔工厂"绿色新样板

当前，打造绿色低碳的"可持续灯塔工厂"成为一个行业趋势。目前，美的集团成功拥有 5 家"灯塔工厂"，成为国内拥有该称号最多的企业之一。

美的洗衣机合肥工厂结合了五大业务板块的技术沉淀，基于"数字化底座"底层扎实的数据基础设施和强大的数据中台，融入源自"零碳"和"灯塔工厂"的数字化实践经验和技术能力，帮助工厂打造从产品、制造到物流"端到端"绿色生态业务链，建设一个领先行业可持续发展"灯塔工厂"样板。

---

① 根据企业提供材料整理。

"绿电工厂"从源头降碳。美的贯穿绿色能源供给—配置—消费—调控—管理全价值链布局绿色能源设备和虚拟电厂解决方案，致力于实现零碳工业园区目标。

生产环节能源管理有"智慧大脑"。过去十多年来，美的洗衣机合肥工厂持续数字化、智能化领域投入，以对工厂运维"痛点"逐个击破，通过自研的数字孪生技术应用，让美的洗衣机合肥工厂有一个"智慧大脑"。

打造全链路"绿色智慧物流"样板。安得智联基于物联网技术、智能调度算法，精准物流计划指引厂家满载到货，杜绝非计划的空载及等待，同时提升新能源车应用，降低燃油损耗，油耗降低 38%[①]；通过系统算法及精准物流计划，提前对物流车辆进行精确到小时的装车预约排程，实现全流程可视化管控，提升物流运转效率。

"可持续发展平台"可核算"碳足迹"。对工厂碳排放和核心产品的全生命周期碳足迹情况"知根知底"，在美的洗衣机合肥工厂中，美的iBUILDING 数字平台，搭建了产品碳足迹管理系统，帮助工厂实现产品全生命周期的碳足迹数据核算、分析和一体化认证，首次为工厂绿色发展打造了一个可持续发展平台。

【案例】国网甘肃武威公司：腾格里沙漠区域新型能源生态圈建设

国网甘肃省电力公司武威供电公司（以下简称"武威公司"）成立于1983 年，主要担负武威市服务"三县一区"3.3 万平方公里、79.89 万客户的供电服务，是我国沙戈荒大型风电光伏基地核心规划区域之一、"西电东送"战略送端之一。

武威公司构建腾格里沙漠区域"新能源+电力+生态"新型能源生态圈，将"供给"和"消纳"有机结合，保障新能源"发得出"、"送得走"和"用得了"。构建"产业+治沙"模式，打造示范品牌，形成"能源利用—业态引进—效益增收—拓域治沙"的良性循环；加快建设特高压直流输电

---

① 根据企业提供材料整理。

工程外送输电通道，提升跨省通道输送效率，推动新能源外送消纳；构建沙漠能源生态圈的"能源+生态"大数据资源池，首创沙漠能源"电—碳—生态"算法模型，促进绿色低碳转型发展；持续开展沙漠新能源基地综合效益评估，解决重大技术难题和关键问题，创新引领新能源全产业链高质量发展。

项目已在武威市 4 个行政区推广应用，推动完成"振发新能源电站"建设，年发电量 1.03 亿千瓦时；建成"百万千瓦级"光伏电站一座，年发电量达 14.36 亿千瓦时；实现沙漠生态圈内"源、网、荷"协调消纳，弃光率同比下降 92%，新增交易电量 1.33 亿千瓦时。沙漠区域新能源累计碳减排量 825.67 万吨，节约煤炭量 339.04 万吨，减排二氧化硫 31.79 万吨、氮氧化物 15.89 万吨[①]。

【案例】佛山大学·广东好来客集团：校企共建，打造绿色餐饮校园

佛山大学是广东珠三角一所综合性大学，多年来坚持以绿色生态文明创建提高办学品质和师生素质，积极营造绿色、和谐、可持续发展的校园育人环境。佛山大学餐饮管理依托高校和供餐企业广东好来客集团有限公司，发挥"双主体模式"，将 ESG 理念融入学校餐饮治理当中，维护并提升校园餐饮绿色健康可持续发展。

在绿色食堂建设和改造过程中，注重使用绿色建材和环保设计，减少有害物质排放，并设置雨水收集系统和废水处理设施，实现水资源循环利用。在后勤餐饮项目厨房全电改造中，大量更换使用集成化和模块化电磁加热灶具电器，有效解决传统厨房高碳排放和高能耗问题，实现节能 70%，年碳排放量降低 50% 以上。同时，在食堂管理方面，引入带集成芯片的智能餐具（智盘），实行自选取餐、自助称重称量，按需取食，减少食物浪费，并利用大数据分析技术，对用餐人数和菜品进行精准预估，动态管理材料与菜品的数量，降低库存成本，减少过期食材废弃物。此外，佛山大学还注

---

① 根据企业提供材料整理。

重绿色供应链管理，学校食堂与供应商合作，通过优化采购渠道和物流安排，减少运输过程中的碳排放和能源消耗；不断扩大业务规模，拓展业务领域，与连州、肇庆等地绿色农场建立合作关系，构建起从农田到餐桌直供桥梁。

【案例】国网江苏高邮：创新举措促进电网与东方白鹳和谐共生

国网江苏省电力有限公司高邮市供电分公司（以下简称"国网高邮市供电公司"）作为高邮市经济社会发展的基础性、战略性、先导性国有大型企业，以建设运营当地电网为核心业务，承担着为高邮经济社会发展提供坚强电力保障的基本使命。

江苏高邮位处北电南送的重要通道，高压线路密集、输电铁塔众多，境内鱼虾资源丰富，该地区成为国家一级野生保护动物东方白鹳的栖息地。目前，高邮地区输电铁塔上共筑有东方白鹳鸟巢85个，数量众多、点位密集。东方白鹳酸性排泄物及其筑巢树枝极易引起输电线路故障，严重影响当地生产生活用电和鸟类自身安全。

国网高邮市供电公司立足本职，从维护电网以及东方白鹳安全出发，通过深化技术革新，实施"一塔一案"化解鸟线矛盾；完善政策法规，推动出台全国首部东方白鹳保护地建设管理办法；建立保护机制，打造多层次组织模式；开展联合行动，建立全链条救助流程；强化传播推广，形成立体化宣传矩阵5个维度举措，打造了全社会共同参与、共建共享的可持续发展新模式，促进了企业发展与生态保护和谐共赢，为实现人与自然和谐共生提供了实践案例和宝贵经验。如今，高邮境内的东方白鹳数量从2007年的两三只增长到200多只，并且有40多只从候鸟变成了留鸟[①]。

【案例】多氟多：低品位氟硅资源高质综合利用　助推绿色循环经济

多氟多新材料股份有限公司（以下简称"多氟多"）于2010年5月18

---

① 根据企业提供材料整理。

日在深交所挂牌上市，股票代码 002407，是一家致力于氟、锂、硅、硼四个元素细分领域进行材料和能源体系研究及产业化的国家高新技术企业。

新能源、新材料是推动经济和社会可持续发展、资源高效利用和绿色低碳发展的关键基础。多氟多作为锂离子电池电解液的核心成分六氟磷酸锂行业的龙头企业，积极抢抓"双碳"战略机遇，聚焦"黄金赛道"，以六氟磷酸锂为突破口，进军新能源领域，成为全球新能源汽车产业链的重要一环。在此基础上，多氟多致力于把"氟"这个元素做到极致，真正实现对"原料"的极致利用，经过持续深入的攻关创新，实现磷肥副产氟硅资源综合利用，缓解氟化工对萤石资源依赖，解决磷肥行业环保难题，促进氟化工和磷化工产业可持续发展，完成低品位氟硅资源向高端精细化学品转化，提升产业竞争力，为行业工艺绿色化、技术先进化、产品高端化提供可借鉴、可参考的实践经验。"氟硅酸制无水氢氟酸联产白炭黑生产工艺"突破了氟硅难分离、氟转化率低等核心技术难关，实现多项技术创新，现已建成稳定运行的万吨级生产装置，助推氟化工行业和电子化学品行业实现清洁生产和绿色循环经济。

【案例】中国人保：创新绿色保险，推动绿色金融业务高质量发展

中国人民保险集团股份有限公司（以下简称"中国人保"）由中国人民保险公司发展变革而来。中国人保将服务绿色发展纳入企业战略布局，持续完善绿色保险产品和服务体系，为推动"降碳、减污、扩绿、增长"提供专业风险保障，着力打造一批具有行业示范引领效应的绿色保险典型。

服务能源消耗"降碳"。护航新能源项目稳健运营，为太阳能光伏电站、风电设备、水电站等清洁能源设备建设期和运营期，提供建筑工程险、安装工程险、机器设备损失险等保险产品。2023 年，为风电、光伏、水电等清洁能源提供风险保障 2.8 万亿元[①]。

保障低碳减排技术应用，开发天然气余压利用保险、搭建 CCS 或 CCUS

---

① 根据企业提供材料整理。

项目从"碳捕集"到捕集 S 余压利用保险、搭建洁能源全流程闭环保险保障体系。2023 年签发国内首单天然气压差发电制冷系统运营期财产综合保险，帮助企业应对使用新兴技术带来的风险损失，助力企业打造"零碳天然气场站"。

服务产业转型"减污"。持续跟进国家环境污染强制责任保险试点工作，2023 年累计提供环境污染类责任风险保障金额 191 亿元；为服务化解船舶污染风险，提供超 9.3 万亿元的风险保障①。通过与专业机构合作，为投保生态环境保险的企业提供全方位、全过程的环保服务，将环保管理由"事后监管"向"事前预防"转变。

服务碳排放企业绿色转型。2023 年在沪签发全国首张碳资产质押融资贷款保证保险保单，以保险增信方式帮助碳排放企业贷款融资，推进企业节能环保、清洁生产等产业发展。2023 年为 331 家绿色低碳企业融资提供保险保障，融资金额 8.92 亿元。

【案例】四川长虹：绿色生产、节能家电与循环回收体系

四川长虹电器股份有限公司（以下简称"四川长虹"）始建于 1958 年，1988 年由国营长虹机器厂改制成立，1994 年 3 月在上海证券交易所上市，股票代码 600839.SH。

绿色原材料，减碳之路的基石。公司深耕低碳材料研发与应用，生产过程中广泛采纳可回收、可再生材质，竭力削减有害物质排放，增强产品环保属性。例如，电视产品精选 RoHS 及 REACH 合规环保材料，并以新型气柱袋替代传统白色泡沫，促进资源循环利用；冰洗系列中，冰箱抽屉创新融入生物基材料，含秸秆、竹木粉等降解成分，大幅减少塑料使用，预估每万台冰箱碳足迹降低 8.7 吨；空调产品包装则精选无毒、易降解且回收便捷的环保材质，全面符合 RoHS 严苛标准，展现公司在绿色生产上的坚定承诺与实际行动。

---

① 根据企业提供材料整理。

推广节能家电产品，绿色生活新选择。公司产品紧扣用户需求，不断创新升级，向消费者力推"一级能效""变频"等节能家电产品，以顶尖能效树立绿色生活标杆。每件作品均承载着公司对节能减排的坚定承诺与不懈追求。其中，长虹"巨能省"柜机能效比高达 5.0，远高于国家一级能效标准，并凭借"能效超一级，多省 3000 度"的出色表现，荣获中国家用电器研究院颁发的首张"空调行业柜机超一级能效证书"。

循环回收，减碳增绿新动力。公司全力推进大规模的设备升级换代与消费品"以旧换新"计划，旨在积极构建并优化"换新—回收—再生"闭环服务体系。公司委托有电子产品回收处理资质的合作单位，对废旧电子产品进行合规处置、回收再利用，实施自动化的拆解流程，实现了金属与非金属材料的精准分离与无害化处理，最大限度地减少环境污染。

【案例】博汇纸业：碳足迹认证，全生命周期零碳产品引领

山东博汇纸业股份有限公司（以下简称"博汇纸业"）成立于 1994 年，总部位于山东淄博，2004 年在上海证券交易所主板挂牌上市。博汇纸业坚持绿色低碳发展，积极响应国家"双碳"目标，构建并完善了碳排放管理体系，明确了气候治理的目标和碳管理方针，博汇纸业山东基地已通过碳管理体系认证，博汇纸业 2023 年 ESG 报告中将气候风险管理作为专题报告阐述，以凸显公司在应对气候变化方面做出的努力。

博汇纸业专注于提高产品的绿色环保与安全卫生属性，加大"以白代灰""以纸代塑""碳中和"等新产品的研发，推出的多款产品已通过产品碳足迹认证和产品碳中和认证，为客户和消费者提供更多绿色消费选择。公司在 2023 年继续开展产品碳足迹认证工作。2023 年 7 月，江苏基地白卡纸通过产品碳足迹认证；9 月，山东基地无菌液体包装纸板、食品级涂布牛卡 CBKB、胶版印刷纸三款产品通过产品碳足迹认证，并于 10 月获得了产品碳中和认证，实现了从研发、生产再到使用的全生命周期的"零碳"目标；11 月，山东基地这三款碳中和产品在第六届中国国际进口博览会展出。

（二）社会价值共创

强化社会价值创造是企业履行社会责任的重要途径。中国企业正通过强化社会治理、构建和谐劳动关系、推动社区参与、关注弱势群体等多元化途径，展现其在社会维度上的积极贡献与人文关怀。

【案例】中国电能：为兰考县域能源革命"赋能加速"

中国电能成套设备有限公司（以下简称"中国电能"）按照习近平总书记在河南省开封市兰考县调研指导时提出的县域治理"三起来"的重要指示精神，积极发挥企业在产业、技术和供应链方面的优势，与兰考县政府紧密合作，探索出以新能源开发助力乡村振兴的"兰考模式"。河南省兰考县辖 13 个乡镇、3 个街道，总人口 87 万，总面积 1103 平方公里。兰考全县新能源资源禀赋较好，风能、太阳能、生物质能、地热能品类齐全，资源丰富，具备较好的开发价值。基于这些优势资源，中国电能通过整县户用光伏开发、建设综合智慧零碳电厂和新能源产业园，积极参与兰考县农村能源革命试点县的创新实践，不仅培育了新的生产力，还打造出一条助力兰考强县富民的中国电能路径。

【案例】广西柳工：以智慧绿色机械延伸人类力量

广西柳工机械股份有限公司（以下简称"柳工"）成立于 1958 年，总部位于广西柳州，是国内工程机械行业和广西第一家上市公司。柳工坚定"以智慧绿色机械延伸人类力量"使命，率先开启工程机械电动化研发，以高端化、绿色化、智能化发展引领工程机械行业趋势。

作为全球率先推动工程机械产品电动化的企业，柳工在电动化领域投入大量资源，打造了一支高素质、高战斗力的研发团队，为公司电动化发展注入源源不断的强大驱动力。2023 年，柳工成立广西柳工元象科技及多地研发中心，获"国家引才引智示范基地"称号，取得多项研发成果。2024 年，柳工牵头编制了 3 项行业国家标准，并作为电动土方机械标准分技术委员会的承担单位，为电动土方机械行业的规范化、标准化发展做出卓越贡献。

同时，柳工坚守可持续发展理念，聚焦环保、经济和智能化，持续推进电动设备关键核心技术研发以及产品全面电动化。公司成立了电动技术与产品研究院，为公司全产品线电动化开发提供技术支持，同时开展电动零部件产业化，提高自主化率，搭建可持续的产业生态系统。凭借出色的产品质量和先进的技术水平，柳工已实现电动化产品的使用成本降低 60%~70%，作业效率提升 20%，动力系统故障率降低 50%，碳排放量显著降低[1]。

【案例】上海农商银行："心家园"，金融赋能社会治理

上海农村商业银行股份有限公司（以下简称"上海农商银行"）成立于 2005 年，是由国资控股、总部设在上海的法人银行，也是全国首家在农信基础上改制成立的省级股份制商业银行。上海农商银行秉持"普惠金融助力百姓美好生活"的企业使命，将 ESG 理念融入企业战略发展中。

上海农商银行在推动 ESG 理念落实上积极探索，通过普惠金融赋能社会治理，聚焦社区嵌入式服务、居民多样化需求以及可持续发展的综合服务模式，推出了"心家园"公益服务项目，涵盖健康关爱、老年大学、社区舞台、家庭教育、农品惠购、公益服务、居家生活、综合金融八大类服务实践。在多年社区金融服务与全市网点布局的资源禀赋基础上，结合基层政府共同空间，提供民生类服务，探索实践打造老百姓"家门口"的公益服务站，聚焦社区关切，链接整合资源，提供菜单式服务，逐步形成"金融为民，服务社区"的品牌内涵。通过"多元化"服务体系，项目力图应对社区治理中的多重挑战，推动金融与非金融服务的融合创新，形成可持续发展的新模式。

"心家园"项目有效满足了社区居民的多样化服务需求，社区居民的积极参与和高满意度反映了"心家园"的显著成效。项目成功将"公益服务

---

① 根据企业提供材料整理。

嵌入社区"理念付诸实践，提升了居民满意度和社区凝聚力。《人民日报》曾赞誉"心家园"为"金融为老上海模式"。

【案例】农夫山泉：助力赣南脐橙发展，推动绿色乡村振兴

我国是农业大国，赣南脐橙是享誉全国的特色农产品，但长期以来，非标准化、集约化、品牌化一直是制约当地农业产业的痛点之一。

为响应国家"乡村振兴，共同富裕"战略，农夫山泉根植赣南，发挥自身业务深耕一、二、三产业优势，以脐橙特色农产品为抓手，因地制宜打造具有自身特色的乡村振兴模式。在产业发展领域，通过推进农业标准化、采收合约化、产地品牌化助力农业产业振兴；在科技创新领域，以攻坚脐橙"黄龙病"、培育果树无毒苗、开创脐橙榨汁技术等方式守护并拓展农产品产业链。开创培育农业人才与生态文旅发展新样本，助力当地乡村产业振兴，共同富裕。

2023 年，农夫山泉在赣南脐橙采购量近 1.8 亿公斤，签约合作农户数量已由合作之初增长 8 倍，达到近 4000 户，合作果园面积高达 17 余万亩，有效带动当地农民增产增收。农夫山泉帮助 4000 多户农民提高收入，赣南脐橙产业链直接或间接解决了当地超 10 万名农村劳动力就业，带动了当地的经济发展①。农夫山泉助力赣南脐橙打造品牌价值已经取得明显成效，赣南脐橙 2023 年以品牌价值 691.27 亿元位列全国区域品牌（地理标志产品）水果类第一。

【案例】金宇生物：人病兽防，赋能畜牧业高质量发展

金宇生物成立于 1993 年，1998 年在上海证券交易所主板上市，主营业务为动物疫苗、诊断试剂研发、制造、销售和动物疫病防控技术服务等。在推动高质量发展的进程中，始终秉承"护佑动物安全，保障人类健康"的使命，积极践行"率先进入生物技术、信息技术融合创新合成生物学时代"。

---

① 根据企业提供材料整理。

在过去 1500 种人类已知的病原中，50% 为人兽共患病的致病因素，"人病兽防"，是减少人间疫情的关键环节。内蒙古自治区是牛羊养殖业大省区，是中国牛、羊存栏量第一的省份，要实行积极防御、主动治理，坚持人病兽防、关口前移，从源头前端阻断人兽共患病的传播路径。

经过十余年努力，金宇生物在牛羊养殖重大疫病和人畜共患病领域累计投入上亿元，在反刍动物疫苗领域拥有完备的研发管线和产品储备，特别是布鲁氏菌病疫苗系列产品已经形成多品类、中高端的梯队组合，可满足市场多样化需求，并为下游养殖客户提供多维度综合防疫解决方案。金宇生物全国首次独家引进世界动物卫生组织标准菌株 Rev. 1 株于 2024 年上市，该疫苗采用眼结膜接种方式，而非国内传统的口服或饮水免疫，防疫人员接触病毒的面积大大缩减，有效降低了感染病毒布氏杆菌的概率。

2023 年，金宇生物协助内蒙古疫控中心在内蒙古通辽、巴彦淖尔、包头、鄂尔多斯等市推广使用布病 M5-90△BP26 疫苗，培训基层兽医、实施现场免疫、跟踪免疫后结果，建立布病防控社会化服务体系。通过实施以免疫为主的一系列针对性防控措施，2023 年全区畜间发病旗县、疫点数和发病数同比下降 5.7%、48.8% 和 63.3%，人间报告病例数 16908 例，下降 11.4%，连续 2 年保持在降幅 10% 以上[①]，成为农业农村部防控标杆省份受到国家表扬，先后在农业农村部官网、内蒙古广播电视台做了多期重点报道，为全国布病防控积累了经验。

【案例】圆通：打通农村寄递"最后一公里"

圆通速递于 2000 年 5 月在上海创立。经过 24 年发展，圆通已初步成为一家集快递物流、科技、航空、金融、商贸为一体的快递物流综合服务商和国际供应链集成商。

圆通一直把推动乡村振兴作为企业社会责任战略的重要工作内容。多年来，圆通通过"快递+电商"产业模式以及数字化工具等手段，不断创新揽

---

① 根据企业提供材料整理。

收模式，优化运输路径，延伸服务链条，助力农产品上行。

圆通利用网络资源优势，持续不断地向农村村级市场下沉。比如，在中缅边境盈江县，圆通开设了 22 个村级快递网点；在湖北麻城，圆通开设了 195 个村级快递服务点；在陕西柞水，圆通已实现 9 个乡（镇）网点全覆盖，村（社区）服务网点也已覆盖 64 个，覆盖率达到 80%。截至 2024 年 11 月，圆通在乡村建设自有驿站数量超 3.8 万个，覆盖乡镇数近 2 万个，共吸收超 10 万人就业①。

圆通通过"快递+"形式解决特色农产品滞销及渠道问题，助推农产品上行，为乡村经济发展和农民增收致富积极贡献力量。以"快递+直播"为例，当前圆通旗下"妈妈菁选"正式入驻抖音。2023 年 12 月的"快递助农"溯源直播周·圆通专场直播曝光人数近 400 万，点赞超 30 万人次。2023 年，圆通荣获中国快递协会"2023 年助力乡村振兴贡献奖"。2024 年 4 月，圆通多个项目入选"快递服务现代农业示范项目创建名单"。

【案例】烽火通信：与埃及共建"数字埃及"愿景

烽火通信科技股份有限公司（以下简称"烽火通信"）成立于 1999 年，是集"光通信系统、光纤光缆、光电子器件"光通信三大战略技术于一体的科研与产业实体，于 2001 年在上交所上市。2024 年，公司有员工 1.5 万人，产品和服务覆盖 100 多个国家和地区，服务全球 40 亿人口。

作为全球领先的光通信解决方案提供商之一，烽火通信长期以来积极参与非洲地区的通信基础设施建设。截至目前，公司已在非洲大陆铺设超过 1000 万芯公里的光缆，惠及逾百万家庭和企业用户，显著改善了当地互联网接入条件。

2024 年 9 月 6 日，埃及总理穆斯塔法·马德布利在开罗会见了烽火通信党委书记、董事长曾军及副总经理李磊一行，并出席了由埃及通信和信息技术部与烽火国际共同签署的合作备忘录（MOU）仪式。此次合作标志着

---

① 根据企业提供材料整理。

双方将在"一带一路"倡议、"十大伙伴行动"与中国企业助力埃及实现 2030 年国家发展愿景之间建立起更加紧密的联系。当天上午，埃及通信与信息技术部长阿姆鲁·塔拉特访问了位于北京的 FiberHome 总部，深入了解公司在光纤通信及网络建设领域的成就。会谈中，曾军表达了烽火通信愿同埃及合作伙伴开展全天候战略合作的决心，致力于通过提升当地数字化基础设施建设水平、促进区域信息通信技术创新以及加强人才培养来支持埃及迈向数字化新时代。塔拉特对此表示欢迎，并强调希望通过引进先进技术和扩大人才储备来加速实现"数字埃及"的目标。

【案例】海亮集团："教育+农业"双引擎，开创乡村振兴新路径

海亮集团于 1989 年在"枫桥经验"的发源地浙江绍兴诸暨市成立，管理总部位于杭州市滨江区。海亮以"社会所需，企业所能，未来所向"为指引，将投身乡村振兴事业纳入集团重大战略举措，作为海亮教育和明康汇永久的头等大事，乡村振兴事业"教育+农业"两翼齐振、深化落地。

在深入推进乡村振兴的具体实践中，海亮集团注重发挥自身优势，以教育振兴和农业发展为两大抓手，推动乡村全面振兴。通过"教育+农业"双引擎模式，成立海亮乡村振兴集团，重点面向省内山区 26 县、国家乡村振兴重点帮扶县、重点革命老区等，与合作县域结成"乡村教育事业和乡村农业产业振兴共同体"，提升农产品流通效率、优化教育资源分配、推动农业与教育的深度融合，助力教育振兴、农民致富，开创一条极具辨识度、富有海亮特色的乡村振兴新路径。

目前，海亮集团已在贵州、四川、湖北、安徽等 20 余省，服务管理学校 200 余所，学生超 28 万名，为 12000 名县域教师、教育系统干部提供专业培训课程，有效带动当地优生大量回流、中高考成绩显著提升、教育教学生态明显趋好，40 多个县委县政府或县教育局发来感谢信、锦旗奖牌，得到了服务县域政府、教育主管部门及师生家长的极大认可①。

---

① 根据企业提供材料整理。

【案例】泰禾智能：AI 视觉识别技术赋能传统农业

合肥泰禾智能科技集团股份有限公司（以下简称"泰禾智能"）成立于 2004 年，是一家专业提供 AI 视觉识别成套智能化装备和服务的高新技术企业，2017 年在上交所主板上市。公司积极融合机器视觉、人工智能及自动控制等尖端科技，全面推动农业与工业智能化升级，高效助力国家产业转型升级，为我国农业和工业领域的智能化升级提供更多动力，推动新时代科技创新与产业升级的深度融合。

云南玫瑰花，在食用和烹饪领域有着广泛应用，但花瓣分选一直是制约玫瑰花加工企业提高生产效率和产品品质的难题。泰禾智能结合玫瑰花的品类特点和行业分选要求，研发出针对分选玫瑰花瓣的履带式分选设备，通过机械振动+多级传动+像素识别技术结合，将杂质和不同品质的花朵分离，并根据花瓣颜色、形状等特征辨认花朵，实现花朵分级筛选，从而提高玫瑰花的分选效率和品质。公司还将持续推进设备智能化、标准化建设，通过打造平台机型，实现对部件、选配件等的标准化，进一步提升零部件的通用率和设备的稳定性。

【案例】美丽魔方集团：公益路上的杰出践行者

深圳美丽魔方健康投资集团（以下简称"美丽魔方"）在发展中不忘回馈社会，积极投身公益事业。2018~2020 年，美丽魔方在全国出资举办了13 场"健康中国·幸福人生"诚信公益论坛。2020 年 9 月，美丽魔方启动"永远跟党走·筑梦新时代"红色之旅大型公益活动，自嘉兴首发后，至2021 年间，相继开展了"美丽巾帼心向党"（3 月）、"庆祝五一心向党"（5 月）、"建党百年心向党"（7 月）、"致敬军人铭党恩"（8 月）及"礼赞祖国心向党"（10 月）等系列活动，并逐年延续。至今，已在全国成功举办大型红色公益活动 7 场，小型红色宣传活动及党史学习教育超 3000 场。

多年来，美丽魔方通过中国残疾人福利基金会、中华慈善总会等多个机构，在 17 个省实施 19 个项目，惠及 2000 余个市县助学、助残、助贫、助困及抗震、抗洪、救灾等各类公益项目。面对自然灾害如河南、湖北水灾，泸州地震等，集团总是第一时间捐赠物资，累计捐款捐物超 1.7 亿元，惠及 20 万人，其中 6 万残障人士、10 万困难群体及 3 万军人、退役军人等①。

近年来，美丽魔方在深圳市民政局公益企业排名中持续攀升，从 2021 年的第 32 位升至 2023 年的第 7 位。此外，集团荣获"2023 年度慈善榜样企业""2023 感动深圳十佳企业""2023 深圳十佳慈善榜企业"等称号，董事长陈琼女士入选"2023 深圳十大最美助残者"，集团还获颁"履行社会责任，助力乡村振兴"锦旗，彰显其在公益领域的杰出贡献。

【案例】中国邮政：产业融合，构建可持续发展新模式

中国邮政速递物流股份有限公司（以下简称"中国邮政速递物流"）是于 2010 年 6 月发起设立的股份制公司，是中国经营历史最久、网络覆盖范围最广的快递物流综合服务提供商。

中国邮政速递物流与中国重型汽车集团有限公司强强联合，积极融入产业链智造链，携手打造零部件智能仓储物流标杆项目，促进物流与汽车产业融合创新。物流规划采用"智能"思路，通过智慧物流云系统（WMS）协作，实现了物流运作与工厂生产的即时协同，以及与中国重汽之间的即时网联，项目实现运营智能化。2024 年，项目运营积极推行零部件"供应商、物流商、主机厂三位一体"绿色循环包装服务，年节约纸包装 200 吨以上，并采用 RFID 无线射频、电子标签等技术应用，优化工作流程实现无纸化运作，项目实现运营绿色化。项目运营管理在服务团队培养、机械化设备升级改造、循环包装投入、质量管理体系搭建、信息系统升级优化、智能化设备应用等方面均取得显著成效，2021 年至 2023 年在中国重汽物流商综合评比中连续获得第一名，项目实现运营精益化。

中国邮政速递物流与中国重汽共同探索出制造业与物流业深度融合的新模式，双方通过资源共享、优势互补，实现从单一业务合作到全方位战略协

① 根据企业提供材料整理。

同的转变，不仅促进各自业务的快速增长，为行业转型升级、实现高质量可持续发展贡献重要力量，还带来显著的社会效益，有力推动了社会经济的绿色发展，形成可持续发展的合作典型。

（三）治理效能提升

良好的公司治理是企业可持续发展的核心保障。中国企业正不断优化公司治理结构，提升信息披露透明度，强化反腐败与合规文化，为企业的长远发展奠定坚实基础。

【案例】首钢股份：构建全方位 ESG 管理体系，引领钢铁行业绿色发展

北京首钢股份有限公司（以下简称"首钢股份"）于 1999 年 12 月在深圳证券交易所上市（股票代码：000959），是世界 500 强首钢集团在中国境内钢铁及上游铁矿资源产业发展、整合的唯一平台，主营业务为钢铁产品和金属软磁材料（电工钢）生产和销售。首钢股份积极将 ESG 理念深度融入企业战略决策和经营生产全过程，搭建起规范透明科学的公司治理体系。

ESG 管理架构。首钢股份系统规划 ESG 管理工作，搭建了由董事会，董事会战略、风险、ESG 与合规管理委员会以及 ESG 工作小组构成的 ESG 管理架构。其中，董事会作为 ESG 管理工作的最高决策机构，审议批准公司 ESG 目标和规划、ESG 报告发布等事项；董事会战略、风险、ESG 与合规管理委员会为董事会 ESG 管理工作提供决策咨询支撑，对公司 ESG 目标和规划、ESG 报告等事项进行研究并提出建议；ESG 工作小组为 ESG 管理工作的执行机构，组长由公司总经理担任，组员为公司领导班子成员，负责全面统筹及落实 ESG 管理工作。

ESG 工作制度。首钢股份制定了《首钢股份 ESG 工作推进方案》《ESG 工作管理制度》，修订了《董事会战略、风险、ESG 与合规管理委员会工作条例》，明确了 ESG 工作的职责分工、工作流程和考核标准。

供应商 ESG 管理。首钢股份高度重视供应商在环境、社会和治理方面的表现。通过在供应商管理体系中纳入 ESG 因素、签署承诺书、推动供应商建立社会责任管理体系、组织开展供应商 ESG 培训等方式，促进供应商更好地提升其在环境、社会和治理方面的影响。

利益相关方沟通。首钢股份建立了与各利益相关方进行日常交流和专项沟通的各种渠道，以全面了解利益相关方的诉求和期望，实现与利益相关方的共同发展。通过召开业绩说明会、投资者互动平台回复、投资者热线，将经营成果传递给广大投资者，就投资者普遍关注的问题进行解答。通过走出去、请进来，如投资策略会、电话会、现场调研等，让投资者深入了解公司价值。通过召开发展论坛，让投资者深入了解公司发展规划。

【案例】英科再生：践行 ESG 理念，铸可持续发展之路

英科再生是一家资源循环再生利用的高科技制造商，从事可再生资源的回收、再生、利用业务。公司打通了塑料循环再利用的全产业链，是将塑料回收再生与时尚消费品运用完美嫁接的独创企业。公司产品远销海内外 120 多个国家和地区，为全球 12000 多家客户提供优质的产品与服务。

英科再生战略与 ESG 委员会负责气候变化相关风险和机遇识别、影响评估、制定策略等，建立健全应急管理机制，对可能存在的潜在风险制定应急预案。公司结合自身运营实际，对气候变化可能引发的影响公司正常运营和安全的潜在事故或紧急情况进行判断，识别出台风、季节性强降雨等实体风险，制定风险防控专案，规范应急处置流程，做好应对突发事故的管理、支持和保障等工作，提升自身风险应对能力。公司开展碳足迹评估认证，实时检测与监控能源消耗、交通运输、用水量、废弃物处理等数据。2023 年，公司完成（PS）环保框碳足迹认证，单位产品碳足迹为 $0.74kgCO_2e$[①]。

英科再生作为资源再生高科技制造商，ESG 理念已经融入公司长期可持续发展战略，公司不断用实际行动践行 ESG 理念，已先后取得标普全球

---

① 根据企业提供材料整理。

（S&P Global）ESG Score，超过 91% 同行业企业；入选彭博 bloomberg ESG Score；入选中国上市公司协会 ESG 最佳、优秀实践案例；获评 Wind ESG A 级；荣膺中国证券报"金牛科创奖"、全球零碳城市实践先锋奖-金级、彭博绿金 ESG50 年度受关注项目等重量级奖项；在 EcoVadis 可持续性评估中荣获"Committed"徽章等。

【案例】长电科技：加强公司治理，推动 ESG 落地

江苏长电科技股份有限公司（以下简称"长电科技"）成立于 1972 年，前身是江阴晶体管厂，2000 年改制并于 2003 年 6 月在上交所上市，成为国内半导体封测行业首家上市公司。公司经过半个世纪的深耕，在半导体行业积累了丰富的技术与经验，成为全球排名第三、中国大陆市场占有率第一的封测龙头厂商。

长电科技高度重视 ESG 治理的战略价值，设立完善的 ESG 管理架构，成立 ESG 委员会，由公司董事、CEO 担任 ESG 委员会主任。委员会下设 ESG 执行小组推动 ESG 工作在各职能部门和工厂落地执行，从"决策层—管理层—执行层"搭建起全面系统的 ESG 管治架构，建立规范的 ESG 管理制度，将 ESG 治理融入公司日常运营，按照《长电科技环境、社会与公司治理政策》开展 ESG 管理工作。公司从环境管理、应对气候变化、健康安全、人力资源发展、产品责任、负责任的供应链管理、道德规范等诸多议题，深入推进 ESG 实践管理。

获得 2024 年评级机构评级：MSCI（BB）、Wind（A）、商道融绿（A-）、华证指数（A）；中国上市公司协会："2023 年上市公司 ESG 优秀实践案例"；《财富》中国上市公司"2023 年度 500 强"；2024 中国制造业上市公司社会责任研究报告及榜单：2024 中国制造业上市公司社会责任五星金奖。

【案例】一汽解放：以创新和变革增强企业核心竞争力

一汽解放集团股份有限公司（以下简称"一汽解放"）积极响应国务院国资委关于央企控股上市公司探索建立健全 ESG 体系、高质量 ESG 信息披露的要求，紧密围绕"环境""社会""治理"三个维度，持续推进 ESG 管理，将 ESG 理念融入公司战略、生产经营、企业文化之中，不断提高履责能力，以实际行动诠释"国车长子"的责任与担当。

深入实施新一轮国企改革要求，坚持创新和变革双轮驱动，大力推进流程化组织建设，掌握关键核心技术，加快发展新质生产力。聚焦组织和管理创新，瞄准"商业成功"和"客户满意"两条主线，持续深化流程化组织变革，完善管理体系创新，着力构建结构化流程，形成包括完善治理体系、加强信息披露、维护投资者关系、全面防控风险等在内的高效一体化运作机制。聚焦技术和运营创新，布局中重型车辆、海外、新能源等六大产品线，推进以"大研发、大制造、大营销、大运营"为主的体系一体化变革，打造一汽解放（无锡）研发基地，突破自主电驱桥等核心技术，发布燃电重型前瞻车、智能驾舱等产品，彰显技术领先实力，增强企业核心竞争力。

2023 年一汽解放科技创新立项 36 项，关键核心技术攻关 96 项，荣获中国机械工业学会科学技术奖 4 项，连续 7 届获得中国商用车创新排行榜"双第一"[1]。同时，发布"17JF"领航文化，以品牌文化建设凝聚企业竞争优势，护航企业在追求高质量发展之路上稳步前行。

【案例】中国核电：发布生物多样性保护实践报告

中国核能电力股份有限公司（以下简称"中国核电"）充分认识到应对气候变化、保护生态环境与公众科普的使命和责任，深入学习贯彻习近平生态文明思想，坚定贯彻"绿水青山就是金山银山"发展理念，提出"共治、共生、共荣"的生态环境保护新"3C"理念，通过推进应对气候变化与生态环境保护协同治理、建设人与自然和谐共生的"核美家园"、与核电周边乡村共荣共享，全方位助力经济社会发展绿色转型和美丽中国建设，为全面建设社会主义现代化国家贡献核能智慧和力量。

2022 年，中国核电发布中核集团首份生物多样性保护实践报告，在报

---

① 根据企业提供材料整理。

告中将"3C"公众沟通理念（Confidence－信心、Connection－联结、Coordination－协同）扩展为以"共治（Coordinated governance）、共生（Coexistence）、共荣（Common prosperity）"为内容的新"3C"生物多样性保护理念，意味着中国核电对公众沟通的理解，上升到"善用核能力量、赋能美好生活"的新高度。在"3C"理念的指引下，中国核电形成了合力、呵护、和谐的"3H"行动路径，为共建地球生命共同体提供"核能力量"、贡献"核电方案"。

【案例】明星电力：完善可持续发展组织架构

四川明星电力股份有限公司（以下简称"明星电力"）位于观音故里、成渝之心——四川遂宁，1997 年在上海证券交易所上市（证券代码 600101），产业涉及综合能源开发建设和运营、电力与自来水工程设计与建设、酒店服务、燃气和矿产资源开发等。

明星电力将 ESG 融入企业发展战略，构建了由董事会、公司党委党建部和 ESG 执行小组组成的可持续发展组织架构。董事会对公司整体的 ESG 目标、战略、风险、政策等行使决策和监管职能；董事会战略与 ESG 委员会指导和管理公司 ESG 实践，对与业务相关的重要 ESG 相关事宜进行识别、评估；公司党委党建部统筹 ESG 日常工作，ESG 执行小组负责具体落地执行，并将规范治理、安全生产、社会影响等 ESG 方面的表现与年度绩效考核相挂钩，形成了科学的可持续发展管理体系和清晰透明的 ESG 治理结构。公司以提升信披有效性为着力点，建立资本市场信息日、周报机制，坚持"法定信息＋自愿信息"相结合，公司信披体系不断完善，信披质量不断强化，先后获金圆桌奖、金信披奖、董事会"优秀实践案例"，并在四年内三次获得上交所 A 级评价。

截至 2023 年，明星电力连续三年编制发布"ESG 报告"，全方位展现公司可持续发展成果。ESG 工作受到了各界认可，入选"中证国新央企 ESG 成长 100 指数""第一届国新杯·ESG 金牛奖央企五十强""第一届国新杯·ESG 金牛奖百强"，荣登"2023 金蜜蜂企业社会责任·中国榜"。

【案例】云南铜业："铜"创美好生活，优化公司治理

作为中央企业控股的上市公司，云南铜业坚决贯彻落实党的二十大精神，完整、准确、全面贯彻新发展理念，积极践行央企责任担当，围绕"'铜'创美好生活"责任理念，在探索形成自身特点的 ESG 工作体系、推动 ESG 理念和标准融入公司改革创新发展、生产运营管理各环节深化 ESG 工作实践的同时，不断加强 ESG 信息披露，彰显 ESG 工作价值，争当 ESG 领域的示范引领者。

探索工作体系。云南铜业以中铝集团社会责任核心理念为基、以"五大模块"管理模式为纲，充分结合铜产业上市公司社会责任工作实际，提炼总结出"'铜'创美好生活"的责任理念，探索建立以责任清单和负面清单为支撑的"五大责任模块"ESG 工作体系，着重从环境保护模块推动公司环境责任履行，从员工权益、公平运营、社区责任模块推动公司社会责任担当，从公司治理模块推动公司治理责任实践，促使公司 ESG 工作模块化、定量化、规范化。

完善披露机制。公司制定了《信息披露管理制度》《信息披露管理制度实施细则》《内幕信息知情人登记管理制度》《重大信息内部报告制度》等一系列规章制度，规范公司的信息披露行为，提高公司的信息披露质量。公司高度重视投资者关系管理工作，制定《云南铜业股份有限公司投资者关系管理制度》。规范投资者关系管理工作，提升投资者关系管理水平。规范公司治理，严格遵循信息披露规定和要求，持续加强投资者关系管理，2022 获得深交所年度信息披露考评最高评级 A 级。公司连续 17 年合规发布社会责任报告，连续 4 年参与行业评级。

规范信息收集。公司根据联合国《2030 年可持续发展议程》、全球可持续发展标准委员会《GRI 可持续发展报告标准》、深圳证券交易所《股票上市规则（2022 年修订）》《上市公司自律监管指引第 1 号——主板上市公司规范运作》等国内外相关意见和指引要求，结合实际梳理识别 ESG 关键议题，设立一套规范统一的信息收集机制，明确需收集的文字信息及数据指标、具体定义以及归口管理部门，为 ESG 信息收集提供了规范统一的框架及指引。

【案例】德昌裕新材料：升级 5R 环保理念，打造可持续品牌

深圳德昌裕新材料科技有限公司（以下简称"UDN"）2002 年成立于深圳宝安，是一家专注于化妆品包材塑胶软管的创新设计、研发、生产制造及贸易的国家高新技术企业。UDN 为化妆品、护肤品、个护日化产品提供主要包装，为全球知名品牌提供环保、优质、独特并享有专利技术的包材。

2023 年，UDN 将环保理念从 3R 全面升级至 5R，在原有的"Reuse 重复利用，Reduce 减少损耗，Recycle 轻易回收"基础上，注入了"Replace 原料替代""Renew 更新环保材料"的新理念，形成以 5R 为核心的系统环保实践，将其贯穿于产品生命周期的每个环节。从环保原料、低损耗生产工艺、消费回收三个角度切入，全方位助力企业减少碳足迹，打造可持续品牌，令企业整体环保实践策略更加立体及方向明确。

2023 年，公司被选为 APEC"可持续的消费与生产"年度成长案例。环保设计产品荣获 FDA 法国设计奖金奖、美国 MUSE 奖银奖，单一材料减塑包材入围 IF 设计奖、LUXEPACK 绿色包装大奖，是多次"深圳企业创新纪录"保持者。

【案例】晶科能源：构建"CARE"框架 ESG 管理体系

晶科能源股份有限公司（以下简称"晶科能源"）是一家全球知名、极具创新力的光储科技企业，股票代码：688223.SH。晶科能源秉承"改变能源结构，承担未来责任"的使命，战略性布局光伏产业链核心环节，聚焦光伏产品一体化研发制造和清洁能源整体解决方案提供，销量领跑全球主流光伏市场。

晶科能源构建了基于"CARE"框架的供应链 ESG 管理体系，确保供应商 ESG 管理的规范化、体系化；制定《供应链合作伙伴行为准则管理规定》，以"供应商 100% 签订《供应链合作伙伴行为准则》"为目标，每年定期针对供应商遵守《供应链合作伙伴行为准则》的情况开展审计，持续推进供应商 ESG 意识及能力提升工作。还持续强化 ESG 管理体系建设，除设立 ESG 管理部、业务发展及可持续中心外，还设立市场分析与可持续发展部，协同开展责任供应链建设，推动相关方深入理解和执行可持续供应链策略。2023 年，晶科能源共面向 30 个品类下的头部供应商开展 SAQ 自查，有效跟踪供应商 ESG 风险情况；面向 10 大核心品类下的头部供应商开展现场审计，并督促供应商快速完成整改。

四　2024中国企业 ESG100指数名单

"2024 中国企业 ESG 100 指数"，由企业 ESG 蓝皮书课题组参考国际主流 ESG 评价体系主要指标，结合我国国情和企业特点，构建风险、机遇和影响的"三位一体"ESG 评价体系，对国内 5168 家样本企业 ESG 能力建设和绩效水平进行综合评估，筛选出表现优秀的前 100 家企业，由中国质量认证中心提供第三方鉴证，形成"2024 中国企业 ESG 100 指数"，旨在以榜样的力量，引导中国企业积极响应国家战略和社会总体需求，走可持续发展道路，助力全面推进美丽中国建设，为实现联合国可持续发展目标做出贡献。

表 3　2024 中国企业 ESG 100 指数名单

企业名称（按照笔画升序排列）	企业名称（按照笔画升序排列）
一汽解放汽车有限公司	中国人民保险集团股份有限公司
三一重工股份有限公司	中国工商银行股份有限公司
万华化学集团股份有限公司	中国大唐集团有限公司
上海电力股份有限公司	中国中药控股有限公司
上海农村商业银行股份有限公司	中国中铁股份有限公司
上海晨光文具股份有限公司	中国节能环保集团有限公司
山东博汇纸业股份有限公司	中国石油化工集团有限公司
广西柳工机械股份有限公司	中国平安保险（集团）股份有限公司
广州汽车集团股份有限公司	中国东方航空股份有限公司
广州越秀资本控股集团股份有限公司	中国北方稀土（集团）高科技股份有限公司
广联达科技股份有限公司	中国电子科技集团有限公司
天合光能股份有限公司	中国电能成套设备有限公司
天齐锂业股份有限公司	中国民生银行股份有限公司
云南铜业股份有限公司	中国光大环境（集团）有限公司
比亚迪股份有限公司	中国华电集团有限公司

企业名称（按照笔画升序排列）	企业名称（按照笔画升序排列）
中国华能集团有限公司	多氟多新材料股份有限公司
中国交通建设集团有限公司	兴业银行股份有限公司
中国邮政速递物流股份有限公司	农夫山泉股份有限公司
中国物流集团有限公司	好想你健康食品股份有限公司
中国诚通控股集团有限公司	佛山大学·广东好来客集团有限公司
中国建设银行股份有限公司	英科再生资源股份有限公司
中国建材集团有限公司	杭州海康威视数字技术股份有限公司
中国保利集团有限公司	旺能环境股份有限公司
中国神华能源股份有限公司	国网（西安）环保技术中心有限公司
中国盐业集团有限公司	国家电网有限公司
中国核能电力股份有限公司	金风科技股份有限公司
中国铁道建筑集团有限公司	金宇生物技术股份有限公司
中国铁路通信信号股份有限公司	京东方科技集团股份有限公司
中国旅游集团有限公司	京东物流股份有限公司
中国海洋石油有限公司	宝山钢铁股份有限公司
中国通用技术（集团）控股有限责任公司	宜宾五粮液股份有限公司
中国铝业集团有限公司	珀莱雅化妆品股份有限公司
中国银行股份有限公司	南方电网国际有限责任公司
中国银河证券股份有限公司	贵州茅台酒股份有限公司
中国移动通信集团有限公司	美的集团股份有限公司
中国融通资产管理集团有限公司	珠海格力电器股份有限公司
长江三峡集团实业发展（北京）有限公司	圆通速递有限公司
龙湖集团控股有限公司	浙江正泰电器股份有限公司
东风汽车集团有限公司	海尔智家股份有限公司
东阿阿胶股份有限公司	常州华利达服装集团有限公司
北京农村商业银行股份有限公司	烽火通信科技股份有限公司
北京首创生态环保集团股份有限公司	深圳美丽魔方健康投资集团有限公司
北京首钢股份有限公司	维尔利环保科技集团股份有限公司
申万宏源集团股份有限公司	联想集团有限公司
四川长虹电器股份有限公司	惠州亿纬锂能股份有限公司
四川丝丽雅纤维科技有限公司	紫金矿业集团股份有限公司
立讯精密工业股份有限公司	晶科能源股份有限公司
宁德时代新能源科技股份有限公司	湖南联诚轨道装备有限公司
华电国际电力股份有限公司	福耀玻璃工业集团股份有限公司
华润三九医药股份有限公司	潍柴动力股份有限公司

五　思考展望

在 ESG 的宏伟蓝图中，企业作为实践的重要主体，需以前瞻眼光，持续深化对新兴趋势的洞察，积极探索并实施创新策略，以开辟更加广阔的可持续发展之路。

（一）精准把握新趋势，强化战略适应性

随着全球对可持续发展的共识日益增强，ESG 已成为企业战略规划不可或缺的组成部分。企业应深刻认识到 ESG 理念与国家政策导向、国际贸易规则变革的紧密关联，特别是其对于"生态文明观"、"十四五"规划乃至更长远社会经济发展目标的重要支撑作用。为此，企业需主动拥抱变化，将 ESG 理念深度融入企业文化与战略决策中，不断提升自身在新形势下的适应力与竞争力。同时，加强与国际 ESG 标准的对接与合作，提升信息披露的透明度与准确性，以赢得国内外市场的广泛认可。

（二）破解实践难题，实现跨越式发展

面对 ESG 实践中的供应链 ESG 管理难度大、社会责任项目效果难以量化、数据收集困难、专业人才缺乏等复杂挑战，企业应正视问题根源，加大资源投入，特别是在董事会层面强化 ESG 治理机制，确保理念到行动的有效转化。通过引入先进管理工具和技术手段，如大数据分析、人工智能等，提升 ESG 管理的精准度与效率。此外，加强与社会各界的沟通合作，共同探索解决难题的新路径，如构建多方参与的 ESG 评价体系，促进社会责任项目效果的量化与评估，推动企业与社会共同进步。

（三）鼓励创新实践，引领行业变革

在 ESG 领域，创新是推动发展的不竭动力。企业应勇于尝试绿色金融、ESG 报告、数字化管理等新兴模式，通过技术创新与模式创新，不断提升

ESG 绩效与可持续发展能力。政府、投资者及社会各界应携手建立健全创新激励机制与评价体系，为企业的 ESG 创新实践提供有力支持。同时，加强对 ESG 创新案例的宣传与推广，激发更多企业的创新活力，共同推动 ESG 领域的持续繁荣与发展。

（四）开拓新领域，把握未来机遇

可持续发展时代孕育着诸多新的机遇。而这些机遇将为企业带来新增长引擎、新的营收增长点，并与企业现有业务产生协同效益或孵化出新业务。面对 ESG 领域的广阔前景与无限可能，企业应积极寻求新的增长点与突破点。通过拓展 ESG 业务领域，深化与主营业务的融合，开发具有创新性的 ESG 产品与服务，不断拓展企业的价值边界。同时，注重培养 ESG 领域的专业人才与团队，为企业的长远发展提供坚实的人才保障与智力支持。

参考文献

孙晓华、谢玉红主编《企业 ESG 蓝皮书：中国企业环境、社会与治理报告（2023）》，社会科学文献出版社，2023。

张大永、姬强、雷雷：《ESG 评价体系与气候投融资》，西南财经大学出版社，2024。

张天华、刘柳、王凯：《中国上市公司 ESG 评价研究 2021》，经济管理出版社，2023。

行 业 报 告

B.3
中国环保产业 ESG 发展报告（2024）

李恩慧　李亚萍*

摘　要：　环保产业作为我国绿色转型的坚实支柱，其高质量发展深受ESG理念的积极驱动。报告指出，ESG在推动环保产业迈向高质量发展中发挥着关键作用，驱动企业加速绿色技术创新与应用，促进资源循环利用，减少污染，并引领产业链绿色转型，实现经济环保双赢。研究发现，当前，环保企业正积极应对气候变化，提升科技创新力，优化产业布局，关注员工福祉，其ESG报告发布数量增加，编制更规范专业，聚焦气候应对与产业转型议题，共同助力美丽中国建设。

关键词：　环保企业　ESG发展　气候变化　产业转型

---

* 李恩慧，中安正道自然科学研究院助理研究员，研究方向为企业社会责任、公司治理、绿色金融、ESG信息披露；李亚萍，中华环保联合会ESG专业委员会委员，河南省企业社会责任促进中心调研评估处处长，副研究员，研究方向为企业风险管理、ESG战略。

习近平总书记在全国生态环境保护大会上强调，"把建设美丽中国摆在强国建设、民族复兴的突出位置"①，深刻阐明了美丽中国建设的战略地位。环境、社会和公司治理（以下简称 ESG）将社会经济发展、环境保护、公司治理与社会责任深度融合，与我国生态文明建设以及可持续发展理念高度契合，坚持生态文明理念、提升企业等经济主体的 ESG 表现，对于实现我国经济社会的可持续发展具有重要的理论价值和现实意义。

环保行业作为绿色经济中的重要力量，在推动经济社会发展、全面绿色低碳转型方面发挥着举足轻重的作用，为其他关联行业的可持续发展提供了坚实的支撑。随着我国"双碳"目标的稳步推进，环保行业被赋予了更加重大的使命，即引领新旧动能转换、推动技术革新、促进产业链升级，以全面加速全社会的绿色低碳转型进程。

一 环保行业践行 ESG 的形势与要求

2023 年世界行动气候峰会上，中共中央政治局常委、国务院副总理丁薛祥在致辞中表示，气候变化挑战面前，人类命运与共，各方应增强共同应对的决心和能力。加速绿色转型，积极提高可再生能源比例，推动传统能源清洁低碳高效利用，加快形成绿色低碳生产方式和生活方式。2023 年 12 月，《中共中央 国务院关于全面推进美丽中国建设的意见》发布，其中提出，建设美丽中国是全面建设社会主义现代化国家的重要目标，是实现中华民族伟大复兴中国梦的重要内容。

环保行业作为我国绿色转型发展的重要支撑，涉及大气治理、水务及水治理、固废治理、环保设备、综合环境治理等多个领域。由于环保产业的天然属性以及产业链强渗透作用，相关企业能够为污染型企业提供环保设备和节能减排技术，进一步推动能源、化工等行业实现绿色转型，从而为产业结

---

① 《习近平在全国生态环境保护大会上强调：全面推进美丽中国建设 加快推进人与自然和谐共生的现代化》，中国政府网，2023 年 7 月 18 日，https：//www.gov.cn/yaowen/liebiao/202307/content_ 6892793. htm。

构转型升级提供技术保障，助力国家实现"双碳"目标。我国环保行业正逐步从"机会主义发展"向"构建综合竞争力"转变。ESG 是参与国际竞争的重要工具，ESG 中的"E"所代表的环境维度与环保企业的基因高度契合，积极开展 ESG 实践，有助于环保企业在"转型变革"中突围。

（一）环保行业发展现状

2022 年 6 月 15 日，在国家发改委、工信部、生态环境部等部门的指导和支持下，中国环境保护产业协会发布《加快推进生态环保产业高质量发展深入打好污染防治攻坚战全力支撑碳达峰碳中和行动纲要（2021—2030年）》（以下简称《行动纲要》）。《行动纲要》围绕产业结构和布局、技术水平、标准化水平、市场主体竞争力、一体化发展体系等 5 个维度确定发展目标，加快环保产业发展，推动企业绿色低碳转型。

有关数据显示，当前我国环保行业整体呈稳健发展态势。

产业发展上，环境产业资产规模、研发投入、人员规模等指标稳步上升。根据环保产业协会相关报告，2022 年我国生态环境产业相关上市公司 223 家，平均营业收入 28.81 亿元；平均净资产 45.04 亿元，同比增长 2.64%；平均资产负债率 58.70%，同比增加 1.59 个百分点；平均净资产收益率 5.91%，同比减少 0.83 个百分点；平均研发投入 0.72 亿元，同比增长 2.72%；平均研发投入强度 2.51%，同比增加 0.13 个百分点；平均人均营业收入 79.77 万元，同比降低 8.93%；平均人均净利润 7.28 万元，同比降低 13.10%；平均市值50.76 亿元，同比降低 26.16%；平均市盈率（TTM）19.31 倍，同比降低20.61%；平均市净率（MRQ）1.13 倍，同比降低 28.06%[①]。

市场层面，环保行业市场整体呈现稳中回暖趋势。2022 年全国监测生态环保相关领域中标项目合计 22611 个，总中标金额 13903.39 亿元。其中，水务板块项目 8559 个，总中标金额 6843.48 亿元；固废板块项目 6173 个，总中标金额 2689.50 亿元；大气板块项目 3074 个，总中标金额 159.54 亿

---

① 中国环保产业协会：《中国环保产业发展状况报告（2022）》。

元；生态板块项目 4805 个，总中标金额 4210.42 亿元。[①]

企业融资层面，环保行业天然具有绿色产业的属性，是绿色低碳循环发展体系的重要组成部分，其涵盖的多类绿色项目与活动在政策支持下可以通过绿色金融工具获得融资。绿色债券和绿色 REITs 是环保行业获取金融支持的常用工具，能够有效帮助企业降低融资成本。根据 Wind 数据库，2016 年以来，共有 16 家环保行业的上市公司发行了 34 只绿色债券，发行规模总计约 170 亿元。

表 1　环保行业上市公司发行的绿色债券

证券名称	发行主体	债券期限（年）	发行总额（亿元）
23 碧水源 MTN001（科创票据）	碧水源	2	5.0
23 天楹 GK	中国天楹	3	1.0
22 海峡环保 GN003	海峡环保	0.7397	1.0
22 上海环境 SCP004（绿色）	上海环境	0.737	2.0
22 津创环保 GN001	创业环保	3	6.3
22 海峡环保 GN002	海峡环保	0.432	1.5
22 海峡环保 CN001	海峡环保	0.432	1.0
22 孙水源 5CP001（绿色）	碧水源	0.2456	3.0
22 上海环境 SCP002（绿色）	上海环境	0.7397	2.0
22 上海环境 SCP001（绿色）	上海环境	0.4232	2.0
21 三峰环境 GN001	三峰环境	3	10.0
21 海峡环保 CN003	海峡环保	0.4332	1.5
21 上海环境 MTN001（绿色）	上海环境	3	3.0
21 中山公用 MTN001	中山公用	2	5.0
21 湘 MTN001（绿色）	瀚蓝环境	3	3.0
21 海峡环保 CN001	海峡环保	0.432	1.5

注：数据范围为 2016 年 8 月至 2023 年 8 月。
资料来源：Wind 数据库。

（二）环保企业践行 ESG 相关要求

环保行业兴起于 20 世纪 60 年代，在我国经过近 60 年的发展，已初具

---

① 全联环境商会：《2023 中国环境企业 50 强发展报告》，2023 年 12 月 20 日，https://mp.weixin.qq.com/s/CmFYarA2hE59EL25m5Aqyg。

规模。"十四五"时期,"我国生态文明建设进入了以降碳为重点战略方向,推动减污降碳协同增效、促进经济社会发展全面绿色转型、实现生态环境质量改善由量变到质变的关键时期"①。

一方面,国家先后出台相关政策支持环保企业的发展。如,2021 年 3 月,"十四五"发展规划要求深入实施可持续发展战略,构建生态文明体系,促进经济社会发展全面绿色转型;2023 年 8 月,财政部、国家税务总局、国家发展改革委、生态环境部联合发布《关于从事污染防治的第三方企业所得税政策问题的公告》,提出对符合条件的第三方污染防治企业减按15% 的税率征收企业所得税,旨在进一步降低环保企业经营成本,支持其发展;2024 年 1 月,生态环境部召开的全国生态环境保护工作会议强调持之以恒打好污染防治攻坚战,积极推动绿色低碳高质量发展。当前,环保企业仍处于发展的机遇期。

另一方面,针对环保企业信息披露和可持续发展的要求日趋严格。2020 年以来,ESG 因素在企业运营和投资决策中的重要性日益凸显,我国 ESG 监管体系逐渐完善。在政策方面,2021 年 12 月,生态环境部发布《企业环境信息依法披露管理办法》,要求企业披露环境相关信息,对企业环境污染风险防控等提出更高要求;在金融监管方面,证监会、国资委、港交所、上交所、深交所等机构对企业信息披露要求从企业社会责任报告转向 ESG 报告,并逐步呈现强制化披露趋势;在实践方面,政策鼓励企业开展生物多样性保护、气候信息等专项工作及相关信息披露。

表 2 环保企业 ESG 相关政策要求

颁布时间	机构	文件名称	相关内容
2023 年 10 月	生态环境部、国家市场监管总局	《温室气体自愿减排交易管理办法(试行)》	中华人民共和国境内依法成立的法人和其他组织,可以依照本办法开展温室气体自愿减排活动,申请温室气体自愿减排项目和减排量的登记,参与温室气体自愿减排交易。

---

① 《中华人民共和国国民经济和社会发展第十四个五年规划和 2035 年远景目标纲要》。

续表

颁布时间	机构	文件名称	相关内容
2023 年 8 月	财政部、国家税务总局、国家发改委、生态环境部	《关于从事污染防治的第三方企业所得税政策问题的公告》	对符合条件的从事污染防治的第三方企业减按 15% 的税率征收企业所得税。
2023 年 3 月	香港联合交易所	《2022 年上市委员会报告》	提出着重将气候披露标准调整至与气候相关财务披露小组（TCFD）的建议及国际可持续发展准则理事会（ISSB）的新标准一致
2022 年 8 月	国务院国资委	《中央企业节约能源和生态环境保护监督管理办法》	按照各央企所处行业、能源消耗、主要污染物排放水平和对生态环境影响程度，进行分类管理，并明确央企节约能源和生态环境保护的基本要求、组织管理、统计监测与报告、突发环境事件应急管理、考核与奖惩等。
2022 年 8 月	国务院国资委	《提高央企控股上市公司质量工作方案》	要求推动更多央企控股公司披露 ESG 报告，力争到 2030 年相关专项报告披露全覆盖。
2022 年 4 月	中国证监会	《上市公司投资者关系管理工作指引》	要求增加公司的环境、社会和治理信息投资者沟通内容。
2021 年 11 月	国务院	《中共中央　国务院关于深入打好污染防治攻坚战的意见》	以精准治污、科学治污、依法治污为工作方针，统筹污染治理、生态保护、应对气候变化。
2015 年 5 月	国务院	《中国制造 2025》	要求强化绿色监管，健全节能环保法规、标准体系，加强节能环保监察，推行企业社会责任报告制度，开展绿色评价。

资料来源：根据公开信息整理。

（三）环保行业践行 ESG 的意义

环保行业积极践行 ESG 理念，推动 ESG 在行业内部的发展具有积极且重要的意义。

一是推动美丽中国建设。环保行业的核心使命在于保护和改善环境，这与美丽中国的建设目标不谋而合。通过践行 ESG，环保企业能更有效地推动绿色低碳技术的应用，促进资源循环利用，减少污染物排放，从而直接贡献于生态环境的改善和生物多样性保护。此外，环保企业的 ESG 实践还能带动整个产业链的绿色转型，实现经济效益与环境效益的平衡，进一步推动美丽中国的建设。

二是改善人居环境品质。环保行业在提升人居环境方面也发挥着重要作用。通过实施 ESG 策略，环保企业能够提供更优质的环保产品和服务，比如空气净化、水处理和固体废物管理等解决方案，有效改善居民的生活质量。同时，企业还可以通过社区参与和公益活动，提升社区的环保意识和参与度，共同营造宜居环境。

三是拓宽企业融资渠道。在融资方面，环保行业的 ESG 实践为其带来了显著的优势。随着投资者越来越关注企业的可持续发展能力，那些拥有良好 ESG 记录的企业更容易获得资本市场的青睐。通过展现其在环境保护、社会责任和公司治理方面的努力和成果，环保企业能够吸引更多的投资者，拓宽融资渠道，降低融资成本，为企业的进一步发展和创新提供资金支持。

二 环保行业信息披露表现

ESG 披露信息既是开展 ESG 评价的基础，也是上市公司面向各类投资主体和利益相关方（其中包括监管机构、社区、职工、供应商、消费者、媒体等）进行全方位沟通、交流的重要渠道。依据申万环保行业上市公司一级分类，截至 2024 年 5 月底，共收集到环保行业上市公司发布的相关 ESG 报告 57 份。通过对这些 ESG 报告进行分析，发现越来越多的环保企业开始关注 ESG 理念，并着手开展 ESG 相关实践，提升自身 ESG 实践能力，同时建立了较为全面的 ESG 信息披露制度，提升了企业 ESG 信息披露的有效性。

（一）报告发布：意识增强、数量增多

1. 发布相关 ESG 报告的企业数量不断增加，环保上市公司 ESG 不断增强

从近三年发布可持续发展报告的情况来看，环保行业上市公司的数量呈

逐年增加趋势。2022 年有 36 家企业，2024 年有 57 家，信息披露率由
26.7% 上升到 42.2%（见图 1），整体呈现较快增长趋势。申万二级细分领
域中，环境治理上市公司披露率为 47.2%，环保设备上市公司披露率为
24.1%。其中，瀚海环境、兴蓉环境、东江环保、江南水务等企业已连续发
布了十年以上可持续发展报告（见表 3）。

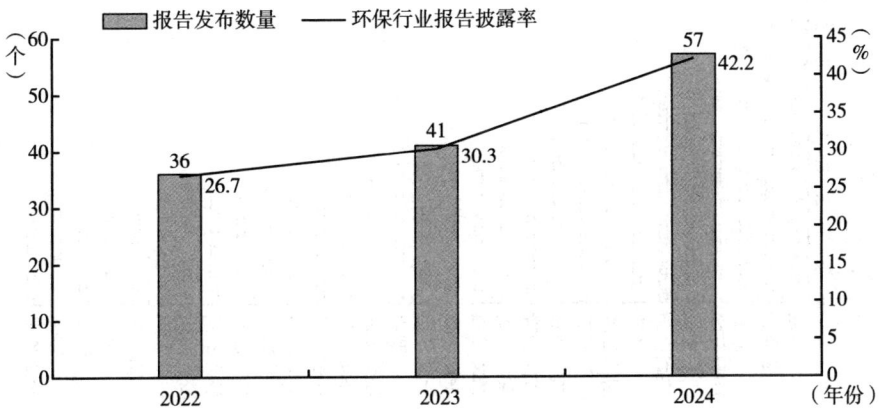

图 1　2022~2024 年环保行业上市公司报告披露情况

资料来源：根据样本企业报告进行统计。

表 3　环保企业发布相关报告的情况（部分）

序号	企业名称	发布相关报告次数
1	瀚蓝环境	16
2	兴蓉环境	14
3	东江环保	15
4	江南水务	12
5	碧水源	12

资料来源：根据样本企业报告进行统计。

2. 环保上市公司披露率达到 40% 以上，居整个行业中位

依据申万一级行业对 2024 年 5 月 31 日前披露的 30 个行业 ESG 相关报

告披露率进行统计，A 股上市金融行业 ESG 相关报告披露率最高，其中银行业披露率达到 100%，环保行业位居中位，披露率达到 41%（见图 2）。2024 年国防军工、环保、电力设备等行业 ESG 披露率增长较快，其中环保行业增长超过 6 个百分点。

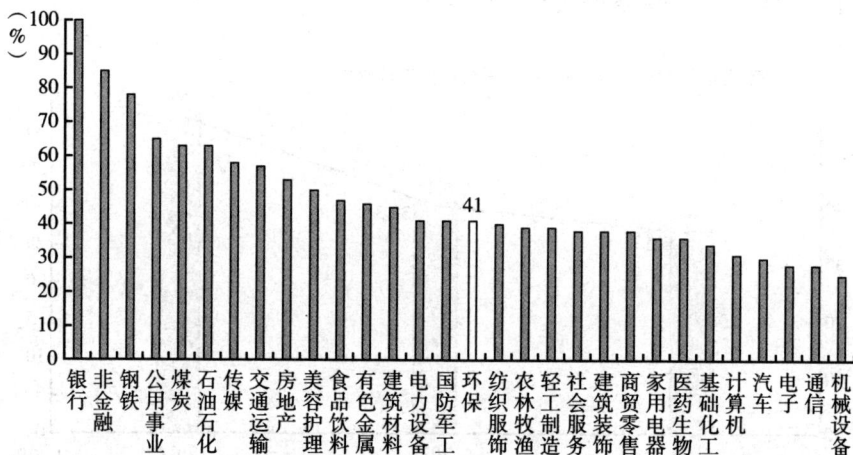

图 2　30 个行业 2024 年 ESG 报告披露率

资料来源：根据样本企业报告进行统计。

3.报告发布区域较为集中，国有企业报告发布量占据半数以上

从报告发布的企业性质和区域来看，环保上市公司集中在北京以及广东、江苏、浙江、福建等沿海地区。其中，北京的环保企业数量位居第一，广东、江苏和浙江紧随其后（见图 3）。从发布报告的企业性质来看，国企一直占据主要地位，2023 年和 2024 年报告发布占比均在半数以上（见图 4）。这与 2023 年以来，国资委加强对国有企业的管理和可持续信息披露的要求有重要的关联。

（二）报告编制：更趋于规范化、专业化

1.报告编制趋向标准化

从报告名称及形式上看，发布报告的企业中有六成以上的企业名称上呈

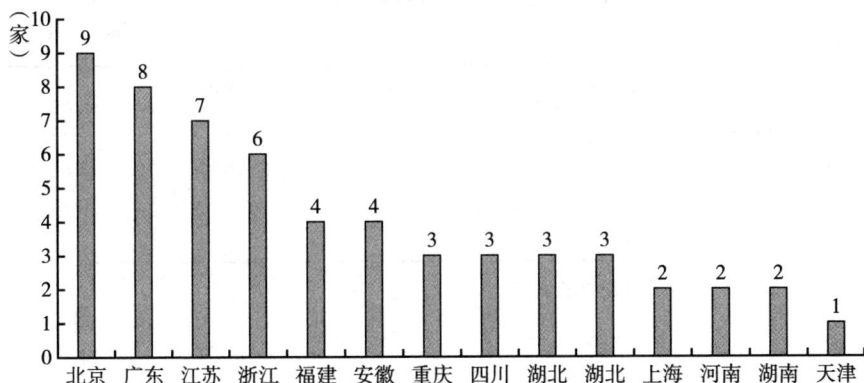

图 3　环保企业所在区域分布情况

资料来源：根据样本企业报告进行统计。

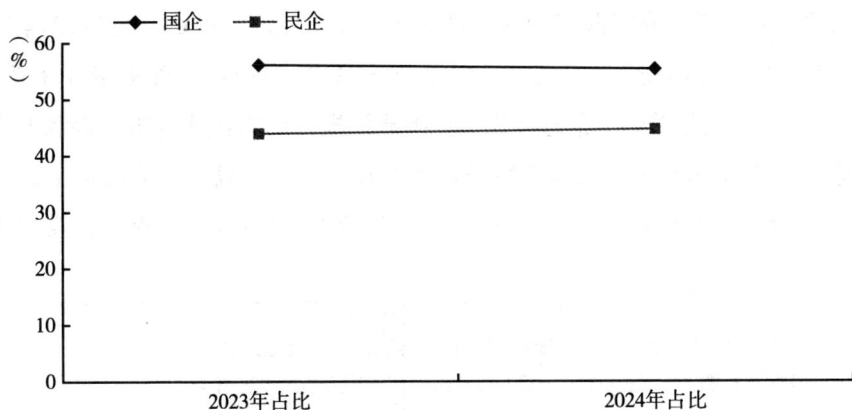

图 4　不同性质的环保企业发布报告情况

资料来源：根据样本企业报告进行统计。

现出向 ESG 靠拢的趋势。2023 年企业发布的报告名称有 ESG 报告、社会责任报告、ESG 暨社会责任报告、可持续发展报告等多种名称，2024 年发布的报告主要有 ESG 报告和社会责任报告两种，显示出报告更为规范，对相关报告的认识更为清晰（见表 4）。

表 4　环保企业发布的相关报告名称

单位：份

报告名称	2023 年	2024 年
环境、社会及管治报告/ESG 报告	19	36
社会责任报告	18	21
ESG 暨社会责任报告/社会责任暨 ESG 报告	3	—
可持续发展（社会责任）报告	1	—

资料来源：根据样本企业报告进行统计。

2. GRI 是企业主要的参考标准

从报告的参考指标来看，GRI 为报告编写的主要参考依据，占比为 64.9%。深交所《可持续发展报告（试行）》、中国社科院《中国企业社会责任报告指南》和联合国可持续发展目标（SDGs）紧随其后，是企业报告编制的重要参考，分别占 47.4%、43.8%、42.0%（见图 5）。与 2023 年不同的是，国务院国资委《央企控股上市公司 ESG 专项报告参考指标体系》和 TCFD《气候相关财务信息披露工作组建议报告》首次成为报告编制的参考标准。这与 2023 年 7 月国务院国资委发布《关于转发〈央企控股上市公司 ESG 专项报告编制研究〉的通知》，参考 TCFD《气候相关财务信息披露

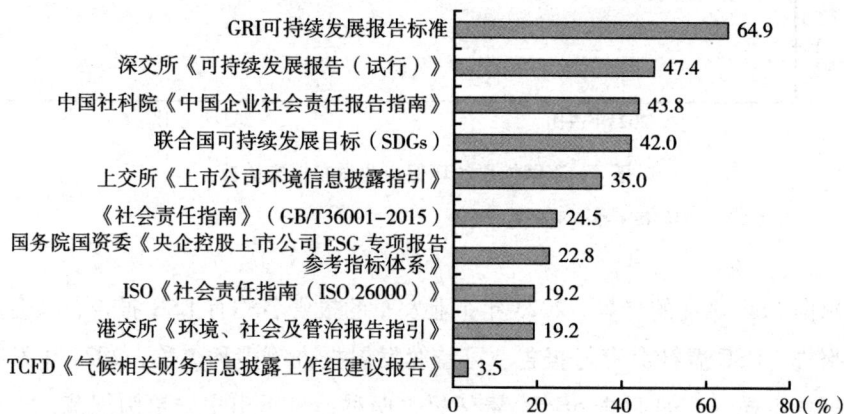

图 5　环保企业报告编制参考的相关标准

资料来源：根据样本企业报告进行统计。

工作组建议报告》确定企业气候信息披露的范围有关。

3. ESG 报告缺乏第三方鉴证

当前，国内环保上市公司纳入国际评级的企业较少，目前查询到的仅有北控水务 MSCI（A）、首创股份（B）、浙富控股（B）、伟明环保（B）等企业获得 MSCI 评级。但企业信息披露的完整性和数据的真实性是第三方评级的核心，报告鉴证是保证企业数据真实性的重要一环。当前环保行业进行相关报告鉴证的企业数量较少，在企业信息披露不断规范化和信息披露真实性的要求下，缺乏权威的第三方报告鉴证，对企业可持续发展信息的真实性有很大影响，也存在企业信息披露的漂绿行为。

表 5　环保上市公司 Sustainalytics（晨星）风险得分（部分）

企业名称	风险得分	企业名称	风险得分
雪迪龙（002658.SZ）	20.7	上海环境（601200.SH）	27.4
伟明环保（603568.SH）	27.9	碧水源（300070.SZ）	28.7
三峰环境（601827.SH）	28.7	首创环保（600008.SH）	37.7
兴蓉环境（000598.SZ）	39.8	重庆水务（601158.SH）	39.9

资料来源：Sustainalytics 官网。

（三）披露内容：采取气候应对措施、适应产业转型

1. ESG 管理逐步得到落实

加强对 ESG 的管理工作、识别与筛选 ESG 议题、回应利益相关方的要求，制定相应的管理策略对环保企业从制度到实践上落实企业的 ESG 治理工作具有重要的意义。与 2023 年相比，环保企业在 ESG 的治理方面有较大的提升，尤其是企业在 ESG 的相关管理部门设置上，由 2023 年的 29.2% 上升到 2024 年的 59.6%，整体上升了 30.4 个百分点（见图 6）。在其中，设置专门的 ESG 管理部门的企业相较 2023 年也增加不少。这些都说明，当前环保企业 ESG 管理工作不断得到落实。

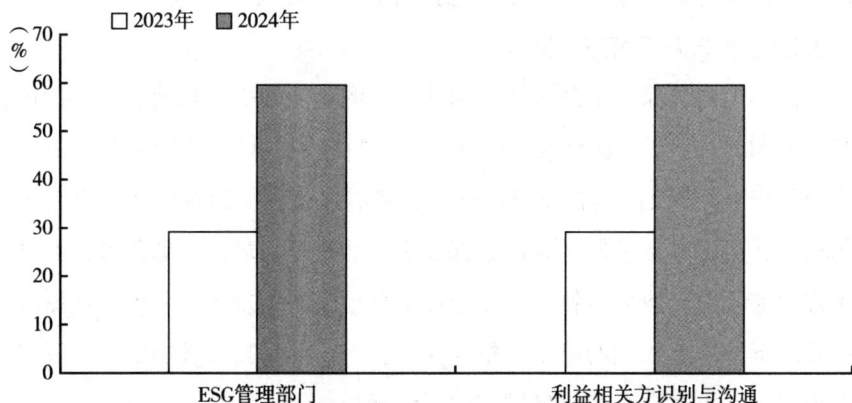

图 6　环保企业 ESG 管理部门及利益相关方沟通情况

资料来源：根据样本企业报告进行统计。

2. 应对气候变化采取措施的企业明显增加

应对气候变化，及时采取相应措施对环保企业而言具有先天的优势。与 2023 年相比，2024 年环保行业上市公司在气候方面采取措施的企业数量增加较快。其中，将"应对气候变化"纳入企业实质性议题管理的比例由 2023 年的 30.0% 上升为 2024 年的 42.1%（见图 7）。如 2023 年碧水源首次

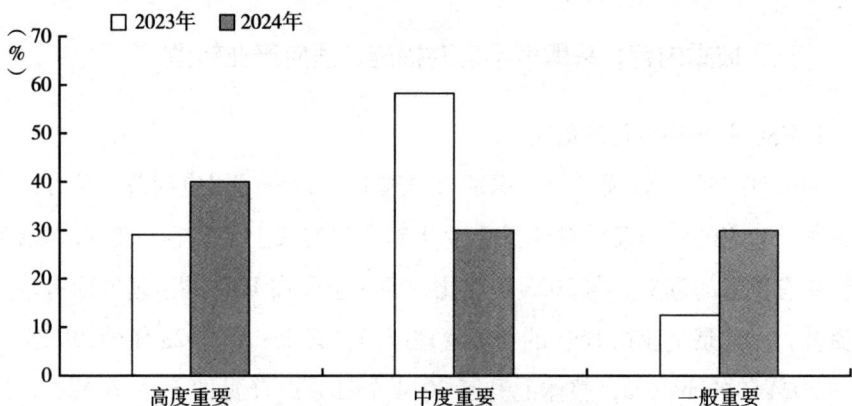

图 7　环保上市公司环境气候重要程度占比

资料来源：根据样本企业报告进行统计。

参考气候相关财务信息披露工作小组（TCFD）框架，结合自身特点与TCFD 披露建议，对潜在影响公司资产的物理风险、转型风险及机遇进行了识别、排序和管理。

与此同时，目前能够将"双碳"目标切实融入企业长远发展战略的数量较少。多数环保企业在"双碳"目标或实施路径上将其归于具体的项目或将其与"三废"处理等具体行动或相关项目结合，真正能够将"双碳"目标落实到企业长远发展战略规划的仍是少数。

3. 环保企业更为注重清洁技术使用与创新

由于目前国内尚未有统一的环保行业 ESG 标准，为进一步了解环保企业 ESG 的特征，在参考国内外关于环保行业的 ESG 指标要求后，重点关注参与生物多样性保护、"三废"处理、清洁技术使用与创新、环保教育与理念传递等与环保行业密切相关的议题。通过对这些指标的统计发现，87.7%的企业积极开展"清洁技术使用与创新"，61.4%的企业针对"三废"处理采取措施，另有 21.0%的企业进行环保教育与理念传递，14.0%的企业参与生物多样性保护（见图 8）。

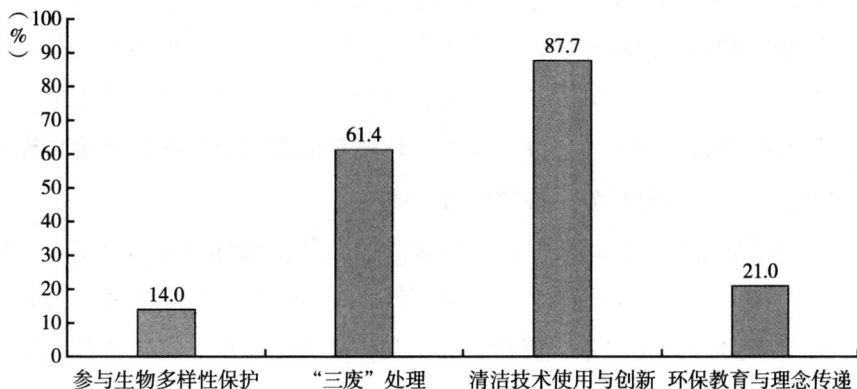

图 8　企业在降碳减排方面采取的措施

资料来源：根据样本企业报告进行统计。

三　环保行业 ESG 研究分析

中华环保联合会 ESG 专业委员会基于公平披露的 ESG 信息和环保企业专项调研，对标《企业环境社会治理（ESG）评价指南》团体标准，对环保企业进行 ESG 研究分析，以榜样的力量引导中国企业提升 ESG 建设水平，为中国经济社会的高质量发展注入强劲动力。

（一）技术方案

本次研究对象筛选自《申万行业分类标准（2021）》以及中证界定的环保上市公司范畴，特别聚焦于在环境、社会和治理三大领域拥有公开信息披露记录的企业，同时基于全国范围内环保企业 ESG 专项调研所获得的数据，共获得了 79 家企业的有效样本。数据采集的截止时间为 2024年 6 月 30 日，本研究得到上海闵行区青悦环保信息技术服务中心的专业支持。

依据中华环保联合会《企业环境社会治理（ESG）评价指南》（T/ACEF 168—2024）团体标准，针对环保行业的特性设置特色指标，并特别关注 ESG 争议事件，以确保评估结果的准确性和客观性。在此基础上，初步构建 ESG 评价指标体系。并对社会、环境和治理三个层面的评价指标重要性按照 1~9 分进行打分，得到判断矩阵。

根据模型评价结果，将企业 ESG 评价结果从高到低划分为 AAA、AA、A、BBB、BB、B、CCC、CC、C 九个等级。A~AAA 级企业具有较为完善的 ESG 治理体系，在国家、产业、民生和环境方面贡献突出，并且社会环境风险管理水平高；B~BBB 级企业初步建立了 ESG 治理体系，社会价值创造成绩较好，社会环境风险管理制度较为健全；C~CCC 级企业基本未建立 ESG 治理体系，社会环境风险管理水平有待提高，这类上市公司的 ESG 工作亟待加强。

（二）研究结果

表6　中国环保企业 ESG 研究分析结果

序号	企业简称	证券代码	星级
1	华光环能	600475. SH	AA
2	光大环境	00257. HK	AA
3	瀚蓝环境	600323. SH	AA
4	首创环保	600008. SH	AA
5	盈峰环境	000967. SZ	AA
6	高能环境	603588. SH	AA
7	碧水源	300070. SZ	AA
8	上海环境	601200. SH	AA
9	南网能源	003035. SZ	A
10	重庆水务	601158. SH	A
11	川能动力	000155. SZ	A
12	粤海投资	00270. HK	A
13	浙富控股	002266. SZ	A
14	复洁环保	688335. SH	A
15	中国天楹	000035. SZ	A
16	粤丰环保	01381. HK	A
17	节能环境	300140. SZ	A
18	菲达环保	600526. SH	A
19	龙净环保	600388. SH	A
20	清新环境	002573. SZ	A
21	远达环保	600292. SH	A
22	伟明环保	603568. SH	A
23	兴蓉环境	000598. SZ	A
24	中山公用	000685. SZ	BBB
25	江南水务	601199. SH	BBB
26	龙源技术	300105. SZ	BBB
27	中建环能	300425. SZ	BBB
28	节能国祯	300388. SZ	BBB
29	西子洁能	002534. SZ	BBB
30	中材节能	603126. SH	BBB
31	上海实业环境	00807. HK	BBB

序号	企业简称	证券代码	星级
32	洪城环境	600461. SH	BBB
33	国机通用	600444. SH	BBB
34	启迪环境	000826. SZ	BBB
35	钱江生化	600796. SH	BBB
36	中科环保	301175. SZ	BBB
37	玉禾田	300815. SZ	BBB
38	深圳能源	000027. SZ	BBB
39	中原环保	000544. SZ	BBB
40	三峰环境	601827. SH	BBB
41	节能铁汉	300197. SZ	BB
42	迪诺斯环保	01452. HK	BB
43	国统股份	002205. SZ	BB
44	金圆股份	000546. SZ	BB
45	东江环保	002672. SZ 00895. HK	BB
46	雪迪龙	002658. SZ	BB
47	综合环保集团	00923. HK	BB
48	绿色动力	601330. SH 01330. HK	BB
49	沃顿科技	000920. SZ	BB
50	清水源	300437. SZ	BB
51	永兴股份	601033. SH	BB
52	创元科技	000551. SZ	BB
53	福龙马	603686. SH	BB
54	力合科技	300800. SZ	BB
55	军信股份	301109. SZ	BB
56	中国环保科技	00646. HK	BB
57	中环环保	300692. SZ	BB
58	大唐环境	01272. HK	B
59	海新能科	300072. SZ	B
60	钱江水利	600283. SH	B
61	华新环保	301265. SZ	B
62	建工修复	300958. SZ	B
63	屹通新材	300930. SZ	B

续表

序号	企业简称	证券代码	星级
64	创业环保	600874. SH 01065. HK	B
65	海峡环保	603817. SH	B
66	路德环境	688156. SH	B
67	侨银股份	002973. SZ	B
68	冠中生态	300948. SZ	B
69	凯美特气	002549. SZ	B
70	舜禹股份	301519. SZ	B
71	卓越新能	688196. SH	B
72	绿茵生态	002887. SZ	B
73	中兰环保	300854. SZ	B
74	武汉控股	600168. SH	B
75	中电环保	300172. SZ	B
76	圣元环保	300867. SZ	CCC
77	旺能环境	002034. SZ	CCC
78	东望时代	600052. SH	CCC
79	中晟高科	002778. SZ	CCC

（三）总体概览

1. 所处区域

企业广泛分布于 20 个省区市，其中广东省（13 家）、北京市（12 家）、浙江省（10 家）领跑全国，不仅企业总数居前三，A 级以上企业数量亦独占鳌头（见图 9、图 10）。这一分布特征背后，显示出明显的地域集聚效应，反映了区域经济发展水平、政策引导力度及企业社会责任意识的综合作用。

2. 上市地点

就上市地点而言，深交所以 44 家居首，上交所与港交所紧随其后（见图 11）。值得注意的是，港交所上市企业在 ESG 评价中平均得分最高，显著领先于上交所和深交所，这不仅体现了港交所对 ESG 管理的严格要求，也反

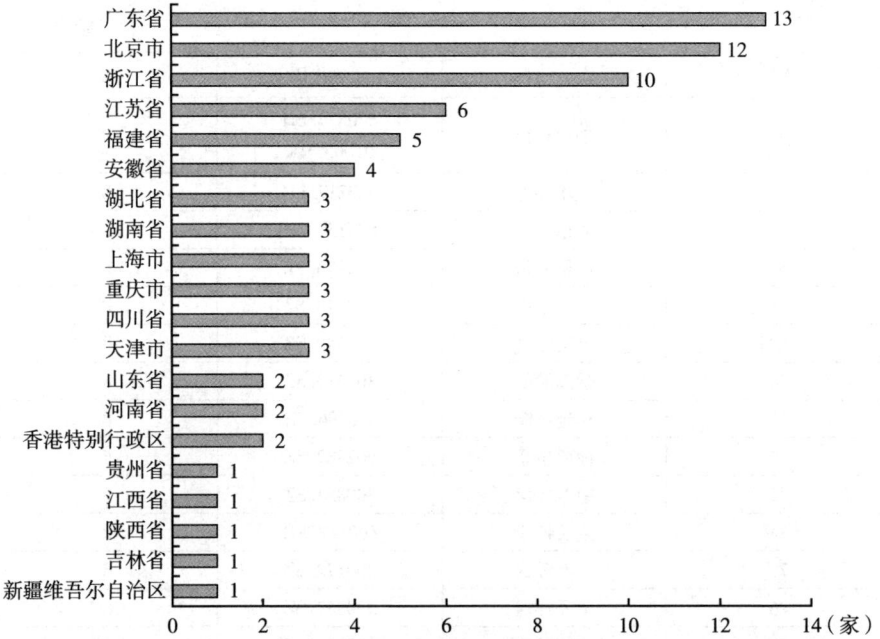

图 9　中国 79 家企业所处区域

资料来源：根据样本信息统计。

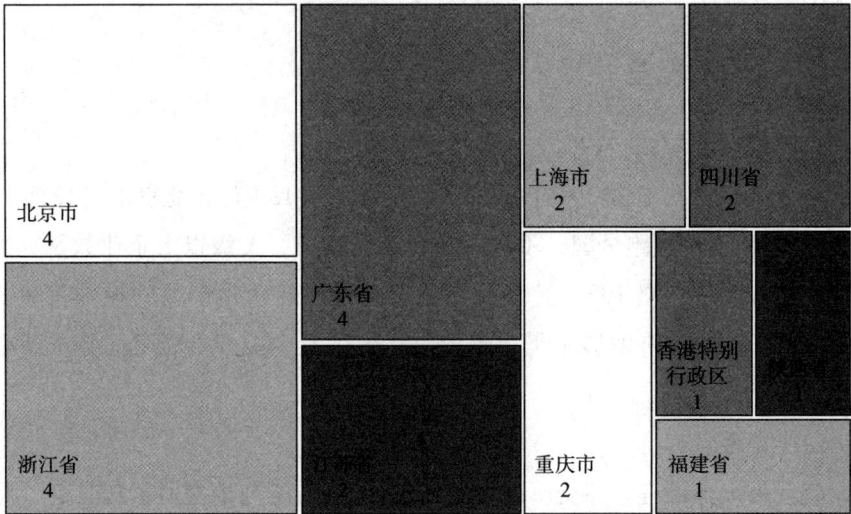

图 10　ESG A 级及以上企业所处区域

资料来源：根据样本信息统计。

映了其上市企业在可持续发展和社会责任方面的卓越表现（见图 12）。这一差异，或可归因于港交所更为严格的监管制度、更加国际化的投资者结构以及更成熟的 ESG 信息披露机制。

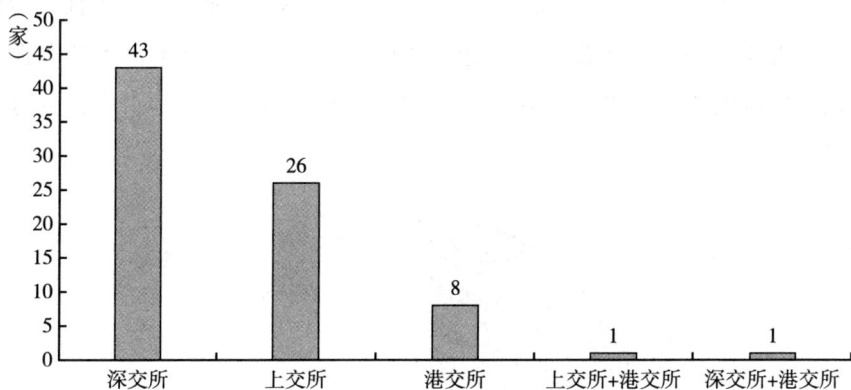

图 11　企业上市地点

资料来源：根据样本信息统计。

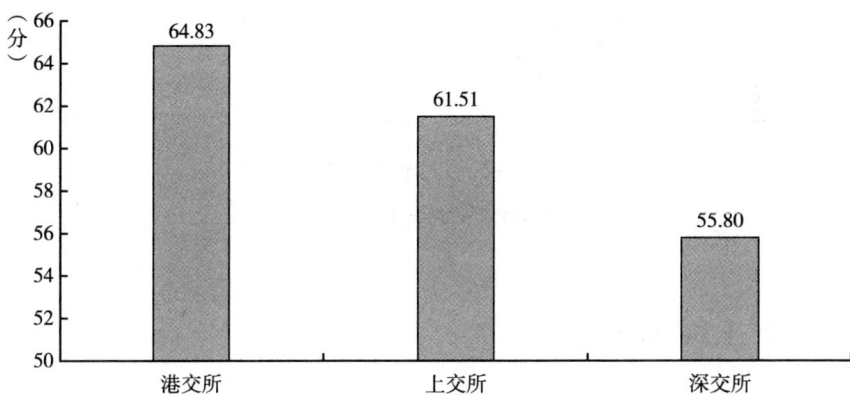

图 12　沪深港上市企业评价平均得分

资料来源：根据样本信息统计。

3. 企业性质

按控股权归属划分，本次研究中，国有企业共计 46 家，占比 58.2%；民营企业 33 家，占比 41.8%（见图 13）。进一步分析显示，国有企业在

ESG 评价中的表现更为亮眼，其中 34.8% 的企业荣获 A 级以上评价，远超民营企业的 21.2%。近年来，随着国企央企改革的深入推进，大量国有企业涌入环保产业，不仅带动了产业的绿色发展，更在 ESG 领域树立了新的标杆。作为构建社会主义和谐社会的中坚力量，国有企业将社会责任视为自身三大责任之一，积极践行并不断优化 ESG 管理。这种自上而下的重视与推动，使得国有企业在 ESG 评价中整体表现更为突出，成为引领行业可持续发展的典范。

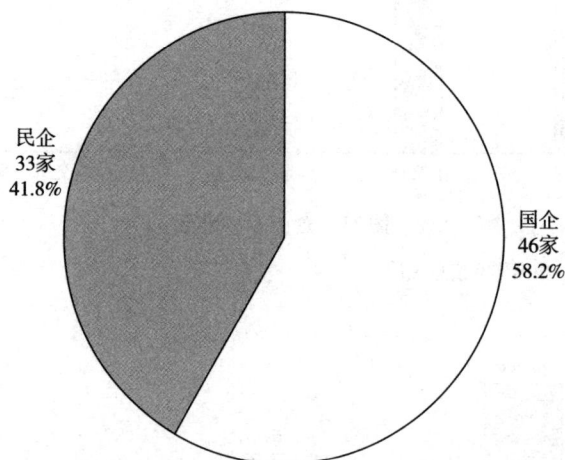

民企
33家
41.8%

国企
46家
58.2%

图 13　企业性质分布

资料来源：根据样本信息统计。

（四）ESG 表现

1. 三成企业位于 A 级区间，整体处于中游水平

2023 年环保企业 ESG 评分均值为 57.76 分（满分 100 分），整体处于 BB 级。从分布来看，评价处于 A ~ AAA 级的企业数量为 23 家，占比 29.1%；处于 B~BBB 级的企业数量为 52 家，占比 65.8%；处于 C~CCC 级的企业数量为 4 家，占比 5.1%（见图 14）。总体来看，多数企业落在 B 级（包括 B、BB 和 BBB）区间，呈现出"中间多，两头少"的分布特征。表

明有 70% 的企业在 ESG 实践方面的表现不够成熟，处于评价体系的中游或下游水平。

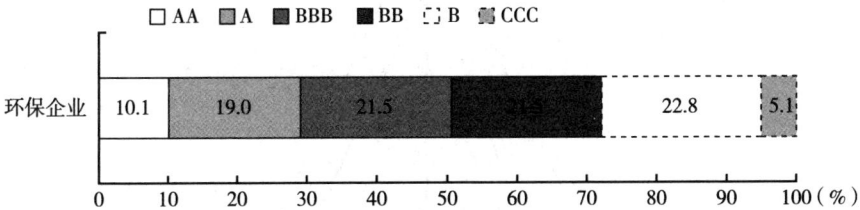

图 14 环保企业 ESG 评级分布

资料来源：根据样本信息统计。

2. 环境维度领先，治理维度滞后

ESG 三大维度中，"E" 与环保企业的基因高度匹配，环保企业具有先天的优势，环境维度得分最高，为 64.3 分，保持领先；其次为社会维度，为 55.0 分，企业在员工权益、产品与服务管理、社会贡献等外部性社会活动中表现较好，体现出较强的社会责任感和包容性；治理维度平均得分最低，为 44.6 分，企业需要以加强 ESG 管理为切入点，提高企业 ESG 管理水平，促进公司财务绩效与 ESG 绩效的同步增长（见图 15）。

3. 治理维度分布集中，社会和环境差异明显

进一步对环境、社会和治理三维度进行分析，环境维度和社会维度企业 ESG 评价等级分布相对分散，治理维度评价等级分布相对集聚（见图 16）。这一现象表明，随着企业 ESG 实践的不断深入，不同企业间的 ESG 实践水平更加容易在社会和环境维度方面表现出差异性。而在治理维度方面，由于大部分企业在积极探索和优化治理运作模式的过程中，能够找到适合自己的相对合理的治理方式，因此在该维度上的差异相对较小。

4. 环境管理表现突出，定量信息披露待加强

环境维度聚焦于企业在环境管理、资源利用、应对气候变化及生物多样性保护等方面的实践成效。其中，环境管理表现最为突出，得分率高达 78.1%，彰显了企业在该领域的扎实基础和有效管理；生物多样性保护指标

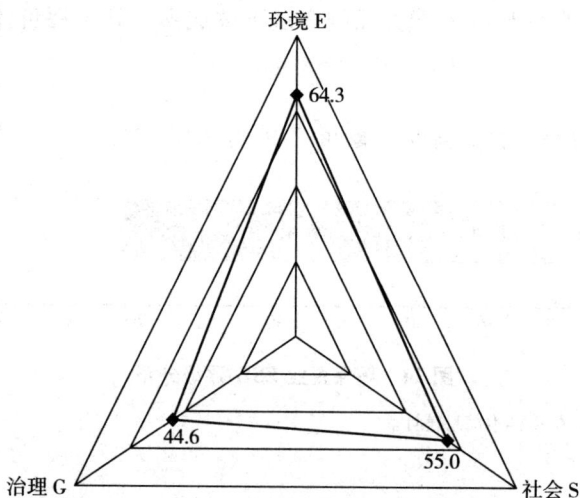

图 15　环保企业 ESG 三维度得分（单位：分）

资料来源：根据样本信息统计。

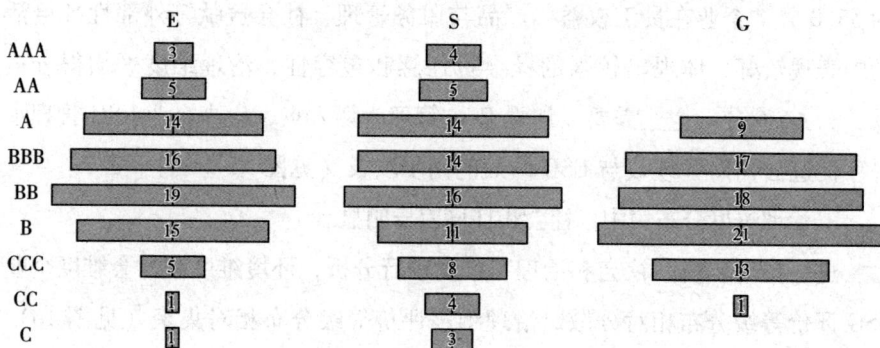

图 16　环保企业 ESG 三维度评级分布

资料来源：根据样本信息统计。

得分率却不足 40%，成为环保企业的明显短板，亟须加强投入与改进（见图 17）。不可忽视的是，现阶段环保企业在环境定量指标的信息披露上仍存在较大的差距。以碳排放为例，仅有 31 家企业披露了范围 1+2 的碳排放信息，其中 10 家企业披露了范围 3 的碳排放信息，而高达 48 家企业尚未进行任何碳排放信息的披露。环保企业需进一步提升环境定量指标的信息披露水平，通过详实的数据如污染物排放量、用水量、用电量及绿色收入占比等，真实反映企业的绿色发展状况。这不仅是对国家产业政策的积极响应，更是企业实现可持续发展、提升市场竞争力的关键所在。

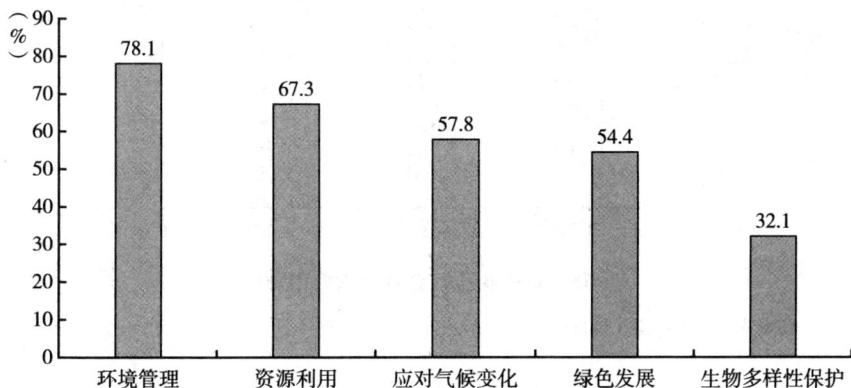

图 17　环保企业环境维度指标得分率

资料来源：根据样本信息统计。

5.社会贡献差异大，供应链待优化

社会维度主要考察企业在社会层面的员工权益、产品与服务、创新发展、供应链、社会贡献等方面的实践情况。具体来看，产品与服务、员工权益两大指标得分率均超过60%，显示出环保企业在保障员工福祉与提供优质产品服务方面的扎实努力与显著成效；创新发展、社会贡献两大指标得分率则位于50%~60%，表明企业在推动创新与承担社会责任方面虽有一定进展，但仍存在提升空间；供应链指标得分率相对较低，仅为44.5%，揭示了环保企业在供应链管理与优化方面的不足与挑战。另外从变异系数来看，社会贡献的变异系数高达42.3%，意味着环保企业在社会贡献方面的实践差异较大，部分企业在此方面表现突出，而部分企业则相对滞后（见图18）。

6.治理维度表现均衡，争议事件多发

治理维度主要考察企业在管治层面的治理结构、合规与风控和信息披露

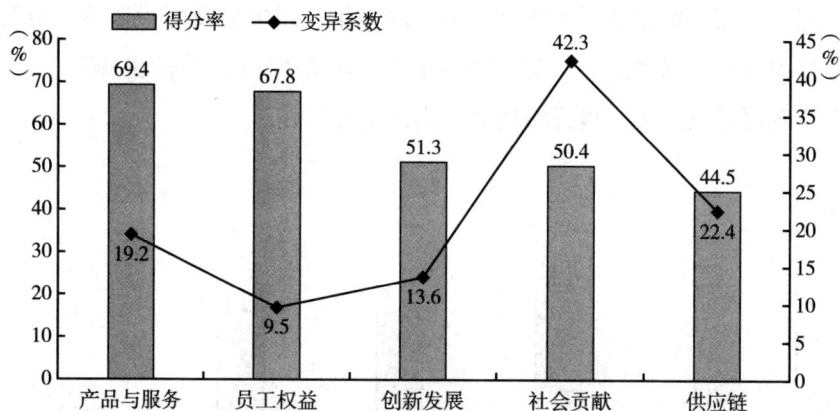

图18　环保企业社会维度指标得分率

资料来源：根据样本信息统计。

等方面的实践表现。整体来看，这三项指标的得分率较为接近，均落在
40%~50%的范围内，显示出企业在这些方面仍有较大的提升空间（见
图19）。在过去一年的评估周期内，参评企业中有9家企业发生过争议事
件，其中6起争议直接关联到治理层面，具体涉及信息披露的不准确性、违
规交易行为等问题。这些事件不仅损害了企业的声誉，也凸显了当前企业在
治理实践中的薄弱环节。此次参与评价企业多为上市公司，受到更多的监管

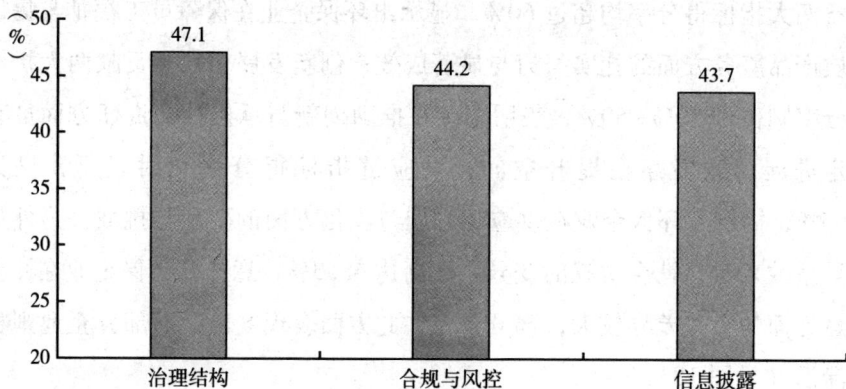

图19　环保企业治理维度指标得分率

资料来源：根据样本信息统计。

和公众关注，因此对透明度和合规性的要求更高。然而，由于内部管理可能存在的疏漏、利益冲突的复杂性以及其他潜在因素，环保企业在治理方面可能面临较大的挑战。

（五）发展建议

综合以上分析，建议环保企业重点关注以下几方面。

一是紧跟政策导向，保障可持续发展。环保行业发展与国家政策密切相关，政策导向性极强。环保企业应将国家政策视为引领产业发展的指南针，积极响应并践行国家环保目标。同时加强对政策变化的前瞻性研究，及时调整经营策略，降低企业的风险敞口，挖掘潜在的投资机会，以应对政策变动带来的挑战和机遇，保障企业的可持续发展。

二是强化技术创新，推动产业升级。技术创新是环保行业发展的核心驱动力。环保企业应加大创新力度，研发新技术、探索新模式、构建新业态，突破传统的范畴，形成"双碳"时代新的技术、服务和综合解决方案，提升降碳、治污支撑能力，积极适应持续更新的场景应用，通过差异化的细分市场寻找更多机遇，促进整个环保产业的升级和转型。

三是发挥公益属性，履行社会责任。环保产业以满足环境保护需求、解决环境问题为目标导向，具有显著的公益属性。环保企业应重视社会议题管理，如劳工权益、社区关系等，积极履行公益责任，通过参与环保公益活动、提供环保技术支持等方式，为防治污染、改善生态、保护资源提供物质基础和技术保障。这不仅能够彰显企业的社会责任感，还能提升企业的社会声誉和品牌形象。

四是拓宽融资渠道，破解融资难题。环保行业投资周期长、资金需求大、投资回报慢的特点，使得企业普遍面临融资难题。国内资本市场对 ESG 的关注程度日益提升，ESG 投资已成为全球资产管理公司的新增长前沿，为解决这一问题提供了新的途径。环保企业应顺势而为，全面提升 ESG 管理能力，获得资本市场支持，通过绿色债券、绿色基金、绿色保险等绿色金融工具，降低融资成本，提高融资效率。

五是深化 ESG 治理，提升企业价值。ESG 治理是企业可持续发展的重要保障。环保企业应深化 ESG 治理，建立完善的企业治理架构和管理体系。通过明确 ESG 治理目标和责任分工，加强 ESG 管理能力的培训和提升，推动 ESG 理念在企业的全面融入和落地执行。通过定期发布 ESG 报告，向利益相关方展示企业在环境保护、社会责任和公司治理方面的表现和进展。同时，企业应积极回应利益相关方的关切和诉求，加强与各方的沟通与协作，共同推动 ESG 理念的落地和实践。通过深化 ESG 治理，提升企业的价值和竞争力，为企业的长远发展奠定坚实基础。

四 环保行业 ESG 实践特征

当前，环保行业进入新的发展周期，正由支撑污染防治攻坚战逐步转向支撑美丽中国建设和实现"双碳"目标；产业领域拓展到源头防控、清洁生产、循环利用、生态修复以及碳中和相关的领域，环保行业向着全过程减污降碳和清洁生产延伸。

面对当前的行业发展变化和可持续发展的要求，环保行业的发展呈现以下特征。

（一）主动应对气候变化，迎接机遇与挑战

随着全球气温不断上升，气候变暖的速度不断加快。2020 年，我国提出"双碳"战略目标，积极响应全球气候变化的需要。当前，做好生态保护、环境治理、资源能源安全、应对气候变化的协同控制、协同保护、协同治理，是我国应对气候变化的主要目标和重点任务。环保行业在减污降碳中承担着重要的责任和义务，面临着气候变化带来的风险和机遇。

1. 应对气候变化

环保行业在应对气候变化方面，主要体现为气候减缓和气候适应。在气候减缓方面，随着我国进入"降碳"的阶段，政府、社会等都对环保行业提出了更高的要求，需要环保行业在减排、节能等方面做出更多的努力。在

气候适应方面，随着近年来暴雨、干旱、飓风等极端天气的出现，需要环保行业加强风险管理，采取更多的措施应对气候变化，提高应对气候变化的能力。如钱江水务在《三年高质量发展战略规划》中纳入绿色低碳发展要求，明确公司碳排放短期及中长期目标，规划低碳发展目标实施路径，助推生产生活方式绿色低碳变革。公司锚定碳排放目标，多措并举开展温室气体控制管理，不断增强自身适应气候变化的能力，并促进产业链上下游提高气候韧性，携手共创绿色低碳未来。

2. 气候变化的新机遇

一方面，环保行业具有天然的绿色属性，符合绿色化产业目录或绿债目录的项目可通过绿色金融工具获得较低的融资成本。另一方面，CCER（国家核证自愿碳减排量）重启，给环保企业的减碳业务带来了市场激励，给环保企业在研发绿色低碳材料、环保装备制造、能源利用升级等方面带来了一定的机遇。如高能环境深化智能化转型，积极开展业务和生产领域的信息化建设，以信息化促公司转型发展，积极谋求掌握发展主动权。2023 年，公司逐步推进智慧工厂建设，对原生产管理系统进行迭代升级，增加了仓储管理功能、设备管理功能，实现了扫码出入库、备件安全库存管理、备件闲置管理、设备巡检管理、设备检修管理、设备预警管理等功能，仓库管理效率提升 70%。此外，公司全面采用工程项目管理系统对工程业务进行支撑及管理。该系统覆盖公司三大工程板块各技术领域，以项目预算为核心，实现对工程产值收益、物资采购、分包成本、项目设备等业务的集团管控。截至 2023 年末，该系统已支撑三大工程板块 331 个工程项目①。

【案例】北京首创：深耕环保行业，推动"生态+"战略发展

北京首创生态环保集团股份有限公司（简称"首创环保集团"）成立于 1999 年，是全国 500 强企业北京首都创业集团控股的环保旗舰上市公司。首

---

① 根据企业提供材料整理。

创环保集团深耕环保行业 20 余载，在城市环境、市政公用、企业环保节能等领域为客户提供高效、智慧、绿色的"水、固、气、能"综合解决方案。

自 2021 年起，首创环保集团组织开展了覆盖公司总部及全系统所有商运项目的第三方专业碳盘查工作，并向前统计 3 年，实现了公司自 2019 年以来的碳资产全面摸底。这既是集团首次对温室气体排放进行全面盘查，也是 A 股水务环保上市企业首次实现系统性盘查。

2023 年，集团进行了第三次全系统碳盘查。经过 3 年的碳盘查，集团的盘查范围从 538 家项目公司及办公总部增加至 769 家，基础数据收集量从年均不到 2 万增加至 3 万左右，收集了超过 10 万个原始数据，实现了公司 5 年碳资产数据的沉淀[①]。

在对"碳家底"摸查的基础上，首创环保集团结合行业发展趋势，对公司各业态的发展、资源能源使用情况进行了梳理、总结与对比，从数据中挖掘发展问题，制定改革方案，制定公司"双碳"目标，预计 2029 年实现 CO_2 排放达峰。

从降碳实践来看，企业实现"双碳"目标主要有三大路径：企业自身创新降碳、使用可再生能源实现能源转型以及碳交易。首创环保集团从这三条路径出发，在水务领域进行了"蓝色水工厂"实践、在固废处理领域积极开展碳交易，用科技护航公司实现"双碳"目标。

（二）发展新质生产力，推动科技创新与应用

习近平总书记强调，"绿色发展是高质量发展的底色，新质生产力本身就是绿色生产力。必须加快发展方式绿色转型，助力碳达峰碳中和"[②]。相较于新能源、新材料、先进制造、电子信息等高热度行业，生态环保产业既是生态文明建设的主力军，也是高质量发展的生力军。无论是美丽中国建

---

① 根据企业提供材料整理。
② 《加快发展新质生产力　扎实推进高质量发展》，《人民日报》2024 年 2 月 2 日。

设，还是"双碳"目标的实现，我国生态环保产业同样面临着转型升级和大力发展新质生产力的需求。

1. 加快科技创新

各类环保企业需要发展新质生产力，要向"高端化"发展转型，加快科技创新。科技创新能够催生新产业、新模式、新动能，是发展新质生产力的核心要素。创新不仅是环保行业发展的重要动力源泉，也是实现可持续发展目标的重要途径。通过科技创新，能够带来更高效、更节能、更环保的解决方案。其次是新兴的技术促进环保产品的迭代和优化。随着人工智能和大数据技术的发展，利用人工智能和大数据分析优化废物处理流程，不仅提高处理效率，还能实现资源的最优配置。如瀚蓝环境专注于固废、能源和水务等业务，同时注重环保服务与新能源的结合，加快新能源与绿色低碳的发展。公司发挥其区位优势，通过供热管道将生活垃圾焚烧发电项目的余热供应至周边工业园区，提供绿色热源，助力企业节能降碳。还利用餐厨垃圾产生的沼气作为原料进行制氢，生产过程中无增加碳排放，称为"绿氢"。

2. 智能环保设备的应用

在当前环境治理政策升级和城市运行管理建设加快的双轮驱动下，设备制造及新一代信息技术加速融合推动环保行业发展，机械化和数字化两大趋势催生了"智慧环保"理念和实践。智慧环保是互联网技术与环境信息化相结合的概念，它借助物联网技术，将感应器和装备嵌入各种环境监控对象中，通过超级计算机和云计算将环保领域物联网整合起来，实现人类社会与环境业务系统的整合，以更加精细和动态的方式实现环境管理和决策的智慧。智慧环保具有全面感知、高度整合、数字化与智能化等特点。当前国内外产生了一批智能环保的先行者，如联运环境不仅创立了垃圾分类数字化全链条管理体系，还应用人工智能、物联网、大数据、云计算等技术打造了垃圾分类"AI+"分类回收模式，在全国多地建设了数智化再生资源分拣中心。金凤环保通过引用智能化设备和控制系统，企业的生产效率提高了30%，质量合格率提高了20%；通过引入 ERP 系统和 CRM 系统，企业的管理成本降低了20%，服务成本降低了15%①。

【案例】中节能（镇江）：零碳园区一体化解决方案

中节能太阳能科技（镇江）有限公司（以下简称"中节能太阳能公司"）是大型央企中节能太阳能股份有限公司的全资子公司，主营业务为太阳能电池及组件的研究、制造和销售。公司致力于光伏技术研发、光伏产品制造与销售以及光伏系统的设计和实施，目前供应组件遍布全国各地。2023年被评为"2022亚洲光伏创新企业""最具影响力光伏组件企业""年度分布式光伏组件十大品牌"，获得"优质组件供应商奖"。

建设"零碳园区"，是支持国家"双碳"目标实现的重要举措和实现路径。中节能太阳能公司通过"零碳园区"，形成5G+标识解析的4大板块33个5G创新应用场景，完成"太阳能电池及组件产品的生产制造全流程高效互联管控能力""提升客户订单快速响应与精细化管控能力""工业互联网生产制造一体化管控能力""全方位信息安全平台与运营能力""互联网+服务的综合能力提升""企业运营BI智能决策分析能力""光伏电站综合运维能力"等7大信息化新型能力提升。实现原型云平台2套，设备终端联网>500台，数采指标>2万，采集数据量>2亿，标识解析量>1亿；生产制造成本降低45%、成套设备信息化率达100%②。

中节能太阳能公司已通过5G+工业互联网融合创新实现"数字化中节能"的战略目标，打造平台型企业，成为一家"产品+服务"全流程数字化的企业，构建太阳能云平台生态圈。

（三）调整产业发展布局，提升产品服务与质量

伴随央企国企带动的行政区域和市场整合的浪潮，以及区域环境质量和工业清洁生产的更高需求，环保产业也正由过去的拼资本、拼技术、拼商业

---

① 根据企业提供材料整理。
② 根据企业提供材料整理。

模式的时代逐步过渡到拼综合解决方案的新阶段。①

1. 调整产业布局

在传统行业竞争加剧、减污降碳及绿色高质量发展需求日益增长的背景下，环保企业需要通过业态调整与挖掘传统优势业务的潜力为企业未来的发展开辟新的发展空间和机遇。比如清新环境结合业态的调整，也布局了水务板块，与四川生态环保集团进行协同发展。清新环境聚焦的大气板块是公司的"看家本领"，原来主营电力行业，后来涉足钢铁产业，在政策驱动下，目前聚焦焦化和水泥行业。

浙江乡本乡村发展有限公司立足建材竹行业，通过持续的研发投入和市场拓展，在发展中不断与国内外的企业及研究机构进行合作与交流。在"双碳"目标提出以来，公司联合浙江瑞坤生态科技有限公司、中国联合工程有限公司全面整合上下游产业资源，从事工程竹的生态生产及应用推广，积极响应国家政策，与在工程竹领域拥有众多研究成果的南京林业大学开展深度合作，以发展新质生产力为导向，依托 EOD 产业发展模式借助"中国中试城"发展平台，顺应了"以竹代塑""以竹代木""以竹代钢"的环保绿色理念，注重资源的合理利用，充分挖掘竹材这一自然资源，促进可持续的资源利用，生产出具有无毒、无味、无污染、质轻、防潮、防火、防虫蛀、耐酸碱等特点的生态竹产品，其表面平整光滑、力学性能好，重点应用于建材领域。

2. 提高服务水平与产品质量

产品质量与服务是环保企业成长中的重要因素。随着环境治理政策的升级和加快，政府与客户由依赖资源关系向重视产品和服务质量的转变，环保企业需要从传统的装备导向和交易导向思维向以产品质量和用户体验为中心的新思维模式转变，理解客户真实需求，提供更为准确、具有创新性的产品和服务方案。首创环保集团致力于提供优质产品、高效运营服务及解决方

---

① 《向新发展，环保行业突围谋转型》，《中国能源报》2024 年 4 月 23 日，https：//www.cnenergynews.cn/huanbao/2024/04/23/detail_ 20240423156650.html。

案，通过洞察行业发展趋势，坚持将环保产业的价值从污染治理转化为资源能源化利用，开启"水、固、气、能"全业务板块的数字化革命，推动社会迈向智慧环保时代，向客户提供更多可供选择的需求方案。首创环保深入推进安全标准化建设，在原水务板块安全生产标准化的基础上，建立了"1+7"模式的安全生产标准化企标，规范了工作要求和作业现场安全技术要求，并促进各项安全生产举措有效实施。

（四）适应产业发展变化，关注员工健康与成长

1. 人才晋升渠道

长期以来，环保行业在高端人才晋升、薪酬、福利等方面存在不足，随着传统业务的发展，环保行业不断向高端化方向发展，需要企业在人才方面给予更多的投入和关怀。中材节能根据公司发展需求，制定员工教育培训管理办法，针对不同类型干部的成长规律和年轻干部的成长需求，建立集岗前培训、理论培训、讲堂培训、业务培训、封闭培训于一体的培训体系，运用"集中学、观摩学、在线学、研讨悟"相结合的培训模式，加强对员工的教育培养，并广泛开展劳动和技能竞赛，结合集团工会"六比六保六争创"活动，在全级次企业中开展技术革新奖和管理创新奖评选活动。

2. 员工职业健康与安全

环保行业的工作内容多样，包括环境监测、环境治理、环境评估、环境教育等多个方面。在一些环保细分领域由于独特的操作环境，存在作业环境需要改善、健康安全意识需要加强、从业人员年龄结构偏大等问题。三峰环境始终贯彻"生命至上、安全发展"的经营理念，在双重防御机制全覆盖基础上强化员工队伍安全意识与素质，构筑"人、机、料、法、环"全面受控的安全防线。2023 年，公司完善 HSE 管理体系，持续开展安全环保教育和应急演练，组织安全环保检查 1642 次，开展应急演练 163 次，召开安全环保专题会议 746 次，全年未发生轻伤及以上安全责任事故①。

---

① 根据企业提供材料整理。

专题报告 ⟩⟩

B.4
ESG 投资政策、发展以及展望

陈　锋　袁吉伟*

摘　要： ESG 投资日益成为国际投资市场核心策略。本报告全面剖析了 ESG 投资的内涵、特点、监管政策、市场进展、面临的挑战及发展趋势。ESG 投资作为新兴投资理念，强调非财务因素考量，展现长期性、非负面性、目的性与效益性特征。报告梳理了 ESG 信息披露、评级及投资产品的监管政策，指出我国 ESG 债券以绿色债券为主，资管产品规模较小，与国际水平存在差距。同时，报告揭示了监管政策不健全、洗绿问题、数据瓶颈、人才短缺及投资者教育不足等挑战。展望未来，随着监管政策体系的完善、产品服务创新加速、投资者关注度提升及 ESG 投资生态的完善，ESG 投资将迎来更加广阔的发展前景。

---

* 陈锋，管理学博士，长江养老董事、总经理（MD），中华环保联合会 ESG 专业委员会委员，中国公司治理 50 人论坛专家委员，哈佛大学肯尼迪学院访问学者，主要研究领域为企业治理和改革、ESG 投资等；袁吉伟，中国人民大学金融学硕士，高级经济师，注册金融风险管理师，中国信托业协会全员培训讲师，中国保险资产管理业协会"IAMAC·资管百人"成员，甘肃省金融学会常务理事，专注于 ESG 投资、影响力投资研究。

关键词： ESG 投资　ESG 债券　ESG 基金

ESG 投资快速发展，在支持全球可持续发展方面发挥着越来越突出的作用。我国进入中国式现代化建设新时期，践行新发展理念，为 ESG 投资营造更加良好的环境。本文从 ESG 投资内涵、监管政策、市场发展以及未来挑战等方面入手，深入分析全球 ESG 投资市场的现状和发展趋势。

一　ESG 投资内涵及特点

（一）ESG 投资内涵

2004 年，*Who Cares Wins* 报告首次提出 ESG 概念，强调"在投资决策中更好地融入环境、社会和公司治理因素，有助于建设更稳定和可预测的金融市场，这符合所有市场参与者的利益"。此后不同机构相继提出对 ESG 投资的理解，联合国认为 ESG 投资或可持续投资是将社会、环境以及治理因素纳入投资决策的投资方法。负责任投资倡议组织（UN-PRI）将 ESG 投资定义为将 ESG 因素融入投资决策和积极所有权的一种投资策略和实践。欧洲可持续投资论坛视可持续和 ESG 投资为将 ESG 因素融入投资组合研究、分析以及投资标的筛选过程的长期投资方法。安联全球投资者公司认为，ESG 投资是将 ESG 因子融入投资决策的一种投资方法，能够更好地管理风险以及增强长期投资回报。从我国看，中国证券投资基金业协会认为 ESG 社会责任投资是新兴起的一种长期投资理念，即在选择投资标的时，不仅关注其财务绩效，同时还关注其社会责任的履行，考量其在环境、社会及公司治理方面的表现。嘉实基金认为可持续投资是在投资决策与管理中纳入 ESG 等非财务因素的投资方式，旨在更好地管控风险、创造长期可持续的回报以及为环境和社会带来正面效益。各类机构对 ESG 投资的定义趋于一致，均将 ESG 投资界定为融入 ESG 因素的投资方法或者策略。不过，各机构强调的重点有所差别，UN-PRI 强调不仅在投资决策中，还要在积极所有权中融入 ESG 因素；嘉实基金进一步明确了 ESG 投资所要达到的目的是管控风险、创造可持续的投资收益以及带来积极的社会和环境绩效。

现有 ESG 投资定义简单易懂，但也存在三方面的不足。第一，缺乏目的导向。现有 ESG 投资定义重点强调投资过程融合 ESG 因素，但是没有说明 ESG 投资的结果要求，容易导致 ESG 投资迷失方向。全球面临突出的可持续发展问题，需要由 ESG 投资贡献解决方案，只有 ESG 投资产生正面的影响才有利于加快全球可持续发展步伐，也能提示金融机构注重兼顾财务回报和正面社会效应，增强投资的目的性和使命性。第二，ESG 内涵不清。环境、社会和治理每个领域都是很宽泛的维度，所要考虑的因素较多，ESG 信息披露和评价也存在很大分歧，影响 ESG 投资实际效果。此外，气候变化等重点领域科学研究和金融实践还不够丰富，部分领域甚至缺乏比较合适的量化衡量指标，影响投资决策的科学性。第三，未强调双重实质性原则。ESG 投资仅注重被投资企业或发行人受到社会或环境的影响，缺乏企业对社会和环境影响的关注，没有强化双重实质性，降低了从投资到企业 ESG 行为的传导效率。

进一步完善 ESG 投资的定义，可以将其定义为是将气候变化、生物多样性、社会平等等 ESG 因素融入投资决策过程，在获取长期稳健投资收益的同时，能够通过直接投资或者影响被投资企业或发行人等方式产生积极的社会和环境影响，助力解决全球可持续发展难题的投资方法。

（二）ESG 投资特点

ESG 投资是一种全新的投资理念，更加关注非财务因素，是对传统投资理念的优化和升级。比较来看，ESG 投资的投资流程与传统投资基本一致，并不需要做太多改变，但是在融入 ESG 因素的方法和技术上需要有实质性变革，重构由风险—收益—ESG 组成的投资组合有效前沿曲线。这使得 ESG 投资呈现以下特征。

一是长期性。ESG 投资与企业社会责任理论、可持续发展理论一脉相承，更多是从投资的角度考虑如何贯彻可持续发展理念，聚焦气候变化风险、社会不平等等中长期问题，更加积极和耐心地影响企业关注社会和环境表现，降低负外部性。因此，ESG 投资是一种长期投资和价值投资理念，降低短期逐利行为，有利于提高金融市场稳定性，为客户创造更可持续的投资收益。

二是非负面性。ESG 投资的核心是关注可持续发展问题，不能继续对环境和社会造成负面影响，或者应该持续降低被投资企业或发行人对社会和环境的负面影响，这是 ESG 投资底线。在此基础上，ESG 投资可以参与沟通、投票等方式促进被投资企业改善 ESG 表现；也可以通过影响力投资的方式，贡献可量化的影响力成效；还可以通过催化投资的方式，为社会和环境问题提供解决方案。

三是目的性。ESG 投资涉及的领域广泛，但是核心目的在于解决可持续发展、气候变化风险等当前突出的社会和环境问题，关心低收入群体、妇女儿童等群体。因此，ESG 投资具有使命导向，锚定全球重大倡议、战略目标或本地区经济社会发展目标，通过开发产品、创新业务模式等手段，引导社会资金流向这些关键领域，帮助提升全社会福祉。

四是效益性。ESG 投资不是做公益慈善，其对投资回报有所要求，但投资者可能对具体收益水平的要求有所差异，有的投资者希望获得市场平均收益，有的投资者仅希望实现资产保值，以换取更大的社会和环境绩效。此外，ESG 投资在稳定收益的同时，也能够有效平衡风险，深入分析环境和社会风险可能对企业财务和资产价值的影响，进而管理好下行风险。

二　ESG 投资监管政策

为了有效推进 ESG 投资，各国政府以及相关组织加强推进 ESG 信息披露、评级、ESG 投资产品等方面的监管，有效规范市场行为。

（一）ESG 信息披露监管政策

ESG 信息披露是推进 ESG 投资的重要机制，是反映企业可持续经营管理的重要举措，与财务信息披露具有相似之处，有利于降低金融市场信息不对称程度，提升利益相关者市场监督，形成企业提升 ESG 表现的外部约束。自 1997 年全球报告倡议组织推出全球可持续发展报告标准以来，可持续发展会计准则委员会、气候披露标准委员会等国际组织相继推出 ESG 信息披露框架和标准，全球 ESG 信息披露体系日渐成熟。全球可持续发展理事会（ISSB）的成立标志着全球信息披露逐步走向统一，有利于国际 ESG 信息比较。

2023 年以来，全球 ESG 信息披露速度加快，新加坡推进上市公司披露气候相关财务信息报告；加拿大要求联邦政府监管的银行等机构披露气候相关财务信息；日本要求主板上市公司披露可持续发展信息。以下主要介绍国际可持续发展准则理事会（ISSB）的两个准则（征求意见稿）、《欧盟可持续报告准则》以及我国北京、上海、深圳证券交易所同步发布的《上市公司可持续发展报告指引》。

ISSB 方面，2023 年 6 月，ISSB 正式发布首批可持续信息披露准则《国际财务报告可持续披露准则第 1 号——可持续相关财务信息披露一般要求》（以下简称"IFRS S1"）和《国际财务报告可持续披露准则第 2 号——气候相关披露》准则（以下简称"IFRS S2"），这标志着全球 ESG 信息披露逐步进入统一时代。IFRS S1 主要包括目标，概念基础，核心内容，一般要求，判断、不确定性和差错等部分内容；IFRS S2 以气候相关财务信息披露准则（TCFD）为基础，主要包括气候相关风险和机遇、影响和依赖、治理、战略、风险管理、指标和目标等部分内容。全球金融稳定理事会等组织支持各个国家地区落实 ISSB 准则，英国、日本以及我国等国家地区正在积极对接 ISSB 准则，制定本国的可持续披露准则。

欧盟方面，2023 年 1 月，《企业可持续发展报告指令》正式生效，适用范围涵盖所有上市企业，以及符合以下 3 项标准中 2 项的大型企业：企业员工人数 250 人以上、净营业额 4000 万欧元以上、资产总额 2000 万欧元以上；披露信息包括企业的重大可持续发展主题，至少包含环境、社会和员工事务、公司董事会多样性、尊重人权、反腐败和贿赂问题。其他重大可持续发展主题涵盖战略、治理、政策、流程、系统、关键绩效指标、结果和可持续发展目标的实现等事项。2023 年 7 月，欧盟委员会审批通过《欧盟可持续报告准则》，对企业可持续信息披露做出具体规范，作为《公司可持续发展报告指令》的配套制度。

我国方面，2024 年 4 月，上交所、深交所以及北交所同步发布《上市公司可持续发展报告指引》，这标志着我国上市公司 ESG 信息披露有了更加明确的要求和规范，有利于提高上市公司对 ESG 信息披露重视程度，更好地助力我国经济社会可持续发展。我国上市公司持续提升 ESG 信息披露水平，2023 年，有 1738 家上市公司披露了社会责任报告或 ESG 报告，占全部上市公司的 34.38%，上证 180 指数样本企业披露率超过 90%[①]。此次 ESG 信息披露新规主要针对深证 100 指数样本公司等规模较大的企业，而且是分阶段实施，给上市公司留有较充足的准备时间，加之很多上市公司已经开展了 ESG 信息披露工作，新规的短期影响有限。

（二）ESG 评级监管政策

ESG 投资快速增长，ESG 评级需求持续攀升，重点用于金融机构投资决策和支持 ESG 金融产品开发。但是，ESG 评级发展时间仅 20 年左右，相比发展百余年的信用评级而言，ESG 理念仍不完善，评级数据来源有限，评价维度缺乏统一标准，ESG 评级方法还不成熟，在一定程度上降低了社会对 ESG 评级的信任，也会扰动金融市场。

2020 年，法国及荷兰金融监管部门建议欧盟建立可持续相关服务机构的统一监管框架，主要聚焦评级方法透明性、潜在利益冲突、内部治理和管控等方面；英国亦将 ESG 评级机构监管纳入绿色金融战略。2021 年，欧盟、日本等国家地区开始推动 ESG 评级及数据产品服务商的监管，特别是 IOSCO 通过《ESG 评级和数据产品服务商报告》向全球政府部门提出监管建议，进一步加速了 ESG 评级监管进程。2022 年 12 月，日本金融厅发布《ESG 评估及数据服务商行为守则》；2023 年 7 月，印度证券交易委员会发

---

① 作者根据公开信息整理统计。

布 ESG 评级机构监管新规；此外，欧盟、新加坡、英国均发布了 ESG 评级监管政策的征求意见稿，国际资本市场协会（ICMA）和国际监管战略小组（IRSG）联合发布《ESG 评级和数据产品服务商自愿行为守则（征求意见稿）》，全球逐步进入 ESG 评级机构全面监管的新时代。

以印度 ESG 评级机构监管法规为例，印度在原有的信用评级机构监管法规中新增加了 ESG 评级监管要求，监管对象涵盖在印度从事 ESG 评级且服务对象也在印度的机构，或者未在印度具体经营，但是针对印度金融资产开展评级且服务对象为印度机构的机构。ESG 评级机构需要向印度证券交易委员会申请准入，需要提供商业计划等申请材料，注册为 I 类或 II 类 ESG 评级机构，I 类 ESG 评级机构为已在印度证券交易委员会注册的机构分支机构，所需要的准入条件更高；II 类 ESG 评级机构为首次独立注册的机构，所需要的准入条件更低。印度要求 ESG 评级机构披露 ESG 评级方法和过程、评级方法变化、评级迁移情况、收费模式以及评级是否征求客户意见等信息；制定政策及流程解决利益冲突问题，不提供与 ESG 评级相关的咨询服务；建立 ESG 评级的政策制度，跟踪 ESG 因素变动，确保 ESG 评级考虑了印度本地情况，至少每年回顾评级结果；评级机构每年上报财务报表，任命一名合规总监，做好非公开信息的保密工作。

ESG 评级监管仍处于起步阶段，未来有可能比照信用评级，逐步推动更加广泛的监管行动，以进一步提升 ESG 评级质量。

（三）ESG 投资产品监管政策

ESG 投资金融产品尚无明确的标准，这为洗绿等市场行为提供了空间，为明确 ESG 投资产品边界，部分国家和地区开始提出确认标准和方法。

很多国家以是否采用了 ESG 投资策略作为识别 ESG 投资产品的标准，加拿大投资基金标准委员会在确认责任投资基金时，需要该基金在监管文件中明确所采用的投资策略为主题投资、排除投资、影响力投资、股东参与等中的一种或者多种组合使用。

单一的监管策略并不能保障确认 ESG 投资产品的有效性，部分国家地区采用多种条件确认ESG投资产品。2022年，东盟发布《东盟可持续和责任基金标准》，该标准要求ESG基金需要具有与全球可持续发展目标、联合国全球契约原则等国际通用的原则一致的目标，采用通用的ESG整合、积极股东主义、伦理投资、影响力投资、负面筛选、主题投资、正面筛选等方法，并且与投资目标和策略一致的净资产占比不低于2/3。与东盟类似，我国香港地区审核ESG基金时，要求该类基金将环境、社会和治理因素作为投资重点，并在投资目标和投资策略中反映出来，通常使用筛选、主题投资、影响力投资、ESG整合等方式实现投资目标和策略。经授权的ESG基金可以在香港证监会网站集中展示，有利于公众选择正规的ESG基金。

除此以外，欧盟和美国正在推进ESG基金命名的规范性，均倾向要求投资组合80%以上的资产与基金名称、投资目标和策略保持一致，并在合格资产占比偏离时，给予一定调整期限。英国尚未出台明确要求，但是也对ESG基金提出了三点期望，一是ESG基金命名、目标和投资政策、投资策略相一致；二是具有交付能力，包括数据、专业人员等资源投入，投资组合要充分反映投资目标；三是前期营销和过程管理中要加强信息披露，方便投资者科学合理决策。

监管部门的最新举动为ESG投资确认标准提供了新的思路，整体来看，一个合格的ESG投资金融产品大体应该包括六个部分，分别是投资目标、投资策略、投资政策、风险管控、投资组合、绩效表现、信息披露。其中，投资目标主要是明确想要达到的财务和ESG目标，这为基金命名和投资管理提供指导，诸如在实现稳健投资回报的同时实现与《巴黎协议》要求一致的投资组合碳减排等。投资策略主要是金融机构采用何种方法实现ESG目标，一般而言，负面筛选和ESG整合是最基本的策略，可以保障投资组合能够降低产生负面社会和环境绩效，其次要关注参与和投票、正面筛选等投资策略可能带来的积极影响。投资政策是指导投资的基本原则，金融机构要制定ESG投资整体政策、参与沟通政策、投票政策、尽责管理政策等。风险管控强调金融市场面临气候变化风险等系统性金融风险冲击，金融机构需要有能力应对这些风险对投资者组合的负面影响，要形成系统的管理体系和方法。投资组合是投资目标和投资策略的外在表现，能够反映投资目标和投资策略是否真正落地，是否与基金名称保持一致。现有监管部门政策倾向设定一定合格资产的占阈值，确保投资组合具有真正的 ESG 特征。绩效表现主要在于 ESG 评分或者其他 ESG 指标要好于基准指数，或者设定与《巴黎协议》降温目标相一致的碳减排绝对指标，充分体现投资效果。信息披露是金融机构在金融产品发行、管理过程等阶段，需要将投资政策、组合资产、组合绩效等信息完整准确地对外披露，不同特征 ESG 投资产品信息披露的内容会有一定差异。

三　ESG 投资市场进展

（一）ESG 债券发行情况

1. 全球方面

根据气候债券倡议组织统计数据，截至 2023 年末，全球 ESG 债券存续规模 4.4 万亿美元，其中绿色债券 2.8 万亿美元，社会责任债券 0.8 万亿美元，可持续发展债券 0.8 万亿美元，可持续发展挂钩债券 0.05 万亿美元，以绿色债券为主[①]。

2023 年，全球新发行 ESG 债券约 8700 亿美元，同比增长 3%，主要由绿色债券带动，而社会责任债券、可持续发展债券新发行规模有所收缩。从区域分布来看，欧洲地区是 ESG 债券发行规模最大的区域，占全球发行总量的 47%；其次为亚太地区，占比 22%；北美、拉美以及非洲地区发行量均相对较小。

具体来看，绿色债券方面，2023 年，全球发行绿色债券 5876 亿美元，同比增长 15.2%，其中非金融企业发行 1717 亿美元，金融企业发行 1479 亿

---

① TodayESG：《气候债券倡议组织发布 2023 年可持续债券市场报告》，https：//www.todayesg. com/cbi-2024-q3-global-sustainable-debt-market/。

美元，主权国家发行 1196 亿美元，排名各类发行主体前三位；中国、德国、美国分别发行 835 亿美元、675 亿美元、598 亿美元，排名各国前三位。社会责任债券方面，2023 年，全球发行社会责任债券约 1533 亿美元，同比下降 7%，连续第三年呈现下滑态势。其中，地方政府、政府支持机构是最核心的发行人，占比合计达到 94%；韩国、法国和美国发行规模位居全球前三位，分别为 559 亿美元、327 亿美元、202 亿美元。可持续发展债券方面，2023 年，全球发行可持续发展债券约 1078 亿美元，同比下降 31%。其中，墨西哥、法国、美国发行规模排名全球前三位，分别为 119 亿美元、99 亿美元和 98 亿美元[①]。

总体来看，各类 ESG 债券发展并不均衡，呈现绿色债券独大的态势，增长趋势也要好于其他 ESG 债券。从各区域来看，各国家地区为了适应自身经济社会发展需求，选择发行不同种类的 ESG 债券，像我国为推动绿色低碳转型，绿色债券发行量较大；而韩国为解决社会发展问题，社会责任债券发行量较高。

2. 我国方面

我国持续推进 ESG 债券市场机制体制建设，2023 年 7 月，中国人民银行印发《绿色债券信用评级指引》，明确了信用评级机构开展绿色债券信用评级业务的相关原则和要求，规范市场行为；2023 年 11 月，绿色债券标准委员会发布《绿色债券存续期信息披露指南》，形成绿色债券信息披露的统一标准；2023 年 12 月，证监会、国资委联合发布《关于支持中央企业发行绿色债券的通知》，助力中央企业绿色低碳转型发展。

我国 ESG 债券主要以绿色债券为核心，其他类别的 ESG 债券相对较少，以下主要分析我国的绿色债券市场发展情况。根据 Wind 数据，2023 年，我国存续绿色债券 3.51 万亿元，同比增长 46.47%；当年我国绿色债券发行规模 8400.37 亿元，同比下降 3.83%。从评级级别看，AAA 级别绿色债券发行规模 4925.62 亿元，占比 89.3%；AA+级绿色债券发行规模占比进一步提

---

① 气候债券倡议组织（CBI）：《全球可持续债务市场报告 2023》。

升，绿色债券信用资质进一步向好。从行业领域来看，商业银行发行规模3893 亿元，占比 46.34%，是第一大发行主体；多元金融服务行业发行规模316.9 亿元，占比 3.77%，排名第二位；建筑工程行业发行 228.64 亿元，占比 2.72%，其他行业领域发行规模都相对较少[①]。

（二）ESG 基金情况

1. 全球方面

全球 ESG 投资蓬勃发展，全球可持续投资联盟《全球可持续投资回顾（2022）》报告显示，截至 2022 年末，欧洲、加拿大、澳大利亚、新西兰、日本、美国等国家地区可持续投资规模达 30.32 万亿美元，同比增长 20%（不含美国）[②]，占资产管理规模的 37.9%。其中，欧洲可持续投资规模14.05 万亿美元，占比 46%，体现了欧洲地区在 ESG 投资方面的领先优势，美国、澳大利亚和新西兰、加拿大、日本占比分别为 28%、14%、8% 和4%。从 ESG 投资策略来看，参与和股东行动投资规模 8.05 万亿美元，占比39.25%；ESG 整合策略规模 5.59 万亿美元，占比 27.24%；负面筛选规模3.84 万亿美元，占比 18.72%；规则筛选规模 1.81 万亿美元，占比 8.81%；主题投资、正面筛选和影响力投资整体规模偏小，合计占比 5.98%。

根据晨星统计数据，截至 2023 年末，全球可持续基金 2.97 万亿元，同比增长 8.2%，其中欧盟地区 2.49 亿美元，占比 84%；美国 0.32 万亿美元，占比 11%；除日本以外亚洲 0.06 万亿美元，占比约 2%。不过也需要看到经历了过去两年的资金涌入，2023 年，可持续投资基金资金流入明显放缓，特别是 2023 年第四季度资金流出 25 亿美元，主要受到美国市场大幅流出的影响。

2. 我国方面

我国 ESG 投资主要体现在 ESG 公募基金和 ESG 银行理财两方面。

---

① Wind 数据库。

② 美国可持续投资统计标准发生变化，导致其数据与往年不具有可比性。

ESG 公募基金方面，根据 Wind 统计数据，截至 2023 年末，我国 ESG 公募基金规模为 5392 亿元，同比下降 4.20%。从存续 ESG 公募基金数量来看，环境保护主题公募基金 224 只，占比 43.58%；ESG 策略公募基金 119 只，占比 23.15%；纯 ESG 公募基金 86 只，占比 16.74%，社会责任、公司治理主题等 ESG 公募基金数量较少。2023 年，公募基金管理机构发行 ESG 公募基金 316.44 亿元，同比下降 52.04%，与资本市场调整等因素有很大关系。其中纯 ESG 主题公募基金发行 218.39 亿元，占比 69.01%；环境保护主题公募基金发行 65.31 亿元，占比 20.64%；ESG 策略公募基金发行 32.39 亿元，占比 10.24%。

ESG 银行理财方面，根据中国理财网统计数据，截至 2023 年末，我国 ESG 主题理财产品存续规模达到 1480 亿元，同比增长 13.50%。根据 Wind 统计数据，2023 年我国发行 ESG 主体理财产品 214 只，同比增长 12.09%，其中纯 ESG 主题理财 114 只，同比下降 6.56%；环境保护主题理财 70 只，同比增长 45.83%；社会责任主题理财 57 只，同比增长 26.67%。

总体来看，我国 ESG 资管产品规模偏小，ESG 公募基金、ESG 理财存续规模分别占整体规模的 1.95% 和 0.55%，相比欧洲、日本等国家仍有较大差距。

四　ESG 投资发展面临的挑战

（一）监管政策不完善

很多国家着手建立监管政策体系，推动企业和金融机构参与可持续发展，自觉践行 ESG 理念。不过，现有监管政策体系既有不健全的问题，也存在部分领域监管缺失的问题，而且全球监管政策差异较大，不利于进行国家间的比较和融合。

首先，部分领域监管政策不完善。各国政府加强企业 ESG 信息披露、ESG 投资产品分类等方面的监管政策建设，然而，很多监管政策仍在不断探索和尝试，在实际执行过程中，部分监管要求仍存在界定模糊或者执行难度较大的问题，未来有必要进一步完善。

其次，部分领域监管政策不足。全球在 ESG 评级和数据质量、ESG 投资产品评级等领域的监管行动还不到位，不利于 ESG 投资规范发展。

最后，国家间监管政策差异较大。各国部分监管标准差距较大，难以有效比较和统一，这将加大跨国企业合规成本，也会形成监管套利。

（二）ESG 投资洗绿问题突出

全球重视环境保护，绿色发展呼声逐起，但是有部分企业浑水摸鱼，光有口号而很少有实际行动，这就是通常所说的"洗绿"问题。ESG 投资更加注重社会和环境保护，但是监管政策体系不完善，投资者"洗绿"风险意识不强，金融机构承诺缺乏有效验证机制，导致 ESG 投资领域容易出现"洗绿"问题。ESG 投资洗绿问题的担忧呈现持续上升态势，根据美国资本集团 2022 年调研数据，全球金融机构"洗绿"担忧的比例超过 52%，其中欧洲最高，达到 56%；北美增长最快，由 2021 年的 36% 上升至 2022 年的 49%。

ESG 投资"洗绿"表现有其独特之处，国际证监会组织总结了 ESG 投资方面的"洗绿"表现，主要是产品名称与投资策略没有关系，市场宣传未能准确反映产品投资目标或策略，产品没有遵循事先设定好的投资目标或策略，对产品可持续性方面的表现进行误导性宣传或者缺乏信息披露。"洗绿"问题对 ESG 投资发展的冲击非常大，需要高度重视，全球监管部门正加大洗绿监管和处罚力度。2021 年 8 月，在吹哨人 Desiree Fixler 的指控下，美国证券交易委员会（SEC）和德国联邦金融监管局（BaFin）对德意志资产管理子公司 DWS 展开"洗绿"调查。调查显示，与 DWS 基金销售说明书的陈述相悖，仅有少数项目考虑了 ESG 因素。2022 年 5 月，SEC 结束了对纽约梅隆银行的调查，发现该银行一些投资没有审查 ESG 因素，最终罚款 150 万美元。

（三）数据挑战仍然较大

数据和信息披露是开展 ESG 投资的关键输入要素，没有充足而高质量的信息做基础，很难有效执行 ESG 投资策略。虽然全球各国都在推动信息披露，持续提升数据质量，但是数据方面的挑战仍然不小。根据美国资本集团 2022 年调研数据，金融机构认为各类资产数据不一致、数据治理存在挑战以及 ESG 评级不一致是推进可持续投资的最大难题。在资产数据方面，现有监管要求主要指导上市公司披露 ESG 信息，但是对债券、大宗商品等资产的 ESG 信息披露要求较少。在数据质量方面，企业 ESG 信息披露随意性较强，多数企业信息披露质量仍不高，缺乏二氧化碳排放等方面的数据披露，而且没有经过审计，数据真实性无法保证。在 ESG 评级方面，各 ESG 评级机构评级数据来源和评级方法差异较大，导致同一企业的评级结果不一致，对金融资产估值和定价造成较大扰动。

（四）专业人才不足

ESG 投资涉及的碳资产管理、ESG 研究和分析、ESG 报告编制等方面的技术要求较高，已经成为必不可少的专业技能。根据新加坡全国工会联合会（NTUC）的调研数据，雇主认为与可持续性相关的有用技能分别是 ESG（44%）、碳足迹管理（40%）以及可持续业务战略（39%）。全球特许金融分析师协会（CFA 协会）的调研数据显示，70% 的受访者学习 ESG 技术的意愿远高于其他新技能。为了满足金融机构人才培养以及个人提升 ESG 技能的需求，CFA 协会等国际行业组织开始提供 ESG 资格认证教育和考试。

企业持续加入可持续发展行列，相关岗位需求不断上升。国际能源署估算，到 2030 年，碳中和带动的清洁能源投资将创造 1400 万个岗位，并在建筑节能改造、新能源汽车等领域额外创造 1600 万个工作机会，很多公司开始新设可持续发展官、分析师等新兴岗位。2021 年绿色人才招聘比例最高的前五大行业为制造、金融、软件和 IT 服务、教育以及企业服务。从行业来看，全球使用绿色技能最多的前五大行业，分别为企业服务、制造、能源和采矿、公共管理和建筑。

与持续攀升的 ESG 投资人才需求不同，全球教育体系没有很好地开展相关专业建设，ESG 投资培训也不完备，该领域人才持续短缺。领英统计数据显示，过去五年，全球招聘市场需要绿色技能的职位规模以每年 8% 的速度增长，而同期绿色人才供给规模的增长比例约 6%，二者之间存在明显的供需缺口。为了引进 ESG 人才，香港计划为引进 ESG 人才提供现金补贴、放宽移民要求，上海、深圳以及新加坡等地出台了绿色发展方面的人才引进优惠政策。

（五）个人投资者教育仍需加强

个人投资者助力可持续发展以及应对气候变化的意愿比较强，但是实际投资规模和资产配置占比并不高，除了相关产品供给不足外，还在于金融素养不高。

首先是个人投资者对 ESG 投资了解不足。ESG 投资定义不统一，各国可能使用可持续投资、ESG 投资、社会责任投资、绿色投资等概念，加之相关金融教育较少，导致客户认知不足。

其次是客户对 ESG 投资产品收益和风险认识不清晰。意大利和法国调研数据显示个人投资者认为 ESG 投资的收益更低而成本更高，*Global Investor Survey* 调研数据显示，40% 的受访投资者认为 ESG 投资会获得更高的投资收益，德国投资传统基金产品的个人客户认为 ESG 投资风险更高。可以看出，各国个人投资者对 ESG 投资风险和收益的认识并不一致，甚至存在认知误区。

最后是缺少洗绿风险意识。个人投资者所掌握的可持续投资知识不足，加之部分金融机构 ESG 投资产品信息披露少，很多个人客户洗绿风险意识不高，甚至并不清楚存在此风险。

五　ESG 投资发展趋势展望

（一）监管政策体系继续完善

ESG 发展的关键仍是健全完善现有监管政策体系，加强政策引导。未来 ESG 监管政策的重点主要在于，一是推动 ISSB 准则落地，形成全球更加统一的 ESG 信息披露机制，同时加强气候等方面信息披露力度，助力实现《巴黎协议》控温目标；加快推动 ESG 金融产品信息披露机制建设，提高产品运行透明性，进一步防范洗绿问题。二是加强 ESG 投资标准制定，指导金融机构规范产品命名、投资组合构成、专业能力建设等方面，持续提升金融机构 ESG 投资专业能力。三是推动 ESG 金融工具创新，大力发展转型金融、生物多样性金融、碳金融等 ESG 投资新模式，制定市场标准和规则，做大 ESG 债券市场。

（二）ESG 投资产品服务创新加快

ESG 投资产品服务仍有较大创新空间，一是金融机构可以在 ESG 热点主题上进行产品服务创新，发掘气候金融、生物多样性金融、影响力投资方面的创新潜力，强化重点环境和社会难题金融解决方案，满足投资者需求。二是金融机构完善 ESG 投资策略和方法，加强 ESG 整合、积极股东主义、影响力投资等更具正面效应的投资策略，积极影响被投资企业，推动企业可持续发展，为投资者创造长期价值。三是扩大 ESG 投资在固定收益、另类投资的应用，特别是固定收益，将 ESG 与投资标的筛选、尽职调查、资产评估和投资组合管理等方面有机结合，提高投资稳健性。四是加强 ESG 投资专业人才培养，为 ESG 创新发展奠定坚实基础。

（三）投资者更加关注 ESG 投资

ESG 的发展有赖于投资者的积极参与，特别是机构投资者的参与。养老金管理机构等资产所有者大力参与 ESG 投资，这会有较好的带动作用，形成较强的示范效应，也有利于监管部门指导其他资产所有者注重 ESG 投资。另一方面，个人投资者参与 ESG 投资的重要性不可忽视，特别是女性、千禧一代更有意愿参与 ESG 投资，未来需要加强 ESG 投资者教育，针对重点个人群体加强市场营销，带动更多个人投资者参与 ESG 投资。未来，需要加强投资者可持续投资金融知识宣传和教育，通过手册、网站以及其他媒介加大 ESG 投资知识普及，提高个人投资者金融素养，增强个人投资者参与 ESG 投资的专业能力。

（四）完善 ESG 投资生态

ESG 投资的良好发展离不开生态体系的建设，未来，随着 ESG 专业人才的需求增大，各国持续加强 ESG 专业人才的培育，重点是探索在高等院校开设相关专业，针对在职人员开展职业培训，开展职业认证考试，加快扩充专业人才队伍；ESG 研究机构、咨询服务机构等第三方服务机构逐步壮大，为企业、金融机构提供专业服务，提升 ESG 发展的专业化水平；国际合作更加密切，促进 ESG 投资经验分享，共同解决 ESG 投资过程中存在的数据、技术、模型、监管等方面难题。

参考文献

ACMF, ASEAN Sustainable and Responsible Fund Standards, https：//www. theacmf. org/initiatives/sustainable–finance/asean–sustainable–and–responsible–fund–standards, 2020 年 10 月。

CBI. Sustainable Debt, Global State of the Market 2023, https：//www. climatebonds. net/resources/reports/global–state–market–report–2023, 2024 年 5 月。

GSIA, Global Sustainable Investment Review 2022, https：//www. gsi–alliance. org/members–resources/gsir2022/, 2023–11。

Morningstar, Global Sustainable Fund Flows：Q4 2023 in Review, https：//www. morningstar. com/en–hk/lp/global–esg–flows, 2024 年 1 月 25 日。

SEBI，Securities and Exchange Board of India（Credit Rating Agencies）Regulations，https：//www. sebi. gov. in/legal/regulations/jul‒2023/securities‒and‒exchange‒board‒of‒india‒credit-rating-agencies-regulations‒1999‒last‒amended‒on‒july‒4‒2023‒_74002. html，2023 年 7 月 4 日。

袁吉伟：《ESG 投资的逻辑》，中国金融出版社，2023。

B.5
健全 ESG 生态，促进城市高质量发展

孙孝文*

摘　要：　城市在可持续发展与气候变化应对中扮演关键角色。研究发现 ESG 理念为城市高质量发展提供新路径，ESG 生态建设成为城市可持续竞争力的新焦点；当前城市 ESG 生态建设主要从推动可持续发展、提升 ESG 投资、增强产业 ESG 竞争力三方面入手。建议城市结合自身实际，从政策引导、产融结合、平台建设、生态赋能、监管强化等方面多措并举，加速 ESG 生态建设，促进城市高质量发展。

关键词：　城市　高质量发展　ESG 生态　可持续发展

21 世纪被称为"城市"的世纪，每天都有成千上万的人来到城市寻找更好的工作和生活机会。根据联合国人居署（United Nations Human Settlements Programme，UN-HABITAT）发布的报告①，2007 年，在人类历史上城市人口占比首次超过一半；2023 年，全球 56% 的人口生活在城市，全球有 34 个城市的人口在 1000 万以上；预计到 2050 年这一比例将增长至 72%。

随着经济社会的发展，大规模城市化对经济、社会和环境产生了重大影响。首先，城市是国家和区域经济发展的引擎，贡献了全球 80% 以上的

---

* 孙孝文，南方周末中国企业社会责任研究中心主任，中华环保联合会 ESG 专业委员会常务委员，中国互联网协会互联网行业社会责任建设工作委员会顾问，从事企业社会责任、可持续发展和 ESG 的研究及咨询工作。

① 联合国人居署：*Unlocking the Potential of Cities：Financing Sustainable Urban Development*，2023 年 11 月。

GDP；其次，城市是实现人生理想和追求的平台，作为创新中心，城市吸引了大量优秀人才的涌入；第三，城市也是很多全球性问题的根源，比如环境污染、交通拥堵等，据统计，城市已经成为全球最大的污染源，排放了全球约 75% 的二氧化碳。

随着全球城市化程度的快速提高，城市可持续发展成为全球关注的重点。2016 年，第三届联合国住房和城市可持续发展大会在厄瓜多尔首都基多召开，会上通过了《新城市议程：为所有人建设可持续城市和人类住区基多宣言》，提出要利用城市化带来的机遇，发挥城市化促进实现变革型可持续发展的潜力，以建设包容、安全、有韧性和可持续的城市和人类住区①。

可见，城市已经处于践行联合国可持续发展议程和应对气候变化的最前沿，对城市的有效治理和可持续发展能力培育将成为 21 世纪最为关键的全球性议题之一。

一　城市高质量发展与 ESG 建设

（一）中国式现代化背景下的城市高质量发展

根据国家统计局数据，2023 年中国城镇常住人口达 93267 万人，比2022 年增加 1196 万人，常住人口城镇化率为 66.16%，比 2022 年提高 0.94个百分点②。中国近五年城镇化率年均提高 0.93 个百分点，每年都会有超过 1000 万的农村居民进入城镇。然而，与发达经济体 80% 左右的城镇化率相比，中国未来仍将处于城镇化持续扩大发展的阶段。

同时，中国城市规模也在持续扩大。根据各地统计部门公布数据，目前中国共有 17 个千万人口大市，分别是重庆、上海、北京、成都、广州、深

---

① 联合国：《新城市议程》，https：//www.un.org/zh/node/182272。
② 国家统计局：《中华人民共和国 2023 年国民经济和社会发展统计公报》，国家统计局官网，2024 年 2 月 29 日，https：//www.stats.gov.cn/sj/zxfb/202402/t20240228_1947915.html。

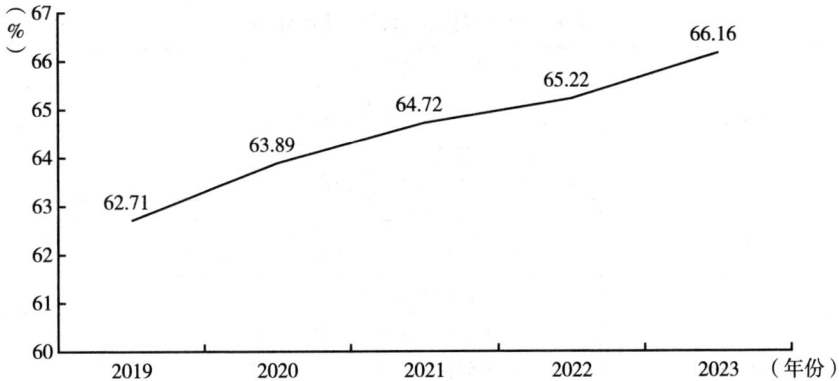

图 1　2019～2023 年年末中国常住人口城镇化率

资料来源：国家统计局国民经济和社会发展统计公报整理。

圳、武汉、天津、西安、苏州、郑州、杭州、石家庄、临沂、长沙、东莞、青岛。在快速发展的城市化过程中，城市发展面临的问题和挑战开始显现，如城镇化质量有待进一步提升，户籍制度改革及其配套政策尚未全面落实，城镇基本公共服务尚未覆盖全部常住人口，城市群一体化发展体制机制尚不健全，大中小城市发展协调性不足，超大城市规模扩张过快，部分中小城市及小城镇面临经济和人口规模减小，城市发展韧性和抗风险能力不强，城市治理能力亟待增强，城乡融合发展任重道远。

党的二十大报告指出："从现在起，中国共产党的中心任务就是团结带领全国各族人民全面建成社会主义现代化强国、实现第二个百年奋斗目标，以中国式现代化全面推进中华民族伟大复兴。"

在中国式现代化背景下，如何推动城市高质量发展、可持续发展成为当前面临的现实问题。城市高质量发展，要立足新发展阶段，在新发展理念指导下，统筹推动城市经济、文化、生态、治理等多个领域的协调发展。

为应对城市化进程中出现的新问题，2022 年 6 月 21 日，国家发展改革委印发了《"十四五"新型城镇化实施方案》，要求坚持人民城市人民建、人民城市为人民，顺应城市发展新趋势，加快转变城市发展方式，建设宜居、韧性、创新、智慧、绿色、人文城市。

表 1　新型城镇化建设的重点任务

宜居城市	增加普惠便捷公共服务供给
	健全市政公用设施
	完善城市住房体系
	有序推进城市更新改造
韧性城市	增强防灾减灾能力
	构建公共卫生防控救治体系
	加大内涝治理力度
	推进管网更新改造和地下管廊建设
创新城市	增强创新创业能力
智慧城市	推进智慧化改造
绿色城市	加强生态修复和环境保护
	推进生产生活低碳化
人文城市	推动历史文化传承和人文城市建设

资料来源：作者根据《"十四五"新型城镇化实施方案》整理。

可见，面向中国式现代化背景下的城市高质量发展，不但要有高质量发展的产业体系，也要有高水平的城市治理体系，同时要实现城市的宜居性、文化性、文明性、生态性与和谐性等目标，系统性统筹人口、资源、环境与经济发展的关系，实现城市可持续发展。

（二）ESG 理念与城市高质量发展高度契合

ESG 投资概念最早在 2004 年联合国全球契约组织出版的题为《在乎者即赢家——变化的世界中的金融市场：金融业围绕将环境、社会和治理议题更好地纳入分析、资产管理和证券交易的建议》中首次被正式提出，倡导企业在运营过程中更加注重环境友好、社会责任以及良好的公司治理。作为一种可持续发展理念，ESG 逐渐发展成为国际普遍遵循的发展观。

在中国，尤其是在中国进入新时代的大背景下，在中国提出的新发展理念、"双碳"目标、高质量发展等新语境中，ESG 的内涵和外延被不断演绎，ESG 理念逐步走出投资"小圈子"，开始与中国经济社会高质量发展紧密结合。

从理念内涵和追求目标看，ESG 与高质量发展具有高度的一致性，ESG 理念所倡导的经济繁荣、环境可持续、社会公平的价值内核与中国高质量发展、共同富裕、实现"双碳"目标等重要战略高度契合。ESG 理念的推广为城市和区域绿色转型、可持续发展提供了一种新的思路和路径。

在此背景下，"城市 ESG"概念开始被提出并逐渐进入研究人员和城市管理者的视野。部分城市管理者和专业机构开始关注城市维度的 ESG 创新，希望用 ESG 理念引导、推动中国城市转型升级，进而提升城市的可持续竞争力和吸引力，并更加有效地应对气候变化等全球性挑战。

将 ESG 理念拓展至城市维度，有利于突破城市发展的"唯 GDP 论"和"唯规模论"，让人们在关注城市经济增长的同时，更加注重城市的宜居性、社会公平和生态可持续。如全球基础设施全方位综合服务企业 AECOM 围绕城市可持续发展和高质量发展，在研究中提出了"城市 ESG 策略"，包括 3 个顶层目标、6 大核心价值和 24 项关键议题。

表 2　AECOM 提出的城市 ESG 策略内涵

顶层目标	核心价值	评价内容
绿色共生的环境	"双碳"目标综合效益	围绕碳达峰、碳中和两大目标，重点关注能源、交通、建筑、污染排放等方面的减排实践，同时考量城市绿色技术发展情况，综合评估城市"双碳"目标效益。
	全要素自然资源管理	全域、全流程、全要素地一体化考量城市规划与建设过程中对自然资源的管理情况，综合评估空气、水环境、土地、气候、生物多样性等指标，评价生态资源保护效果与生态价值转化的经济效益。
幸福成长的社会	美好生活公服支撑	响应人们对美好生活的热切期待，以"人本位"理念为出发点，考量城市对个体居民出行、消费、劳动、安全、健康、政务等服务的完善度与便捷程度，评价城市公共服务供给能力及社会经济发展水平。
	公民社群共建共享	在宏观层面，关注城市品牌塑造以及对公民社群的文化价值体现，而在微观层面，聚焦社区营造进程，从服务、管理、参与、营销、党群建设等多个层面评价城市共建共享水平。

顶层目标	核心价值	评价内容
高效创新的治理	全周期城市运营	从营商环境、产业运营、企业赋能、财政税收等方面评价城市运行状况及效率,判断城市整体运行表现。
	系统化城市创新	聚焦城市基建底盘、政策改革力度、金融创新水平等关键指标,评价城市体制机制与管理系统中各方面的创新能力。

资料来源:作者根据 AECOM 发布的《ESG 引领下的西部城市再出发:新型城市竞争力策略研究白皮书》内容整理。

(三)城市 ESG 建设的机遇和必要性

由于 ESG 理念与高质量发展高度契合,在中国,ESG 逐渐成为政策创新的工具,也成为培育区域竞争力新的着力点。

近年来,中国出台的关于经济社会高质量发展的政策文件,很多都内含了对 ESG 的要求。如 2023 年 12 月 27 日,《中共中央　国务院关于全面推进美丽中国建设的意见》正式发布,在第九部分"健全美丽中国建设保障体系"的第 24 条"改革完善体制机制"中继"深化环境信息依法披露制度改革"后提出,要"探索开展环境、社会和公司治理评价"。2022 年 6 月 1 日,中国银保监会发布《银行业保险业绿色金融指引》(以下简称《指引》),"环境、社会和治理风险"在全文共出现 27 处。《指引》第一次提出银行保险机构要重点关注 ESG 风险,把 ESG 纳入全面风险管理流程。同时强调,银行不仅要对客户本身的 ESG 风险进行评估,还要关注客户的上下游承包商、供应商的 ESG 风险。2022 年 5 月,国务院国资委印发的《提高央企控股上市公司质量工作方案》中明确要求央企控股上市公司力争在 2023 年实现 ESG 专项报告全覆盖。2024 年 4 月,上交所、深交所、北交所同时发布了上市公司可持续发展报告指引,强调上市公司环境、社会和治理等可持续信息披露的重要性,标志着 ESG 绩效成为评估中国企业价值和社会责任的核心内容,推动企业向更可持续的发展模式转变。

在企业层面，根据南方周末每年开展的社会责任调研结果，企业 ESG 治理逐步强化，且在企业内部的战略性逐步上升。根据南方周末 2024 年中国企业社会责任调研结果，65% 的上榜企业建立了 ESG、可持续发展或社会责任委员会；28.7% 的上榜企业将董事会、管理层薪酬与公司 ESG 挂钩；42% 的上榜企业将减碳绩效与董事会/高层管理人员薪酬挂钩。

进一步分析发现，越来越多的企业开始将 ESG 与公司战略相结合。如宝钢、长城汽车等企业成立了战略与 ESG 委员会；伊利等企业直接将董事会战略委员会变更为"战略与可持续发展委员会"。

在宏观层面 ESG 顶层架构逐渐完善、微观层面企业对 ESG 愈加重视的背景下，以城市为代表的中观层面如何让 ESG 更好落地和发展，成为目前中国进一步推动 ESG 发展的着力点，也成为新一轮城市竞争的创新点。

城市作为推动 ESG 发展的平台，有以下优势或机遇：一是发挥区域政策的灵活性和针对性，通过在城市维度推动 ESG，为区域产业转型升级提供新的路径，吸引绿色环保产业，推动传统产业转型升级，进而培育新质生产力；二是充分发挥政府作为 ESG 引导者的作用，鼓励、支持企业更加重视 ESG 信息的披露、评级和投资，为企业践行 ESG 和金融机构开展 ESG 投资提供良好的政策基础和社会环境；三是通过推动 ESG 建设，城市可以吸引更多 ESG 投资以及可持续发展人才，提升城市的品牌形象，进而提升城市整体竞争力。

另外，从城市维度推动 ESG 生态建设也有其必要性：一是可以为国家 ESG 政策和整体目标提供落地支撑，通过制定符合当地经济社会发展条件和需求的 ESG 细分政策，真正实现国家 ESG 政策目标的落地；二是中国不同区域经济社会发展阶段以及地方资源禀赋各不相同，从城市维度推动 ESG 可以有效响应和解决区域性的 ESG 挑战和问题，针对当地的具体情况提供有效的问题解决方案；三是不同城市有不同的发展目标和高质量发展的重点领域，制定城市维度的 ESG 政策能够为当地提供量身定制的解决方案，从而推动地区的可持续发展和繁荣。

进入 2024 年，部分先行城市开始竞相出台 ESG 政策，提出各自未来的

ESG 发展目标。2024 年 3 月 1 日，上海市商务委员会发布了《加快提升本市涉外企业环境、社会和治理（ESG）能力三年行动方案（2024—2026年）》，作为全国首个省级 ESG 行动方案，旨在推动提高上海涉外企业的 ESG 能力，构筑对外开放合作新优势；3 月 19 日，苏州工业园区发布了《苏州工业园区 ESG 产业发展行动计划》和《苏州工业园区关于推进 ESG 发展的若干措施》的配套方案，大力推荐园区 ESG 产业和生态体系发展；6月 14 日，北京市发改委正式印发《北京市促进环境社会治理（ESG）体系高质量发展实施方案》，提出到 2035 年，北京市"成为 ESG 发展全国高地和国际代表性城市"；7 月 10 日，北京市朝阳区发展改革委发布《北京市朝阳区促进环境社会治理（ESG）体系高质量发展实施方案（征求意见稿）》，提出全面深化 ESG 体系建设、持续提升 ESG 特色竞争力、打造 ESG 示范试点、丰富和深化 ESG 实践、完善 ESG 保障机制五项重点工作。

二 全球城市 ESG 生态建设探索

进入 21 世纪 20 年代，部分先行城市开始立足城市可持续发展，探索推动城市 ESG 生态建设。

所谓城市 ESG 生态建设，是指立足城市维度，通过制定 ESG 规划或目标，出台 ESG 政策，搭建 ESG 平台，有效促进政府、企业、金融机构、投资者、第三方服务机构、社会组织和学术界各方合作，实现更广泛的社会共识，推动 ESG 理念渗透到城市治理和产业发展的各个层面。

（一）加拿大多伦多：以 ESG 信息披露为抓手

在"城市 ESG"领域，加拿大多伦多市是创新者，也是引领者。2021年，多伦多市发布了全球第一份城市 ESG 报告 *City of Toronto Environmental, Social & Governance Performance Report*，该报告以 ESG 理念和指标为基准，详细阐述了多伦多市的 ESG 绩效。同时，为了体现报告的可比性，2021 年发布的报告往前追溯两年的相关数据，在尽可能范围内披露了多伦多市近三年的 ESG 绩效数据。

多伦多市认为，以城市维度发布 ESG 报告，可以向包括投资者在内的更广泛的利益相关方展示他们所关心的可持续发展议题，同时展示多伦多在 ESG 方面的领导力，方便相关方做决策。总之，多伦多市认为将 ESG 理念纳入城市建设并对相关数据进行披露，有助于多伦多市的长期竞争力和可持续发展。

截至目前，多伦多市已连续发布了四份环境、社会和治理（ESG）绩效报告。为了确保 ESG 报告更符合目前主流 ESG 报告体例和规范，多伦多市 ESG 报告参考了以下法规、标准或指南：

（1）可持续发展会计准则委员会标准（SASB）；

（2）MSCI ESG 政府评级方法；

（3）穆迪 ESG 评分框架；

（4）全球报告倡议（GRI）；

（5）国际综合报告理事会（IIRC）综合报告框架；

（6）联合国可持续发展目标（SDGs）。

在 2023 年发布的 ESG 报告中，多伦多市披露了城市愿景和战略优先项。在制定愿景与战略目标的过程中，多伦多市将 ESG 目标与联合国可持续发展目标（SDGs）相对应，以确保战略目标与联合国可持续发展目标相一致。

表 3　多伦多市城市愿景和战略优先项

多伦多城市愿景	多伦多城市战略优先项
• 多伦多是一个充满爱心和友好的城市 • 多伦多是一个清洁、绿色和可持续发展的城市 • 多伦多是一个充满活力的城市 • 多伦多投资于生活质量（社会、经济、文化和环境方面）	• 维护和创造负担得起的住房 • 建设安全、负担得起和方便的交通 • 投资人群和社区 • 应对气候变化，增强抵御能力

资料来源：作者根据多伦多市 ESG 报告整理。

在实质性议题上，多伦多市参考 ESG 三支柱，但基于城市这一主体的特殊性，对部分议题进行了调整。

表 4　多伦多市 ESG 实质性议题

环境（E）	社会（S）	治理（G）
• 气候变化 • 恢复力	• 人权 • 公共卫生和基本服务 • 社会包容 • 社会赋权和进步 • 经济包容	• 负责任的治理实践 • 财务治理 • 行为与信任 • 风险管理 • 网络安全与隐私 • 包容性和多样性 • 健康和福祉 • 人才吸引、参与和留住 • 数字化支持 • 负责任的采购和供应商多样性
	负责任融资	
	负责任投资	

资料来源：作者根据多伦多市 ESG 报告整理。

（二）日本东京湾：以 ESG 发展战略为引领

2018 年，东京城市发展局开始研究"东京湾区愿景"，2021 年 4 月，发布了"东京湾 ESG 项目 1.0 版"，并于 2022 年 3 月正式发布《东京湾 ESG 城市发展战略 2022》，希望以可持续发展概念引领下一代城市发展。

《东京湾 ESG 城市发展战略 2022》以东京湾区（Bay Area）为战略对象，涉及临海城市副中心以及中央防波堤区域，制定了面向未来的 2040 愿景和五大发展战略。

东京湾 2040 未来愿景包括以下三个方面：（1）人与自然和谐共生，希望能提供人与自然和谐共生的空间，利用河岸绿化建造一个温暖且具有亲和力的城市；（2）舒适与方便，在保证舒适性与便捷性的同时，东京希望将应对气候变化的措施与设施融入建筑与景观中；（3）增强城市吸引力，希望通过创新增强城市与人、人与人之间的互动从而"创造一个被世界选择的城市"。

在对标联合国可持续发展目标（SDGs）的基础上，东京提出了未来五大发展战略，并针对每个战略内容制定了未来 3 年行动计划和目标。

表 5　东京湾五大 ESG 战略目标

战略方向	关联的 SDGs				
创造优质绿色植物与有吸引力的水边空间,增强吸引力	6	11	13	14	15
完善减灾措施,智能化应对风险	11	13	17		
在城市的每个角落应用先进的技术	7	9	11	12	13
促进城市创新,增强吸引力	3	9	10	11	
形成舒适的、多样化的交通手段,为城市活动提供基础	8	9	10	11	

资料来源：作者根据《东京湾 ESG 城市发展战略 2022》整理。

（三）中国北京：推动 ESG 体系高质量发展

2024 年 6 月 14 日，北京市发改委正式印发《北京市促进环境社会治理（ESG）体系高质量发展实施方案》。方案立足新时代首都高质量发展，提出了促进北京市 ESG 体系高质量发展的 20 条具体行动和措施。

表 6　北京市 ESG 方案内容逻辑和目标

核心	强化信息披露
基础	ESG 生态体系建设
支撑	评级体系高水平特色化发展

续表

动力	丰富和深化 ESG 实践
引领	试点示范
保障	构建科学有效的监管体系
工作原则	依法合规、兼收并蓄、统筹协调、循序渐进
目标	• 到 2027 年，北京 ESG 高质量发展政策体系逐步完善，生态体系加快形成，在京上市公司 ESG 信息披露率力争达到 70% 左右，ESG 鉴证和评级水平进一步提升，ESG 实践进一步丰富和深化，ESG 相关标准体系进一步完善。 • 到 2035 年，北京 ESG 体系高质量发展步入法治化轨道，信息披露充分高效，ESG 生态体系完备，评级体系高水平特色化凸显，ESG 实践丰富多彩，监管体系运转有效，成为 ESG 发展全国高地和国际代表性城市。

资料来源：作者根据《北京市促进环境社会治理（ESG）体系高质量发展实施方案》整理。

表 7　北京市 ESG 方案提出的重点行动

重点领域	细分任务
强化 ESG 信息披露	1. 建立并完善本市 ESG 信息披露标准体系。
	2. 积极支持企业进行 ESG 信息披露。
	3. 加大重点领域信息披露力度。
	4. 逐步建立信息披露鉴证制度。
加强 ESG 生态体系建设	5. 加强经营主体 ESG 管理能力建设。
	6. 提高公共 ESG 数据搜寻便利性。
	7. 支持设立投资基金。
	8. 推动设立北京市 ESG 学会、协会。
	9. 加强 ESG 交流。
支持 ESG 评级体系高水平特色化发展	10. 推动建立体现中国特色、北京特点、国际可比的 ESG 评级体系。
丰富和深化 ESG 实践	11. 探索 ESG 在政府投资、政府采购领域的应用。
	12. 促进 ESG 投融资实践。
	13. 支持北交所上市公司 ESG 建设。
	14. 促进京津冀 ESG 协同发展。
推动 ESG 试点示范	15. 支持城市副中心开展 ESG 创新发展试点。
	16. 支持丰台区开展 ESG 服务生态试点。
构建科学有效的监管体系	17. 加强监管政策制度体系建设。
	18. 加强行业自律。
完善服务保障机制	19. 加强统筹协调。
	20. 加强 ESG 人才保障。

资料来源：作者根据《北京市促进环境社会治理（ESG）体系高质量发展实施方案》整理。

（四）中国上海：提高涉外企业 ESG 能力

2024 年 3 月 1 日，上海市商务委员会发布了《加快提升本市涉外企业环境、社会和治理（ESG）能力三年行动方案（2024—2026 年）》。作为全国首个省级 ESG 行动方案，该方案对标国际，立足自身，旨在全面提升上海涉外企业 ESG 能力和水平、树立 ESG 理念，打造出既符合国际通行标准又兼具中国特色的企业 ESG 标准体系。

方案提出了具体的行动目标：到 2026 年，基本形成上海市政府、行业组织、涉外企业、专业服务机构共同参与、协同发展的涉外企业 ESG 生态体系。上海市涉外企业 ESG 理念全面树立，企业 ESG 能力和水平明显提升。力争具有涉外业务的国有控股上市公司 ESG 信息披露实现全覆盖，民营上市企业 ESG 信息披露率明显提高。初步建立企业 ESG 报告编制及评价标准体系，进一步提升上海 ESG 工作在国内及国际的影响力。大力引进一批 ESG 领域国际知名专业服务机构，培育一批国际认可的本土 ESG 专业服务机构，进一步提升 ESG 专业服务能级和水平。发布一批涉外企业 ESG 优秀案例，进一步发挥 ESG 创新生态建设示范引领作用。

表 8　上海市 ESG 方案提出的重点行动

企业 ESG 能力提升行动	发挥国有企业 ESG 带头先行作用
	支持民营企业积极践行 ESG 理念
	发挥外资企业 ESG 实践协同效应
	加强涉外企业跨国业务 ESG 应用
ESG 市场增效赋能行动	加强 ESG 领域国际交流与合作
	创新 ESG 金融服务和产品
	培育壮大 ESG 专业服务机构
	加大对 ESG 理念的宣传力度
ESG 服务体系优化行动	建立涉外企业 ESG 工作推进机制
	出台 ESG 相关支持政策
	大力培养 ESG 专业人才
	发挥 ESG 创新生态建设示范引领作用

资料来源：作者根据《加快提升本市涉外企业环境、社会和治理（ESG）能力三年行动方案（2024-2026 年）》整理。

（五）中国苏州：提升园区产业竞争力

2024 年 3 月 19 日，苏州工业园发布了《苏州工业园区 ESG 产业发展行动计划》（以下简称《行动计划》）和《苏州工业园区关于推进 ESG 发展的若干措施》（以下简称《若干措施》）的配套方案。

《行动计划》提出了未来主要目标：（1）到 2025 年，ESG 产业发展综合实力实现新突破，全区 ESG 产业规模超 650 亿元，较 2022 年增长超 50%以上；服务赋能效应迈上新台阶，ESG 产业创新中心落地，引进一批 ESG 领域国内外知名的认证、咨询、投资等标杆型企业。（2）到 2030 年，集聚一大批引领前沿的 ESG 服务机构、世界一流的 ESG 应用人才；在绿色服务、数智化管理等领域形成领跑优势，成功探索出一批 ESG 理念与国际开放、城市建设、企业发展融合的先进经验，在全国起到示范引领作用。

表 9　苏州工业园 ESG 方案提出的重点行动

六大工程	14 项具体任务
以点带面优化空间布局	率先启动园区 ESG 产业载体建设，打造 ESG 产业创新中心
	加强四大功能区 ESG 产业发展分类引导，形成特色鲜明的 ESG 产业及应用集聚
培育 ESG 领域市场主体	加速 ESG 产业项目招引，组建专业化招商团队，引进一批技术含量高、发展潜力大的成长型企业，以及 ESG 评级领域掌握国际话语权的企业
	加大 ESG 产业培育力度，建立重点企业库，筛选一批在细分市场具有较强竞争力和发展前景的 ESG 重点企业，构建大中小企业协同共生的产业生态
促进 ESG 产业创新发展	设立苏州 ESG 研究中心，制定适配性和实操性强的 ESG 评价指标体系
	强化核心技术支撑，支持 ESG 相关服务机构强化新一代信息技术应用
	鼓励龙头制造企业、国资企业强化产品碳足迹管理、绿色供应链管理、社会责任管理，提升市场竞争力
深化 ESG 产业融合应用	推动 ESG 与产业耦合发展，鼓励制造业企业建立 ESG 管理体系，鼓励 ESG 服务企业为制造业提供高品质解决方案，支持龙头企业输出 ESG 管理经验
	推动 ESG 与区域融合发展，在环境方面，开展国家碳达峰试点园区建设，在社会责任方面，构建和谐共治的社会发展环境，在治理方面，进一步推进数字化转型赋能区域治理

续表

六大工程	14 项具体任务
扩大 ESG 领域开放合作	强化国际合作，加强与新加坡在 ESG 领域合作，打造近零碳示范项目，完善碳普惠体系，推进互信互认
	强化长三角产业协同，强化 ESG 产业联动，依托长三角科技要素交易中心、数据要素流通服务平台，探索 ESG 产业数据要素流通和交易等场景应用
营造 ESG 产业发展生态	组建 ESG 产业联盟发布园区 ESG 发展白皮书，打响园区 ESG 发展品牌
	引导企业实践 ESG 理念，鼓励使用环保、节能、数智化等技术，提升企业综合竞争力
	强化绿色金融供给，鼓励本地金融机构创设 ESG 产业母基金或发展基金，发行绿色债券，支持中小企业 ESG 应用实践

资料来源：作者根据《苏州工业园区 ESG 产业发展行动计划》整理。

《若干措施》则从鼓励应用实践、支持产业发展、形成发展合力三个方面出发，支持 ESG 发展。在 ESG 政策支持、载体供应、运营支持等方面持续创新，积极构建 ESG 产业生态体系。此外，为鼓励 ESG 应用实践，苏州工业园还设置了多项资金奖励，以推动 ESG 理念在地方经济发展中的落地和应用。

表 10　苏州工业园 ESG 方案提出的资金奖励

鼓励信息披露	对于积极践行 ESG 理念，规范披露 ESG 报告的企业，给予最高 5 万元奖励。对于在国内外主流 ESG 评级中获得 A 级及以上或同等水平级别的企业，给予 5 万元奖励。
推广实践经验	支持企业提升 ESG 发展水平，对经评选列入园区年度 ESG 发展优秀案例的企业，给予 10 万元奖励。
鼓励项目落户	对于 2024 年 1 月 1 日起在园区新设立且符合条件的 ESG 项目，经与招商部门签订产业发展协议，给予每个项目最高不超过 500 万元的落户奖励，分年度兑付。
支持做大做强	建立并滚动管理"ESG 重点企业库"，遴选一批在园区扎根发展且符合条件的 ESG 产业发展方向的企业，根据企业发展的不同阶段，开展有效帮扶和长效培育。具有重大贡献的企业，根据综合发展情况，给予最高不超过 100 万元奖励。

鼓励载体建设	打造苏州工业园区 ESG 产业创新中心,对于符合条件的 ESG 项目,给予不超过 3 年、每年不超过实际支出 50% 的用房补贴,每平方米补贴金额最高不超过 40 元/月,每家企业补贴总额最高不超过 300 万元。
支持产业集聚	对于符合支持范围的特色楼宇和产业园,已入驻 ESG 产业发展方向的企业数量占比不低于 60%,经综合评价发展成效良好的,认定为"ESG 产业特色楼宇(产业园)",给予 20 万元奖励。上年度新增入驻 ESG 产业发展方向的企业数量不少于 10 家,经综合评价新增企业总体水平良好,认定为年度"ESG 产业发展贡献楼宇(产业园)"的,给予 10 万元奖励。
创新金融服务和产品	支持金融机构加强 ESG 金融产品创新与服务创新,鼓励金融机构为 ESG 评级高的企业提供利率优惠或简化业务办理流程。实施"ESG 发展金融支持计划",支持企业提升 ESG 能力,对申请并纳入"ESG 发展金融支持计划"的项目,按不超过同期贷款市场报价利率(LPR)的 50% 给予贷款贴息补贴,每家企业利息补贴金额最高不超过 200 万元。
强化宣传推广	支持开展 ESG 专题培训、产业对接活动,对于经认定的活动,按照实际支出的 30% 给予补贴,但最高不超过 20 万元。

资料来源:作者根据《苏州工业园区关于推进 ESG 发展的若干措施》整理。

三 城市 ESG 生态建设的三种视角

通过分析目前部分先行城市推动 ESG 生态建设的探索实践,可以发现目前在城市维度关注 ESG、推动 ESG 分为三种不同的视角,包括推动城市可持续发展、提升城市 ESG 投资和提升城市产业 ESG 竞争力。

(一)推动城市可持续发展视角

2015 年 9 月,联合国 193 个会员国一致通过《改变我们的世界——2030 年可持续发展议程》,提出了联合国可持续发展目标(SDGs),包括 17 个目标 169 个子目标,以期在全球范围内推动经济繁荣、社会公平和环境可持续。

为探索不同类型城市可持续发展的有效路径,2016 年 12 月,国务院印

发《中国落实 2030 年可持续发展议程创新示范区建设方案》。2018 年 3 月，
国务院正式批复同意深圳市、太原市、桂林市建设国家可持续发展议程创新
示范区；2019 年 5 月，国务院分别批复同意湖南省郴州市、云南省临沧市、
河北省承德市建设国家可持续发展议程创新示范区；2022 年 7 月，国务院
批复同意湖州市、徐州市、鄂尔多斯市、枣庄市、海南藏族自治州建设国家
可持续发展议程创新示范区。

城市可持续发展是目标，ESG 理念和方法提供了一种落实城市可持续
发展目标的路径。从多伦多、东京等城市推动 ESG 发展的路径看，这些城
市均将 ESG 目标与联合国可持续发展目标（SDGs）相对接，将 ESG 作为全
面评价城市经济、社会和环境可持续发展的工具。在城市可持续发展视角
下，"城市 ESG"基本包括了环境（绿色基础设施、应对气候变化等）、社
会（城市居住的包容性、公正性等）和治理（透明和高效的城市管理等）。
2023 年 2 月 10 日，AECOM、腾讯数字孪生、腾讯研究院联合发布了《ESG
引领下的西部城市再出发——新型城市竞争力策略研究白皮书》，对"企业
ESG"和"城市 ESG"做了系统比较。

表 11　"企业 ESG 治理"与"城市 ESG 治理"理念的对比

	企业 ESG 治理	城市 ESG 治理
环境（E）关注点	环保政策的限制要求碳排放相关的税负支出，气候引发的资产贬值和成本变化，环境引发的金融系统风险，环境导致的市场偏好和技术改变	城市温室气体减排绩效，城市土地利用变化情况，城市绿色技术创新投入水平，城市环境风险应对能力，城市污染和垃圾管理效率
社会（S）关注点	劳工生产中的安全事件，对劳工权利的重视不足，项目引发的群体性争议事件，人力资源培养的能力短缺，对消费者体验感的下降	城市消费环境与可负担性，社会劳动力水平和经济贡献力，城市对外形象及品牌建设，文体旅领域的供给端品质，社会组织发展水平
治理（G）关注点	违规操作导致的企业丑闻，监管和披露法规指引，管理层与董事会的统一性，收入分配差距过大，股东多样性和参与度不足	城市总体商务服务能力，城市企业家精神表现，城市绿色基建和智慧基建发展水平，城市运营绩效和市场主体活跃性，融资便利度、绿色金融创新水平

此外，部分研究机构、第三方机构基于 ESG 理念开展了对中国城市的 ESG 评价与研究，为了解不同城市可持续发展水平提供了重要参考。

表 12　部分机构对"城市 ESG"的评价研究

时间	机构	研究成果	特点
2021 年	证券时报	《2021 中国内地城市 ESG 排行榜》	● 在环境(E)、社会(S)和治理(G)三个维度下设立了超过 110 项底层指标，对中国内地各个地区的 ESG 水平进行了全面评估； ● 形成了内地省市 ESG10 强、省会城市 ESG10 强、副省级及计划单列市 ESG10 强、新锐城市 ESG20 强等榜单。
2023 年	清华大学全球可持续发展研究院	《中国地方政府 ESG 评级指标体系研究报告(2023)》	● 中国地方政府(地市级)ESG 指标体系包括环境、社会、治理 3 个维度的 9 个一级指标、17 个二级指标、32 个三级指标； ● 对 2016~2020 年 72 个城市的 ESG 发展情况展开评价
2024 年	香港中文大学(深圳)经管学院、深圳数据经济研究院、深圳高等金融研究院、上海交通大学上海高级金融学院	《中国城市 ESG 治理评价体系》	从城市治理、经济发展、生态环境、民生福祉以及精神文明 5 个维度 120 多个指标对 39 个中国重要城市(包含直辖市、计划单列市、副省级城市和省会城市)开展了宏观 ESG 治理评价体系研究。

资料来源：作者根据公开资料整理。

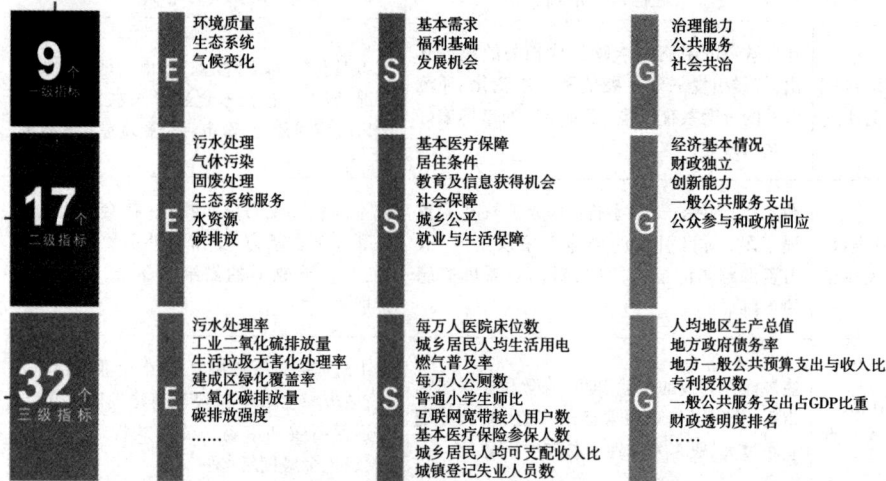

图 2　清华大学中国地方政府（地市级）ESG 评级指标体系

资料来源：作者根据公开资料整理。

（二）提升城市 ESG 投资视角

目前，城市在发展融资方面面临多重挑战和压力，如可持续基础设施发展融资障碍、基础设施投资不足、水和卫生投资不足等。城市发展 ESG 投资不仅有利于城市的发展，也有利于应对气候变化。

ESG 投资可以助力城市经济的高质量发展，因为 ESG 投资投向的是环境友好、社会友好的产业，包括但不限于绿色产业、数字经济、现代金融、先进制造等产业领域，可以有效助力城市经济转型，进而促进城市可持续发展。

城市可以通过多种途径推动 ESG 投资，如通过国有金融机构实施 ESG 策略，引导优质资本流向优质产业；也可以出台政策推动辖区内上市公司提升 ESG 信息披露等。

2016 年北京城市副中心规划建设全面启动以来，国家赋予其国家绿色发展示范区、全球绿色金融和可持续金融中心等绿色定位。2022 年 8 月，北京城市副中心发起了"副中心 ESG 绿色产业创新引擎"项目，构建了以北京 ESG 研究院、北京城市副中心绿投科技发展有限公司、副中心 ESG 主题股权投资基金（ESG 基金）三方为主的"一体两翼"结构，从而形成北京城市副中心内 ESG 研究、ESG 综合服务、ESG 产融投资的"研—产—投"闭环模式，协同推进北京城市副中心 ESG 发展与生态圈建设。

在研究领域，2023 年 6 月，南京市召开第二期"南京无想·ESG 可持续投资沙龙"，会上，仲量联行发布了《南京 ESG 可持续投资研究报告》，通过海量数据分析南京 ESG 的发展竞争力。

2023 年 11 月 11 日，IMA 管理会计师协会、北京市金融发展促进中心、中央财经大学可持续准则研究中心三方联合发布了《城市 ESG 投资发展指数》（UIDI-ESG）。城市 ESG 投资发展指数由可持续目标发展、绿色金融市场发展、投资环境发展、人力资本发展和开放合作发展 5 个分指数组成，通过 17 个二级指标及 40 个三级指标分别衡量 20 个样本城市生态环境、绿色金融市场规模、绿色经济发展集聚程度、先进技术创新能力、国际联通等方面的发展水平。

2024 年上半年，北京、上海和苏州三地发布的 ESG 政策中，有多处涉及 ESG 投资等内容。

表 13　北京、上海和苏州三地 ESG 方案中的 ESG 投资

北京方案	● 支持设立投资基金。支持通州区政府出资设立 ESG 主题股权投资基金，积极吸引社会机构参与，汇集各类金融资源与产业资本，重点投向绿色低碳，以及符合 ESG 相关理念的数字经济、现代金融、先进制造等城市副中心重点产业领域，大力培育符合 ESG 理念的优质企业，助力国家绿色发展示范区建设。 ● 促进 ESG 投融资实践。积极吸引践行 ESG 理念的公募基金管理公司、银行理财公司、保险公司、私募投资基金等机构在京落地。鼓励金融机构发行 ESG 相关金融产品，加强 ESG 金融产品的分级分类研究，增强 ESG 金融产品的信息透明度。按照市场化和风险可控原则，适当加大对 ESG 表现良好企业的融资支持，降低融资成本。 ● 支持北交所上市公司 ESG 建设。制定符合北交所上市公司实际的 ESG 信息披露规则，鼓励引导上市公司践行新发展理念，积极承担社会责任。加强对 ESG 相关规则、可持续发展理念的培训和宣传。鼓励北证 50 指数 2 样本公司中的北京市上市公司发布 ESG 报告，引领其他北京市上市公司和达到要求的挂牌公司披露 ESG 信息，持续提升上市公司和挂牌公司 ESG 信息披露质量。
上海方案	● 创新 ESG 金融服务和产品。鼓励本市金融机构在风险管理产品研发、投资决策等方面积极践行 ESG 理念，完善公司治理，主动开展 ESG 信息披露。支持金融机构、交易市场等主体加强 ESG 金融产品与服务创新，丰富 ESG 指数产品供给。鼓励金融机构按照市场化原则自主决策，为 ESG 评级高的企业提供利率优惠或简化业务办理流程。鼓励境内金融机构参与符合 ESG 理念的国际建设项目，提供信贷、股权、债权等多元化融资渠道。支持符合条件的境内外金融机构和企业依托上海金融市场发行 ESG 主题债券。支持 ESG 表现良好的企业发行上市。支持将 ESG 议题纳入陆家嘴论坛等重要会议及论坛活动。
苏州方案	● 强化绿色金融供给，鼓励本地金融机构创设 ESG 产业母基金或发展基金，发行绿色债券，支持中小企业 ESG 应用实践。 ● 支持金融机构加强 ESG 金融产品创新与服务创新，鼓励金融机构为 ESG 评级高的企业提供利率优惠或简化业务办理流程。实施"ESG 发展金融支持计划"，支持企业提升 ESG 能力，对申请并纳入"ESG 发展金融支持计划"的项目，按不超过同期贷款市场报价利率（LPR）的 50% 给予贷款贴息补贴，每家企业利息补贴金额最高不超过 200 万元。

资料来源：作者根据公开资料整理。

（三）提升城市产业 ESG 竞争力视角

城市的高质量发展离不开产业可持续、产城同频共振。从某些维度看，优秀的企业不但可以为城市增加税收、吸引大批优秀人才，还可以成为城市的"名片"。如果企业经营不负责任，会给运营所在地的安全与稳定带来风险。

因此，很多城市管理者希望出台政策，引导企业负责任经营、可持续发展。如 2023 年 10 月，马来西亚政府投资贸易与工业部（MITI）发布了国家产业 ESG 框架（National Industry ESG Framework），以帮助企业应对欧盟日益增加和严格的 ESG 规制对其企业出口的影响。

在中国，进入 21 世纪以来，部分城市陆续出台了引导企业履行社会责任的政策文件、标准指南，希望通过引导区域内企业践行 ESG 理念提升可持续发展能力，以应对外部日益严峻的产业竞争和提升本地企业的综合竞争力。

表 14　近年来中国部分城市出台的 ESG 政策文件

北京市	2016 年	《关于市属国企履行社会责任的指导意见》
	2024 年	《北京市促进环境社会治理(ESG)体系高质量发展实施方案》
上海市	2016 年	《关于本市国有企业更好履行社会责任的若干意见》
	2012 年	《上海市文明单位社会责任报告指导手册(试行)》
	2013 年	《上海市文明单位社会责任报告指导手册(修订版)》
	2007 年	《上海银监局上海银行业金融机构企业社会责任指引》
	2007 年	《关于推动浦东新区建立企业社会责任体系的意见和浦东新区社会责任导则》
	2007 年	《浦东新区推进企业履行社会责任的若干意见》
	2007 年	《浦东新区推进建立企业社会责任体系三年行动纲要(2007—2009)》
	2011 年	《浦东新区推进建立企业社会责任体系三年行动纲要(2011—2013)》
	2011 年	《浦东新区推进企业履行社会责任的若干意见(修订稿)》
	2024 年	《加快提升本市涉外企业环境、社会和治理(ESG)能力三年行动方案(2024—2026 年)》
浙江省	2009 年	《杭州市关于加强企业社会责任建设的意见》
	2010 年	《杭州市企业社会责任评价体系》
	2014 年	《杭州市企业社会责任评价规范》

续表

	2014 年	《杭州市委、市政府关于进一步深化企业社会责任建设工作的意见》
	2014 年	《杭州市企业社会责任建设促进办法》
	2008 年	《宁波市和谐企业(社会责任)评价指标体系》
	2011 年	《宁波市企业信用监管和社会责任评价办法》
	2012 年	《宁波市企业社会责任评价准则》
	2013 年	《宁波市最具社会责任企业奖评选管理办法(试行)》
	2008 年	《义乌市企业社会责任标准评判指标体系》
	2009 年	《义乌市企业社会责任评证实施办法》
浙江省	2008 年	《嘉兴市人民政府关于推动企业积极履行社会责任的若干意见》
	2014 年	《嘉兴市南湖区人民政府关于推动企业积极履行社会责任的若干意见》
	2013 年	《绍兴市经信委关于推动工业企业积极开展社会责任建设的若干意见》
	2014 年	《绍兴市柯桥区经济和信息化局关于推动工业企业积极开展社会责任建设的若干意见》
	2017 年	《绍兴市越城区经济和信息化局关于推进我区工业企业社会责任建设工作方案》
	2013 年	《丽水市经济和信息化委员会关于加强全市工业企业社会责任建设的若干意见》
	2017 年	《永康市关于推动企业积极履行社会责任的若干意见》
	2014 年	《海盐县人民政府关于推进企业积极履行社会责任的若干意见》
江苏省	2008 年	《无锡市人民政府新区管理委员会关于推进企业履行社会责任的若干意见》
	2008 年	《无锡新区企业社会责任导则》
	2009 年	《无锡新区履行企业社会责任评价体系(试行)》
	2008 年	《无锡新区企业社会责任体系建设三年(2008—2010 年)行动纲要》
	2004 年	《常州企业社会责任标准》
	2005 年	《常州企业社会责任标准实施意见》
	2017 年	《苏州工业园区企业社会责任评估体系》
	2024 年	《苏州工业园区 ESG 产业发展行动计划》 《苏州工业园区关于推进 ESG 发展的若干措施》
广东省	2007 年	《中共深圳市委深圳市人民政府关于进一步推进企业履行社会责任的意见》
	2015 年	《深圳市企业社会责任要求》
	2015 年	《深圳市企业社会责任评价指南》

	2008 年	《烟台经济技术开发区企业社会责任考核评价体系实施意见(试行)》
山东省	2010 年	《威海经济技术开发区关于建立企业履行社会责任激励约束机制的试行意见》
	2012 年	《长沙市人民政府关于加强企业社会责任建设的意见》
湖南省	2013 年	《长沙市企业社会责任评价试行办法》
	2013 年	《长沙市岳麓区人民政府办公室关于加强企业社会责任建设的意见》
河北省	2009 年	《石家庄市人民政府关于促进企业履行社会责任的指导意见(试行)》
福建省	2011 年	《厦门市属国有企业履行社会责任的指导意见》
重庆市	2012 年	《重庆市电子信息产业重点企业社会责任考核评估办法(试行)》

资料来源：作者根据公开资料整理。

四　城市 ESG 生态建设的五大建议

2024 年上半年，北京、上海和苏州三地拉开了城市 ESG "竞赛" 大幕，ESG 生态建设越来越成为区域/城市可持续竞争力的关注点。不同城市推动 ESG 发展，需要结合自身经济社会发展阶段和资源禀赋，可以采取多种视角或推进路径。结合部分城市的探索实践，本文对城市推动 ESG 生态建设提出以下建议。

（一）出台政策

区域政策要增强发展的平衡性协调性，区域/城市 ESG 不仅是国家可持续发展战略的有力支撑，也是区域/城市实现高质量发展的重要途径。城市管理者需要在明确自身战略方向的同时，结合地方特色有针对性地制定系列 ESG 政策。通过 ESG 政策，引导传统行业转型，鼓励、支持未来产业发展。

（二）产融结合

建设有效的城市 ESG 生态，既要发展 ESG 投资，也要推动企业高质量践行 ESG 理念，形成 ESG 投资和 ESG 产业"双轮驱动"的 ESG 生态圈。城市充分发挥 ESG 引导者的职责，推动信息披露、数据基底、评价标准等 ESG 基础设施建设，为 ESG 实践者、ESG 投资者与 ESG 服务提供商打造完善的 ESG 生态圈，帮助企业释放信号、吸引要素资源向 ESG 表现良好的优质企业集中，降低其融资难度，树立其长久经营、稳定经营的信心，培育能够勇担社会责任的企业主体，提振经济可持续发展能力。

（三）搭建平台

为鼓励、推动各方践行 ESG 理念，城市管理者需要主动搭建 ESG 平台，搭建有利于 ESG 发展的基础设施，包括但不限于：支持成立 ESG 专业机构搭建 ESG 研究平台，支持高校培训机构搭建 ESG 培训平台，支持专业机构利用大数据人工智能等先进技术搭建 ESG 数据与评价平台，支持举办 ESG 会议论坛等搭建 ESG 交流平台。

（四）赋能生态

ESG 生态体系建设对促进城市 ESG 发展发挥着关键作用。然而，由于 ESG 在中国还处于起步发展阶段，大多数 ESG 机构实力不强、专业不强、资源不足。城市管理者需要从政策、资金、平台等多方位促进城市 ESG 生态体系的健康快速发展。如为构建民营企业践行 ESG 的良好生态，2024 年 5 月苏州市工商联、市委金融办、市发改委、市国资委、市市场监管局等五部门联合印发《构建民营企业 ESG 生态体系相关重点工作的实施方案》，提出组建苏州市企业可持续发展生态联合会、制定苏州新能源 ESG 有关标准、建立民营企业 ESG 数字化生态平台等七项重点工作举措。

（五）加强监管

鉴于 ESG 在中国仍处于起步发展阶段，部分企业在经营压力下对践行

ESG 认识不科学，对 ESG 理念认知不足。城市管理者要对企业 ESG 违规行为加强监管，确保城市 ESG 政策能够落地。另一方面，中国 ESG 第三方服务机构仍处于"野蛮生长"阶段，城市管理者需要引导、监控 ESG 第三方服务机构，确保其为企业提供合规、专业的 ESG 服务。

B.6

ESG 助力"双碳"目标实现的作用机制与策略路径

瞿伟锋*

摘 要: ESG 在推动"双碳"目标实现中扮演关键角色。本报告深入剖析了 ESG 在实现"双碳"目标中的作用机制,提出环境维度力促减排提效,企业以节能减排、可再生能源与资源循环为核心策略;社会维度强化责任与公平,推动企业兼顾社区与环境,赢得社会低碳转型的广泛支持;治理维度确保高标准透明与问责,为"双碳"目标奠定坚实管理基础。通过电子电器、汽车、金融及服务等行业的实践案例,展示了 ESG 投资在促进低碳发展中的多元路径与显著成效。同时,提出加强政策支持、企业行动、社会参与及国际合作等策略路径,以应对数据标准化、资金可持续性、技术创新及监管有效性等挑战,构建 ESG 助力"双碳"目标的策略体系。

关键词: ESG "双碳"目标 可持续发展

"双碳"目标,即碳达峰与碳中和目标,是中国为应对全球气候变化、推动国内绿色低碳发展而制定的重大战略决策。这一目标的提出,不仅体现了中国作为负责任大国的国际担当,也标志着中国经济结构和能源消费模式即将迎来深刻变革。

全球气候变化已成为全人类共同面临的严峻挑战,对生态系统、粮食安

---

* 瞿伟锋,上海莱巍爵供应链管理有限公司(Leverage Limited)可持续发展委员会主席,中华环保联合会 ESG 专业委员会专家委员,上海现代城市国际化科学研究中心首席 ESG 研究员。

全、水资源及人类健康构成了重大威胁。为应对这一挑战，国际社会通过《巴黎协定》等多边协议，携手努力控制全球平均温度上升，并致力于减少温室气体排放。中国作为世界上最大的发展中国家和主要温室气体排放国之一，在全球气候治理中扮演着举足轻重的角色。

中国正处于工业化、城镇化快速推进的关键时期，经济结构和能源消费模式亟待转型升级。长期以来，高碳的化石能源依赖导致了严重的环境污染和生态破坏问题。为实现可持续发展，中国提出了绿色发展理念，并将生态文明建设纳入国家发展总体布局。通过设定"双碳"目标，中国旨在推动经济结构优化升级，促进能源消费向清洁、低碳、高效方向转型，同时加快绿色技术和产业的发展，提高碳汇能力，实现经济社会发展与生态环境保护的和谐共生。

全球气候变化正对供应链的稳定性与可持续性提出前所未有的挑战。从原材料采购到产品分销，供应链的每一个环节都受到波及。《巴黎协定》等国际多边协议的签署，彰显了全球范围内控制温室气体排放、应对气候转型风险的坚定决心和共同行动。

中国供应链正处于转型升级的关键时期，面临着从高碳向低碳、从资源消耗型向环境友好型转变的迫切需求。为实现供应链的可持续发展，中国积极践行绿色发展理念，将生态文明建设融入国家发展总体布局。通过"双碳"目标的设定，中国旨在推动供应链的优化升级，促进能源消费向清洁、低碳、高效方向转型，并加快绿色技术和产业的发展，提高供应链的碳汇能力，实现经济效益与生态环境保护的双重目标。

一　ESG 在实现"双碳"目标中的作用

（一）ESG 对"双碳"目标的实现具有重要影响

ESG（环境、社会和公司治理）原则在推动供应链实现"双碳"目标中发挥着至关重要的作用。具体而言，ESG 在以下三个方面对"双碳"目标的实现具有重要影响。

环境（Environmental）：ESG 中的环境标准要求企业减少能源消耗和温室气体排放，推动供应链的绿色转型。这包括优化物流流程以减少运输过程中的排放，采用清洁能源，提高供应链各环节的资源利用效率，以及推动绿色技术和循环经济的创新应用。通过这些措施，企业能够有效降低供应链的碳足迹，为实现"双碳"目标贡献力量。

社会（Social）：ESG 的社会标准强调企业在供应链管理中的社会责任，包括保障员工权益、改善工作条件、提供公平的劳动报酬以及尊重人权。此外，企业还应积极参与社区建设，通过支持当地发展项目和开展 ESG 培训等方式，提高公众对气候变化和可持续发展的认识。这些举措有助于构建和谐的供应链生态，为"双碳"目标的实现提供坚实的社会基础。

公司治理（Governance）：ESG 的公司治理标准要求企业建立透明的供应链管理机制，确保决策过程的公正性和透明度。同时，企业应建立健全风险评估和管理流程，以识别和缓解与气候变化相关的风险。企业还应遵守商业道德，确保供应链的所有活动都符合环境和社会责任的要求。这些治理措施有助于提升企业的整体管理水平，为"双碳"目标的实现提供有力的制度保障。

（二）大力发展 ESG 的紧迫性和重要性

大力发展 ESG（环境、社会和治理）不仅是对企业自身发展的必然要求，也是响应国家政策、满足市场需求、促进国际合作的必然选择。

1. 紧迫性

随着全球气候变化的日益严峻，减少温室气体排放、实现碳达峰和碳中和已成为国际共识。ESG 中的环境标准要求企业减少能源消耗和排放，提高资源利用效率，这与"双碳"目标高度契合。因此，大力发展 ESG 是应对全球气候变化、实现可持续发展的迫切需求。

公众对环保的意识不断提高，并且市场对绿色、低碳产品和服务的需求不断增长。企业若想在竞争激烈的市场中立足，就必须满足消费者对环保和社会责任的要求。ESG 实践能够帮助企业提升品牌形象，吸引更多关注可持续发展的消费者。

ESG 有助于企业识别和管理与环境、社会和治理相关的风险。在全球化和数字化的背景下，企业面临的外部风险日益复杂多变。通过加强 ESG 实践，企业可以提高抗风险能力，确保长期稳定发展。

2. 重要性

ESG 表现良好的企业往往能够吸引更多的投资者和合作伙伴。随着投资者对 ESG 因素的重视程度不断提高，那些具有良好 ESG 表现的企业在资本市场上将更具竞争力。此外，ESG 实践还有助于企业提高运营效率、降低成本，从而增强整体竞争力。

并且 ESG 理念强调企业应承担社会责任，包括对员工的公平待遇、对社区的积极贡献以及对人权的尊重。这有助于构建一个公平、包容的社会环境，为企业的可持续发展提供良好的社会氛围。同时，企业通过 ESG 实践还能促进就业、改善民生，为社会和谐发展贡献力量。

中国政府高度重视 ESG 理念，将其作为推动经济社会发展全面绿色转型的重要抓手。通过出台相关政策、鼓励企业采纳 ESG 标准等措施，政府旨在引导企业向绿色低碳方向发展。大力发展 ESG 将有助于加快经济绿色转型步伐，推动中国经济实现绿色高质量发展。

在全球化的背景下，ESG 已成为国际合作和交流的重要语言。通过加强 ESG 实践，中国企业可以更好地融入全球市场，参与国际竞争与合作。这不仅有助于提升中国企业的国际形象和影响力，还能为中国企业带来更多的国际合作机会和发展空间。

二 ESG 与"双碳"目标的关联

（一）环境（E）：节能减排、绿色能源、循环经济

首先，企业应加大对绿色技术的战略性投资，鼓励技术创新，以驱

动生产效率与环保性能的双重提升。通过研发高效节能设备、改进生产工艺以及探索清洁能源的应用,企业能够在源头上减少能源消耗与温室气体排放。

其次,优化生产流程是提升资源利用效率的关键。企业应致力于流程再造与精益生产,减少生产过程中的浪费与污染,确保资源得到最大化利用。同时,通过引入智能化管理系统,实现生产过程的精准控制与持续优化,进一步提升生产效率与产品质量。

与供应链伙伴建立紧密合作关系也至关重要。企业应积极倡导绿色供应链理念,与供应商、物流商等合作伙伴共同制定并执行环保标准,推动整个供应链的绿色转型。通过协同合作,企业可以共享减排成果,降低转型成本,并共同应对外部环境的变化。

此外,充分利用政策扶持也是推动企业绿色转型的重要手段。企业应密切关注国家及地方政府的环保政策与激励措施,积极申请相关补贴与优惠,降低绿色转型的财务压力。同时,通过政策引导,企业可以更加明确绿色转型的方向与路径,确保转型工作的有序进行。

在品牌建设方面,企业应强化环保元素的融入,通过环保理念传播与绿色产品推广,吸引更多具有环保意识的消费者。这不仅有助于提升企业的品牌形象与社会责任感,还能为企业开辟新的市场增长点,增强市场竞争力。

为了确保绿色转型的持续有效推进,企业应建立环境绩效监测系统,对供应链各环节的环保表现进行定期评估与监测。通过数据分析与问题诊断,企业可以及时发现并纠正环保工作中的不足之处,制定改进措施并推动持续改进。

同时,通过积极的社会沟通策略,企业可以提高公众对绿色转型的认知与接受度。通过公开透明地披露环保信息、参与环保公益活动以及加强与利益相关方的沟通互动,企业可以赢得更多社会支持与认可,为绿色转型营造良好的外部环境。

最后,保持高度的市场敏锐度也是企业绿色转型成功的关键。在外部环境不断变化的情况下，企业应密切关注市场动态与消费者需求的变化趋势，灵活调整绿色转型的策略与方向。通过不断创新与改进，企业可以确保绿色转型与市场需求的紧密结合，实现经济效益与环保效益的双赢。

（二）社会（S）：社会责任、公众参与、绿色就业

社会维度，作为 ESG（环境、社会与治理）框架的基石，凸显了企业在追求经济效益的同时，对社会责任的深刻承诺，旨在促进社会的整体福祉与环境的可持续性。企业需通过一系列举措，包括但不限于提供公正的工作条件、赋能社区发展、践行环境友好的业务模式、坚守公平贸易准则、积极参与社区活动、维护透明度并追求持续改进，以及倡导有益于社会与环境的政策导向，来全面履行其社会责任。这些努力不仅能够有效提升企业的品牌形象与市场竞争力，更是对构建一个更加和谐、可持续社会的宝贵贡献。

首先，企业应将社会责任融入其发展战略的核心，确保在运营的每一个环节都体现出对员工的尊重、对消费者权益的保障、对供应链管理的优化以及对社区发展的支持。通过实施类似 SA8000 等国际认可的社会责任管理体系标准，企业能够系统地评估并改进其社会责任表现，确保员工享有公平待遇、劳工权益得到充分尊重，同时推动多元化与包容性文化的建设，确保服务的高品质与价值传递。

其次，公众作为环境可持续发展的重要驱动力，其参与度的提升对于实现"双碳"目标至关重要。企业应通过开放透明的沟通机制，积极邀请消费者、投资者及社区成员参与环境保护与气候变化的讨论与行动，建立基于信任的合作伙伴关系，共同推动社会向更加绿色、低碳的方向迈进。

随着绿色经济的蓬勃发展，绿色就业已成为缓解经济转型压力、促进个人职业发展与企业可持续发展的新引擎。企业应把握这一机遇，通过投资于能源转型与绿色技术的研发与应用，创造更多绿色就业岗位，并为员工提供必要的培训与教育，帮助他们掌握新技能，适应绿色经济的发展需求。此举

不仅有助于解决就业难题，还能为企业自身培养未来所需的人才，奠定坚实的可持续发展基础。

（三）治理（G）：政策制定、企业治理、市场监管

治理作为 ESG（环境、社会与治理）框架的第三大支柱，其重要性不言而喻。它不仅是企业内部管理机制的基石，也是企业外部形象和声誉的保障，对于推动企业可持续发展和社会责任的全面履行具有至关重要的作用。

优秀的政策制定是企业治理的先决条件。企业应基于长远视角，制定既符合国际最佳实践又适应本土市场需求的环境保护、社会责任及内部治理政策。这些政策需具备足够的灵活性和前瞻性，以应对快速变化的市场环境和法规要求，确保企业在任何情况下都能保持稳健的运营和明确的战略方向。

企业治理的核心在于实现决策的透明化、权力分配的合理化以及监督机制的有效性。企业应致力于构建独立、专业的董事会和监事会，确保决策过程公开透明，同时加强对管理层行为的监督，防止机会主义行为的发生。此外，企业还应积极推行反腐败、反贿赂政策，保护股东和利益相关者的合法权益，营造风清气正的企业文化氛围。

在实现"双碳"目标的过程中，市场监管发挥着至关重要的作用。政府和相关监管机构应通过立法手段确立严格的环保标准和碳排放限制，同时提供税收优惠、财政补贴等激励措施，降低企业绿色转型的成本。此外，还应建立碳排放交易市场，利用市场机制促进减排。在监管方面，应强化核查机制，确保企业数据的真实性和准确性，严厉打击"漂绿"行为，维护市场诚信。同时，鼓励公众参与监管，提高市场透明度，形成全社会共同参与的监管格局。

在推动治理维度实践的过程中，政府与企业之间的协同作用至关重要。政府应通过立法和政策引导，为企业提供明确的转型方向和激励措施；同时，加强监管和执法力度，确保各项政策得到有效执行。企业应积极响应政府号召，加强内部管理，提升治理水平，为实现碳达峰和碳中和目标贡献自

已的力量。通过政府与企业的紧密合作,共同推动经济社会的绿色低碳转型。

三 ESG 在不同行业的"双碳"实践

随着全球对可持续发展的重视,企业正面临转型压力,以适应新趋势。ESG 标准成为企业确保在环境、社会和治理方面促进长期价值创造的框架。

(一)电子电器行业:清洁能源转型与碳交易机制

在电子电器行业,ESG(环境、社会和治理)的实践主要体现在推动清洁能源转型和实施碳交易机制上。以行业领先的浙江正泰电器股份有限公司(以下简称"正泰电器")为例。

【案例】正泰电器:引领绿色低碳转型,迈向零碳未来

正泰电器积极推动绿色低碳转型,成立了可持续发展委员会;发布了"零碳宣言",明确了 2028 年运营碳中和(含碳抵消)、2035 年运营净零碳排放、2050 年全价值链净零碳排放的目标。

在绿色低碳转型的浪潮中,正泰电器展现出了强劲的引领力(见图1)。2021 年,全国用户光伏装机激增,新增 21.6GW,同比增长 113%,占全年新增光伏装机总量的 41%,并在新增分布式光伏装机中占据了约 75% 的份额。这一趋势在 2022 年得以延续并加速,国内光伏电站新增装机达到 87.41GW,同比增长 59.3%,其中分布式光伏电站更是以 74.6% 的增速,新增装机 51.11GW[①]。进入 2023 年上半年,我国光伏新增装机更是达到了 78.4GW,同比增长 154%,这一数据背后,正泰电器以其先进的技术和丰富的项目经验,积极推动着绿色低碳转型的进程。

---

① 根据企业提供材料整理。

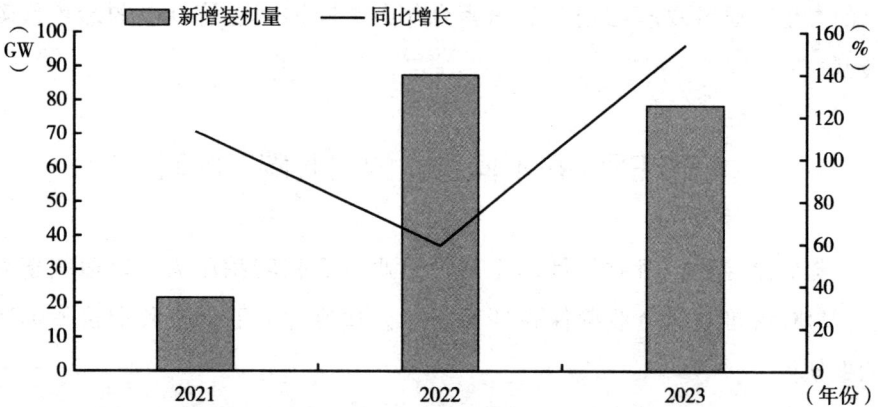

图1　低碳转型增长——正泰电器光伏新增装机

资料来源：根据企业公开信息统计。

【案例】天合光能：建立"零碳体系"

天合光能股份有限公司（以下简称"天合光能"）坚持践行 SOLAR 可持续发展管理理念，主动肩负对环境、社会及利益相关者的责任，高度重视自身生产经营过程中对环境带来的影响。2023 年，天合光能建立"零碳体系"，覆盖"零碳运营—零碳价值链—零碳产品"维度，明确"在 2030 年全球组织运营层面力争实现碳中和"的气候雄心。

2024 年天合光能盐城大丰基地成功通过 TÜV 莱茵"零废"工厂和"零碳"工厂认证审核，荣获"零废"工厂认证证书和 2023 年度"零碳"工厂（Ⅰ型）三星认证证书，成为光伏行业首个获得该机构颁发"零废"工厂证书的企业。天合光能也成为业内首个获得 TÜV 莱茵"双零"工厂认证的企业。2024 年 6 月底，TÜV 莱茵依据《废弃物零填埋管理体系要求及使用指南》和《零碳工厂评价规范》，对天合光能盐城大丰基地的废弃物管理体系和零碳工厂实施情况进行了全面评估和严格审核。废弃物管理方面，基地最终以废弃物填埋转移率（WDR）99.58% 的成绩，获得"零废工厂"三星认证，这也是该认证的最高等级。

（二）汽车行业：绿色供应链管理与产品设计回收

汽车行业在 ESG（环境、社会和治理）实践中，致力于构建绿色供应链和优化产品设计与回收流程。以奇瑞集团为例，通过实施严格的供应链管理政策，有效减少了产品的环境足迹。

【案例】奇瑞集团：绿色供应链与社会责任的典范

奇瑞汽车集团（以下简称"奇瑞"）积极响应国家"双碳"目标，在过去几年中，通过不懈努力，在节能减排领域取得了显著成就。2022 年至 2024 年间，公司的光伏发电量从 1400 万度增长至 1800 万度，显示出对绿色能源应用的积极态度与实际行动。同时，节水量也稳步增长，从 2022 年的 18 万吨提升至 2024 年的 22 万吨，体现了公司在水资源管理方面的持续优化。在节气量方面，奇瑞同样表现出色，从 85.2 万立方米增加至 115 万立方米，彰显了公司在提升能源利用效率上的不懈努力。最引人注目的是减碳量，从 2022 年的 11 万吨增加到 2024 年的 15 万吨，这标志着奇瑞在减少碳排放、推动绿色低碳转型方面取得了实质性进展。

社会责任方面，奇瑞投身环境保护、精准扶贫、捐资助学等公益慈善活动，并在紧急救灾中迅速响应。同时，奇瑞重视员工职业发展，提供培训和学习机会，增强企业的社会责任感。奇瑞的这些实践不仅促进了自身的可持续发展，也为中国汽车企业履行社会责任提供了示范性创新方案，为行业的绿色转型和社会责任履行树立了标杆，获得了行业和社会的广泛认可。

表 1　奇瑞实行"双碳"目标后的光伏、节水、减碳量

年份	光伏发电量 （万度/年）	节水量 （万吨/年）	节气量 （万立方米/年）	减碳量 （万吨/年）
2022	1400	18	85.2	11
2023	1600	20	100	13
2024	1800	22	115	15

资料来源：根据企业公开信息统计。

（三）金融行业：绿色金融产品与可持续投资

在"双碳"目标相关政策的引导下，我国正致力于加快促进循环经济的发展。进一步完善的措施包括发行绿色债券、提供绿色信贷、设立绿色基金以及参与碳交易市场，旨在为环保项目和可再生能源的发展提供资金支持。

【案例】泸州银行：创新金融产品和服务，助力绿色信贷发展

泸州银行成立于 1997 年 9 月，为泸州市属国有企业。于 2018 年 12 月在香港联交所主板上市，股票代码"1983.HK"，是西部地区地级市中首家上市银行。作为一家具有地方特色的城市商业银行，泸州银行积极践行绿色发展理念，响应国家"双碳"政策和"稳字当头，稳中求进"的经济工作基调，多措并举促进经济、社会和环境效益协调发展。

2020 年，泸州银行与泸州市生态环境局共建了西部首个个人绿色积分体系"绿芽积分"。"绿芽积分"以微信小程序为载体，利用互联网数字技术，全方位采集用户绿色金融、绿色生活、绿色循环等多个维度数据，带动用户积极参与衣食住行用低碳生活多个场景，并运用碳减排方法进行核算，进一步展现在绿色低碳的建设成果。"绿芽积分"曾先后获评 2021 年"美丽中国我是行动者"全国十佳公众参与案例、全国 2022 智慧环保十佳创新案例、第七届数字中国建设峰会典型应用，上榜《福布斯》杂志 2022 年全球区块链 50 强榜单。

2022 年 3 月，泸州银行荣获四川省银行业协会颁发的"2019~2020 年度最佳普惠金融奖"；2023 年 12 月在和讯网主办的第二十一届中国财经风云榜评选中荣获"2023 年度普惠金融先锋银行"。泸州银行于 2024 年 8 月 30 日入选由中国金融传媒股份有限公司评定的《城商行 ESG 综合表现 TOP20 榜》，ESG 等级为"A"。

（四）电力行业："双碳"领航与产业赋能

电力行业作为国民经济的基础产业，正积极践行国家"双碳"战略，不仅致力于自身的清洁低碳发展，更通过技术创新与服务升级，推动下游行业实现绿色转型。

【案例】国网浙江余姚供电公司：绿色"塑"变，探索塑料行业下游低碳管理

国网浙江省电力有限公司余姚市供电公司（以下简称"余姚公司"）下设 10 个职能部门、4 个业务支撑实施机构、9 个供电所，担负着余姚市 21 个乡镇街道 1526 平方公里面积内超 63 万用户的供用电服务。余姚公司一直秉承社会责任是企业发展基本底色的观念，坚决落实上级公司战略部署开展电网建设，服务经济社会发展大局。

浙江宁波余姚素有"塑料王国"之称，这座居 2022 年度全国综合实力百强县市第 12 的城市，涉塑产业占一半以上，其低碳发展水平影响全市经济的高质量发展水平。余姚公司充分发挥能源服务、电网技术和人才等资源优势，联合余姚本地塑料龙头企业建立战略合作，充分发挥其示范带动作用，主动牵头成立了绿"塑""碳"索者团队，探索出"政府主导、电力先行、行业龙头驱动"多方合作共赢新模式。

监"碳"足迹：余姚公司依托当地能源双碳大数据平台，联合龙头企业智能管理系统，共同打造用户侧碳排放智慧能源管理平台。通过七大流程，全过程监测"碳"排放足迹，实现碳排放监测预警、碳核算数据统计等功能。

绿"碳"源头：余姚公司充分发挥能源服务优势，积极推动从生产加工侧引入绿色清洁能源，提供"一站式"全流程服务，确保企业便捷、及时、高效并网发电。

集"碳"减排：压缩空气作为塑料企业的主要动力来源，用能占 40%~70%。余姚当地小微企业众多，存在管输送管网结构设计不合理、缺

乏维护等问题，导致能源转换率低，能源浪费居高不下。余姚公司通过企业走访、前期评估、能耗检测及分析，在园区广泛推广共享型压缩空气站，对多家企业进行集中供气，使压缩空气更稳定、更安全、成本更低。

创"碳"名片：姚公司发挥其电力数据资源优势，前期主动为申请企业提供上门服务，填写碳资信评价相关表格，帮助企业在上海环境能源交易所申请，获得"碳资信"认证，为企业办理低息项目贷款提供支撑。

（五）服务行业：专业服务助力低碳转型发展

在当今全球气候变化和环境保护意识日益增强的背景下，服务行业的专业力量正成为推动低碳转型发展的重要驱动力。通过提供高效、创新的服务解决方案，服务行业不仅能够帮助企业减少碳足迹，还能促进整个社会的可持续发展。

【案例】上海莱巍爵供应链管理有限公司：绿色低碳发展及影响力传播

上海莱巍爵供应链管理公司（以下简称"莱巍爵"）作为联合国全球契约组织（UNGC）和气候相关财务信息披露工作组（TCFD）的成员，很早就从事绿色低碳相应的服务，并关注自身的绿色发展。

莱巍爵在"双碳"领域为企业提供诸如组织碳核查、产品碳足迹核算、企业碳中和方案定制、零碳工厂、绿色供应链评价、"双碳"标准及政策研究等可持续发展服务。

莱巍爵已经连续三年依据 TCFD/IFRS S2 发布公司的碳中和路线图行动报告，披露自身绿色低碳实践、公司的温室气体排放及目标实现路径。

为了实现长远的绿色低碳发展目标，莱巍爵在 2022 年 11 月被科学碳目标 SBTI 批准成为全球 TIC 第三方行业首家获批机构后，其承诺在 2030 年实现符合 $1.5℃$ 发展轨迹的范围 1 与 2 减排 42% 的阶段性目标，在 2035 年实现符合 $1.5℃$ 发展轨迹的范围 1、范围 2 和范围 3 减排 95% 的净零排放目标。此举充分展现莱巍爵在应对气候变化方面的领导力以及对持续减排行动的雄心。

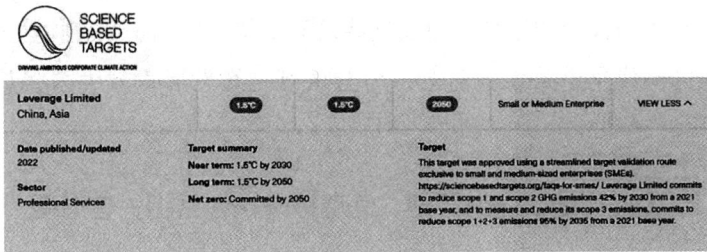

图 2　上海莱巍爵（Leverage）在 SBTi 平台上的批准信息

资料来源：根据公开资料整理。

四　推动 ESG 发展的策略和措施

（一）政策支持：国家层面的法规和激励机制

国家层面的政策支持在推动环境、社会和治理（ESG）实践中起着至关重要的作用。在中国，政府通过制定一系列政策和法规，如《环境保护法》和《能源节约法》，来规范企业行为，确保资源的可持续利用，并促进社会公平与正义。我国政府还实施了多种激励措施，包括税收减免、财政补贴和绿色信贷政策，以降低企业的转型成本，鼓励企业投资于清洁能源、能效提升和社会责任项目。例如，中国的绿色金融政策鼓励金融机构为环保项目提供资金支持，促进了绿色债券和绿色基金的发展。

我国的"十四五"规划和 2035 年远景目标纲要明确提出了绿色发展的路径，强调了生态文明建设和实现碳达峰、碳中和目标的重要性。规划中提出了加快发展绿色低碳经济，推动能源结构的优化升级，以及构建绿色低碳循环发展的经济体系。此外，还积极参与国际合作，通过"一带一路"倡议等多边合作平台，推动绿色基础设施建设和可持续发展项目的实施，展现了中国在全球环境治理中的责任和担当。

这些政策和措施共同构成了中国推动 ESG 实践的坚实基础，不仅为企业提供了明确的方向和动力，而且确保企业在追求经济效益的同时，也充分考虑到对环境和社会的影响。通过这些政策支持，中国正朝着构建人与自然和谐共生的现代化道路稳步前进，为全球可持续发展贡献中国智慧和中国方案。

（二）企业行动：内部管理、信息披露、利益相关者沟通

企业在推动环境、社会和治理（ESG）实践方面发挥着至关重要的作用。它们必须将 ESG 原则融入核心运营策略，以确保其决策和业务活动能够促进环境的可持续性、社会的包容性以及治理的透明度。这通常涉及制定和实施环境管理系统（EMS）、社会责任政策以及企业治理准则等内部政策和流程。

为了有效地推进 ESG 实践，建议企业成立专门的 ESG 或可持续发展部门。这些部门负责监督和推动与 ESG 相关的倡议和项目，确保企业在这些领域的活动既有效运行又有可追溯性。

国内企业普遍通过定期发布 ESG 报告来向投资者、消费者和其他利益相关者展示其在环境保护、社会责任和公司治理方面的进展和成就。这些报告遵循国际认可的框架，如全球报告倡议（GRI）、可持续发展会计准则委员会（SASB）和国际综合报告理事会（IIRC）等，以确保信息的标准化和可比性。中国证监会也积极鼓励上市公司披露社会责任报告，并推动将 ESG 因素纳入投资决策过程。这些举措不仅提升了企业的国际竞争力，还为全球可持续发展做出了积极贡献。通过这些努力，企业不仅展现了其对社会责任的承诺，也在全球范围内树立了良好的企业公民形象。

（三）社会参与：公众教育、非政府组织的作用

社会参与在环境、社会和治理（ESG）领域内扮演着至关重要的角色，其重要性主要通过公众教育和非政府组织（NGOs）的作用得以体现。

公众教育是构建社会对 ESG 议题认知和理解的基础。教育策略旨在通过系统化的知识传递，促进社会成员对环境可持续性、社会责任和企业治理

的认识。学术研究强调，教育能够激发公民的环境意识，培养其对社会责任的认同，以及对良好治理实践的支持。此外，教育还被视为一种工具，能够促进公民参与和社区赋权，增强社会对 ESG 议题的响应能力。

NGOs 在推动 ESG 议程方面发挥着核心作用。学术文献指出，NGOs 通过其专业知识、网络和倡导能力，对企业和政府行为施加影响。它们在特定议题上的深入研究和分析，为政策制定者和公众提供了宝贵的信息和见解。NGOs 还通过监督和评估企业及政府的 ESG 表现，促进透明度和问责制。此外，NGOs 在促进多方利益相关者对话和合作方面起着桥梁作用，有助于形成共识并推动 ESG 相关政策和实践的实施。

在"双碳"目标的背景下，公众环境研究中心（IPE）和中国责任供应链数据平台（CSRD），正在发挥重要作用，推动社会向碳达峰和碳中和目标迈进。IPE 通过其蔚蓝地图平台，不仅提升了环境信息的透明度，还特别关注企业的碳排放数据，为公众和利益相关方提供了重要的参考信息。这有助于促进企业采取行动减少温室气体排放，并支持政府在环境监管和碳减排方面的决策。IPE 与政府的合作也致力于推动与"双碳"目标相符的环境立法和政策，加强了对企业的环境责任和绿色转型的引导。同时，CSRD 通过将链主、供应商、相关服务商融合在一个平台上，实现专业技术服务资源整合与供应链互认关系的实现，同时提升服务质量、效率，降低企业的综合运营成本，并推动平台上的相关方共同实现可持续发展。

（四）国际合作：跨国界的技术交流和经验分享

国际合作在环境、社会和治理（ESG）实践中扮演着至关重要的角色，特别是在跨国界的技术交流和经验分享方面。

跨国界的技术交流允许国家之间共享和采用最佳实践，加速创新技术的传播。这种交流可以通过国际组织、双边或多边协议以及学术和行业合作网络来实现。联合国全球契约（UNGC）、科学基础目标倡议（SBTi）和联合国负责任投资原则（UNPRI）等组织在推动企业和社会实现可持续发展目标方面发挥着关键作用。这些组织通过提供指导、标准和框架，帮助各方识别和实施有效的 ESG 策略，共同应对全球性的环境和社会挑战。

通过国际会议、研讨会和工作坊，各国代表可以交流信息，讨论策略，并从彼此的经验中学习。此外，国际发展机构和非政府组织也经常组织培训和能力建设项目，帮助发展中国家提高其 ESG 实践。

联合国气候变化框架公约（UNFCCC）通过其下的《巴黎协定》，促进了全球范围内的气候行动合作，各国承诺减少温室气体排放，并分享减排技术和策略。为响应《巴黎协定》并实现中国的国家自主贡献目标，2018 年 9 月，大道应对气候变化促进中心联合万科公益基金会、阿拉善 SEE 基金会等机构，在气候行动峰会上启动了中国企业气候行动（CCCA）。

国际合作对于推动全球 ESG 实践至关重要。跨国界的技术交流和经验分享不仅有助于加速 ESG 解决方案的开发和实施，还促进了全球范围内的知识共享和学习。这种合作有助于克服单一国家在实现 ESG 目标时可能遇到的资源和能力限制，共同应对全球性的 ESG 挑战。

五　面临的挑战与解决方案

在当今全球化的背景下，环境、社会和治理（ESG）已成为衡量企业可持续发展的重要指标。ESG 实践的成功不仅取决于企业的内部管理，还依赖于外部环境的支持，包括数据和信息披露的标准化、资金和投资的可持续性、技术和创新的推广应用以及监管和执行的有效性。本文将深入探讨这些关键因素，分析它们如何共同推动 ESG 实践的发展。

（一）数据和信息披露的标准化

数据和信息披露的标准化是 ESG 实践的基石。在缺乏标准化披露的情况下，企业和投资者难以准确评估和管理 ESG 风险和机遇。标准化的披露框架能够提供一致的、可比较的信息，帮助利益相关者做出明智的决策。

全球报告倡议（GRI）标准、可持续发展会计准则委员会（SASB）标准和国际综合报告框架（IIRC）等国际框架为企业提供了一系列披露指南。

这些指南涵盖了环境影响、社会责任和治理实践等多个方面，帮助企业系统地收集和报告 ESG 数据。标准化的信息披露不仅提高了透明度，还促进了企业之间的比较和竞争。投资者和消费者可以更容易地识别那些在 ESG 方面表现优秀的企业，从而推动整个行业向更高的标准迈进。

（二）资金和投资的可持续性

资金和投资的可持续性是推动 ESG 实践的另一个关键因素。随着社会对环境和社会问题的关注日益增加，投资者越来越倾向于将 ESG 因素纳入投资决策过程。

绿色金融、社会责任投资（SRI）和 ESG 整合投资等策略正在成为主流。这些策略不仅关注企业的财务表现，还考虑其环境和社会影响。通过支持那些致力于可持续发展的企业，投资者可以推动整个行业向更可持续的方向发展。此外，许多金融机构和投资者也开始要求企业披露其 ESG 表现。这种要求促使企业更加重视 ESG 实践，并将其纳入战略规划和日常运营中。

（三）技术和创新的推广应用

技术和创新在应对 ESG 挑战中发挥着至关重要的作用。从清洁能源技术到循环经济模式，再到智能城市解决方案，创新技术为实现可持续发展提供了新的可能性。

企业需要投资于研发和创新，开发新的产品和服务，以减少环境影响并提高社会福祉。政府和学术界也应该与企业合作，共同推动技术创新和应用。此外，推广和应用这些技术也需要政策和市场的支持。政府可以通过提供研发补贴、税收优惠和市场准入等措施，鼓励企业采用和推广新技术。市场机制，如碳交易和绿色认证，也可以激励企业采用更环保的技术。

（四）监管和执行的有效性

监管和执行的有效性是确保 ESG 实践成功的保障。政府和监管机构需要制定明确的政策和法规，指导企业的 ESG 行为，并确保这些政策得到有效执行。

有效的监管不仅包括制定政策，还包括监督和执行。监管机构需要监督企业的 ESG 报告和披露，确保信息的准确性和完整性。此外，监管机构还需要对违反 ESG 规定的企业进行处罚，以维护市场秩序和公平竞争。

除了政府监管，行业自律和第三方认证也在 ESG 实践中发挥着重要作用。行业组织可以制定行业特定的 ESG 标准和指南，帮助企业提高 ESG 实践。同时，第三方认证机构的介入，为企业的 ESG 表现提供了客观、公正的评估与验证，增强了 ESG 信息的可信度与透明度，进一步促进了全球 ESG 实践的健康发展。

数据和信息披露的标准化、资金和投资的可持续性、技术和创新的推广应用以及监管和执行的有效性，共同构成了推动 ESG 实践的框架。这些因素相互支持，共同促进企业的可持续发展，帮助应对环境和社会挑战，实现全球可持续发展目标。然而，ESG 实践的成功也需要企业、政府、投资者、消费者和其他利益相关者的共同努力。只有通过各方的合作和协调，才能实现真正的可持续发展。此外，ESG 实践也需要不断的创新和改进。随着社会的发展和科技的进步，新的 ESG 挑战和机遇将不断出现。企业和利益相关者需要保持敏锐的洞察力，不断探索和实践新的 ESG 解决方案。最后，ESG 实践也需要全球视野。在全球化的今天，环境和社会问题不再局限于单一国家或地区。只有通过国际合作和全球协调，才能有效应对全球性的 ESG 挑战，实现全球可持续发展目标。

六　结论

环境、社会和治理（ESG）原则与实现碳达峰和碳中和的"双碳"目标紧密相连，对推动长期可持续发展具有深远影响。环境维度（E）着重于减少温室气体排放和提高能源效率，是实现"双碳"目标的核心。企业通过实施节能减排措施、采用可再生能源和提高资源循环利用率，显著降低其碳排放水平。社会维度（S）强调社会责任和公平，推动企业在发展过程中考虑对社区和环境的影响,促进社会对低碳转型的接受和支持。治理维度(G)确保企业在追求经济效益的同时,遵循高标准的透明度和问责制,为实现"双碳"目标提供坚实的管理和决策基础。ESG 原则不仅帮助企业识别和管理气候变化相关风险,还促进了创新和投资,支持向低碳经济的转型。

展望未来,ESG 与"双碳"目标的协同发展将成为推动全球可持续发展的关键动力。随着全球对气候变化的关注不断加深,企业和政府将更加重视 ESG 实践,以确保其长期竞争力和社会责任。预计会有更多的政策和激励措施出台,支持低碳技术和可再生能源的发展。这可能包括财政补贴、税收优惠、绿色信贷和碳交易市场等,旨在降低低碳转型的成本,激励企业和个人采取行动。投资者和消费者的行为也将对 ESG 实践产生重要影响。随着对 ESG 表现的关注增加,投资者越来越倾向于将资本投向那些致力于减少碳足迹和推动"双碳"目标的企业。消费者也越来越倾向于购买环境友好型产品和服务,从而推动市场向更加可持续的方向发展。

最终,通过各方面的共同努力,我们有望实现一个更加绿色、可持续的未来。国际合作在推动 ESG 与"双碳"目标协同发展中发挥着至关重要的作用。通过跨国界的技术交流和经验分享,可以加速全球向低碳经济的转型。国际组织、多边机构和地区合作框架可以为技术转移、知识共享和联合研究提供平台。

此外,企业需要继续加强内部管理,确保 ESG 原则在决策和运营中得到充分体现。政府应制定和执行有效的政策,为 ESG 实践提供支持和激励。同时,投资者和消费者应继续推动市场向可持续方向发展,通过资本和购买力支持低碳技术和产品。综合来看,ESG 原则与"双碳"目标的实现密切相关,它们共同构成了推动全球可持续发展的基础。通过不断的创新、政策支持、市场激励和国际合作,我们可以期待一个更加绿色、可持续的未来,并确保"双碳"目标的实现和全球环境的长期可持续性。

参考文献

符淙斌、叶笃正：《全球变化和我国未来的生存环境》，《大气科学》1995 年第 1 期。

金昱：《国际大城市交通碳排放特征及减碳策略比较研究》，《国际城市规划》2022 年第 2 期。

李孥、王建良、刘睿、唐旭：《碳中和目标下天然气产业发展的多情景构想》，《天然气工业》2021 年第 2 期。

李姝晓、程锦红、程占红：《全球气候变化背景下低碳旅游研究进展及可视化分析》，《中国生态旅游》2021 年第 1 期。

刘振彪、洪曦：《可耗尽资源抽取的最优路径》，《社会科学研究》2006 年第 5 期。

鲁传一、陈文颖：《中国提前碳达峰情景与宏观经济影响》，《环境经济研究》2021 年第 1 期。

马丁、陈文颖：《中国 2030 年碳排放峰值水平及达峰路径研究》，《中国人口·资源与环境》2016 年第 26（S1）期。

欧阳志远等：《"碳达峰碳中和"：挑战与对策》，《河北经贸大学学报》2021 年第 5 期。

邵帅、张曦、赵兴荣：《中国制造业碳排放的经验分解与达峰路径——广义迪氏指数分解和动态情景分析》，《中国工业经济》2017 年第 3 期。

孙轶颋：《气候投融资助力碳中和愿景目标实现》，《可持续发展经济导刊》2021 年第 4 期。

王中英、王礼茂：《中国经济增长对碳排放的影响分析》，《安全与环境学报》2006 年第 5 期。

许汝文、田雁冰：《发电厂的环境成本分析》，《内蒙古环境保护》2004 年第 4 期。

延廷军：《炼化技术的发展现状及趋势》，《化工管理》2021 年第 12 期。

ESG 人才的发展趋势和路径

李默成　毛巧荣*

摘　要：　本报告聚焦 ESG 发展催生的职业群体及人才发展路径。研究发现，四大职业群体——ESG 投资分析师、专业分析师、报告编制者、研究人员应运而生，岗位需求逆势增长。职业发展路径涵盖服务机构、企业内部、非政府组织与行业协会3个方向。建议从态度、知识、技能三方面强化 ESG 人才培养，助力可持续发展。

关键词：　ESG 人才　ESG 职业　职业发展路径

　　环境、社会与治理（ESG）专业人员是企业从事环境、社会与公司治理相关工作的专业人员，是保障企业实现环境、社会与治理（ESG）合规性，帮助企业规避可持续风险及问题，挖掘企业可持续发展市场机遇，提升企业环境、社会与治理（ESG）绩效与投资价值的专业人员。

　　近年来，在各国监管部门和国际资本市场的推动下，"环境、社会与治理（ESG）"已经成为企业可持续发展能力的重要评价指标和工具。各国陆续推出"环境、社会与治理（ESG）"监管政策，规范"环境、社会与治理（ESG）"投资行为，引导企业披露"环境、社会与治理（ESG）"信息，为投资决策提供信息要素。目前，全球已有近 90 个市场的政府机构、行业团体或国际组织出台超 2000 个强制或自愿的"环境、社会与治理

---

*　李默成，中华环保联合会 ESG 专业委员会委员、智库专家；毛巧荣，中华环保联合会 ESG 专业委员会培训技术部主任，中安正道自然科学研究院副研究员，主要从事 ESG 项目策划、咨询、培训。

（ESG）"法规和指南。

鉴证服务提供方、数据服务提供方、咨询机构、投资者联盟和倡议等第三方机构，积极参与"环境、社会与治理（ESG）"的投资、监管、评级、企业实践，为相关工作提供技术支撑和智力支持，已有超 6000 家机构加入联合国责任投资原则组织，管理资产规模超 121 万亿美元①。据统计，全球最大的 250 家企业中，96% 的企业在可持续发展方面取得进展；25% 的财富500 强企业提出覆盖全价值链的气候目标，"环境、社会与治理（ESG）"治理体系较为完善，"环境、社会与治理（ESG）"实践持续深入。全球范围内世界 500 强企业基本都设立有"环境、社会与治理（ESG）"部门和岗位②。

一 ESG 的发展历程与 ESG 人才图谱

（一）社会责任投资，诞生第一批职业群体——ESG 投资分析师

ESG 理念最早可以追溯到宗教兴起的伦理投资原则（Ethical Investment）。1965 年，在"禁酒运动"的盛行下，第一只社会责任投资基金在瑞典诞生。该基金是世界上第一只开始将酒精、烟草等行业剔除出投资组合的基金。人们开始拒绝投资于不符合其道德价值观的行业和行为，奴隶贸易、武器制造等均在其列。1971 年，美国发行了第一只本土社会基金，该基金被视为全球第一只真正的责任投资基金。1984 年，英国也推出了第一只社会基金。社会责任投资，业界视其为 ESG 投资的前身。

进入 21 世纪，ESG 和可持续投资也从民间进入官方视野。各国政府、国际组织开始逐步标准化 ESG 和可持续投资的定义，各国企业也逐渐在企业发展规划中融入可持续发展战略。2004 年，联合国环境规划署首次提出

---

① 数据来源：PRI 官网 https：//collaborate. unpri. org/。
② 毕马威：《2022 年可持续发展报告调查》，https：//assets. kpmg. com/content/dam/kpmg/xx/pdf/2022/10/ssr-small-steps-big-shifts. pdf。

了 ESG 投资概念。2006 年，联合国环境规划署金融倡议组织和联合国全球契约组织联合发起成立了联合国负责任投资原则（Principles of Responsible Investments，简称 PRI)，PRI 提倡把环境、社会和治理整合在一起，提出了一种全新的投资理念并定义为"负责任投资"。截至 2023 年 12 月 31 日，全球已有超过 5372 家机构投资者和服务提供商签署了负责任投资原则（PRI)，代表超过 121.3 万亿美元的管理资产①，参与者包括全球知名金融投资机构如贝莱德、英仕曼、欧洲安联保险公司等。

社会责任投资，诞生了第一批关注 ESG 知识并应用到工作实践的职业群体——金融投资机构中的投资分析师。20 世纪末 21 世纪初的这类职业群体，其关注的焦点仍然在"投资回报率、投资回报周期"，他们更关注的是年度内增长、投资人迅速见到收益，是否长期持续正增长反而不是他们关注的重点。

（二）评价需要工具，衍生第二批职业群体——ESG 分析师

投资机构需要判断一家企业是否符合发展路径、是否具有投资价值时需要一个工具。评级机构思考出了一套方法：通过收集 ESG 相关数据，构建评价体系，设计评价指标，进行指标打分和发布评级结果，形成 ESG 综合评价。从此，ESG 评价登上历史舞台，正式成了一个评估企业可持续发展绩效的工具。ESG 评价可以有效减少投资者与企业之间的信息不对称问题，使投资者更加清楚地识别出 ESG 投资价值与潜在风险，提高投资效率，ESG 评价颇受投资机构青睐。投资机构根据 ESG 评价拟定 ESG 投资策略，ESG 投资策略可以帮助企业更好地分析其发展潜力。在整个 ESG 投资过程中，评价体系与投资策略成为缺一不可的共存体。

市场发展与需求的环境下，衍生出来第二批岗位：关注 ESG 评价框架指数的职业群体——ESG 分析师。这类职业群体，比较关注 E（环境）、S（社会）、G（治理）这三个维度下分别设置一级指标、二级指标的内涵，

---

① 数据来源：PRI 官网 https：//collaborate. unpri. org/。

以及如何给各指标赋予相应的分值、评价的要求和打分规则有哪些、根据评价得分应赋予什么级别。当前，全球公司比较常用的 ESG 评价体系有 MSCI（摩根士丹利）、Thomson Reuters（汤森路透）、ASSET4、Calvert（美国社会责任投资）、DJSI（道琼斯）、FTSE4Good 等，它们有不同的 ESG 指标体系，各自有一套独立的打分、计算、量化、衡量的方法论。比如 MSCI（摩根士丹利）在 E、S、G 三个维度上有 10 项一级指标、37 项二级指标，采用 AAA、AA、A、BBB、BB、B、CCC7 个等级；FTSE Russell（富时罗素）在 E、S、G 三个维度上有 14 项一级指标和 300 多项二级指标，采用打分法，总分 5 分，高于 3.3 分的公司才可以纳入其指数产品中。国内也有中证、华证、万德和盟浪等 ESG 评价机构对中国上市公司开展 ESG 评价。截至目前，国内外评价机构的结果差异较大，其中，MSCI 编制的 ESG 评价指数广受投资人的欢迎，常常作为投资参考。

（三）企业信息披露，产生第三批职业群体——ESG 报告撰写人员

ESG 信息披露标准是用于开展 ESG 评价和投资的重要依据，目前国际上已有多个组织发布 ESG 信息披露标准，具有广泛参考价值的有两个：2006 年提出的联合国责任投资原则（PRI）和全球报告倡议组织（GRI）在 2013 年发布的《可持续发展报告指南》。很多国家开始强制执行 ESG 信息披露，如 2021 年 4 月，欧盟委员会（EC）发布的《公司可持续发展报告指令》征求意见稿（CSRD），要求所有大型企业和上市公司必须提供 ESG 报告；CSRD 还对企业应当在 ESG 报告中披露可能影响可持续发展的无形资源作出重点要求，如知识产权、技术专利、客户关系、数字资产和人力资本等。

2024 年 4 月 12 日，在中国证监会的统一部署和指导下，上交所、深交所和北交所同时发布了"上市公司可持续发展报告指引"（以下简称"指引"），并自 2024 年 5 月 1 日起实施。指引的发布填补了我国境内资本市场本土化可持续报告指引的空白，对我国上市公司在环境、社会和治理等可持续信息披露上做出了规范，明确了首批强制执行范围，并将

通过示范效应，带动上市公司及其他市场参与主体可持续信息披露的规范化发展。

对企业信息披露的规范和要求，产生了第三批岗位——关注 ESG 报告如何撰写和专门从事撰写报告服务的人员。这批人员主要分两类，一类是工作在上市公司、头部企业中，他们在董秘或总裁办的领导下，专门撰写本企业的《ESG 发展报告》；另一类是工作在咨询机构，专门为上市公司、头部企业、中国的国央企撰写《ESG 发展报告》（或《可持续发展报告》《企业社会责任报告》）。

（四）理论联系实践，催生第四批职业群体——ESG 研究人员

随着可持续发展战略的推进和企业对 ESG 理念重视程度的提升，对 ESG 理论知识的渴求越来越强烈，ESG 理论知识体系也在不断地丰富和完善，催生了第四批职业群体——从事 ESG 研究的人员，他们有的是专职研究、有的是兼职研究，主要包括学者、教授、专家、企业高管、咨询公司项目负责人等。他们理论联系实践，参加论坛、活动、闭门研讨会，通过培训等形式传播知识，不断输出自己的思考和成果，培育 ESG 人才，帮助企业在环境、社会和治理三个维度上实现可持续发展。如帮助企业制定和实施 ESG 战略，以提高企业的社会责任和可持续性表现；指导企业收集 ESG 信息，整理分析，指导编制和发布 ESG 报告；评估和管理企业在环境、社会和治理方面的风险，并提出改进建议；从投资角度分析 ESG 因素对企业价值的影响，为投资者提供决策支持；跟踪和研究与 ESG 相关的政策、法规，确保企业合规经营，并在论坛和培训中予以解读；与投资者、客户、员工等利益相关者沟通企业的 ESG 表现和计划。

以 ESG 为核心的人才主要包括以上四类，围绕以上四类人才衍生出较多其他相关职位，如 ESG 数据服务人员、ESG 培训服务人员、与 ESG 相关的非政府组织和行业协会工作人员、与 ESG 相关的政策和监管机构工作人员等。

二 可持续发展急需专业化 ESG 人才助力

（一）国家绿色转型、美丽中国建设的需要

党的十八大以来，随着我国生态文明建设的不断深入，越来越多的大型企业积极践行"人与自然和谐共生"的理念，与此同时，"环境、社会与治理（ESG）"投资这些此前只在国际机构和跨国企业经常提起的概念，越来越多地受到国内企业、投资者和研究者的关注。党的二十大报告进一步强调，要"统筹产业结构调整、污染治理、生态保护、应对气候变化，协同推进降碳、减污、扩绿、增长""积极稳妥推进碳达峰碳中和"，为我国应对气候变化和碳中和工作指明了方向，明确了重点任务，也进一步为"环境、社会与治理（ESG）"在我国的蓬勃发展提供了历史性机遇。"环境、社会与治理（ESG）"人才作为推动经济绿色发展的从业主体，是贯彻落实绿色发展理念、实现企业绿色转型和"双碳"目标的主体力量，其职业化、专业化、规模化程度对于推动高质量发展具有重要作用。

（二）行业领域转型发展的需要

"环境、社会与治理（ESG）"是衡量企业在环境、社会和公司治理三方面表现的因素。环境维度主要关注气候变化与可持续发展；社会维度主要关注多元化、员工福利、消费者权益；公司治理维度主要关注组织内部治理框架、员工关系、内部薪酬。企业需要"环境、社会与治理（ESG）"人才帮助其理解和管理"环境、社会与治理（ESG）"因素，识别和管理风险，提高投资吸引力，提升企业声誉和品牌形象，实现可持续发展。"环境、社会与治理（ESG）"人才更加关注企业的社会价值，以数据分析等数字化技能或思维方式进行服务，具有明确的风控属性与金融属性。

对于中国企业而言，特别是钢铁、铝等传统高碳排放行业的企业，需要

特别关注碳关税的影响，并采取相应的应对措施。同时，中国政府也在采取措施帮助企业应对，如建立碳排放权交易市场、加强节能减排、推广清洁能源等。另外汽车行业在环境、社会与治理方面的实践和表现正在逐步提升，但仍然面临诸多挑战。企业需要不断加强环境、社会与治理管理，提高透明度和披露质量，以实现可持续发展并满足国际市场的要求。

（三）企业高质量发展的需要

"环境、社会与治理（ESG）"人才对企业高质量发展至关重要，它不仅通过展现企业对环境保护、社会责任和良好治理的承诺来提升企业形象和品牌价值，提高消费者的信任和忠诚度，从而获得市场竞争优势；还有助于企业把握政策和市场趋势，优化治理结构，强化内部监督，推动可持续发展。此外，环境、社会与治理管理增强了企业的风险管理能力，使其在不确定的市场环境中保持韧性。

良好的环境、社会与治理表现能够吸引投资，降低融资成本，同时，随着全球对可持续性的重视，环境、社会与治理实践成为企业拓展市场和抓住绿色商机的关键。环境、社会与治理还促进了人力资本的发展，通过吸引和保留人才，提高员工满意度，推动企业创新和增长。面对日益严格的监管要求，"环境、社会与治理（ESG）"人才使企业能够及时响应，确保合规，并通过透明的信息披露增强市场信心。

三 市场需求与 ESG 人才职业发展前景

（一）ESG 人才市场的现状

随着国家"双碳"战略的贯彻落实，"环境、社会与治理（ESG）"在国内将得到更深层次的普及，规范化、组织化、专业化的程度不断提升，即将进入爆发式增长阶段，催生更多周边服务。GlobalData 全球数据显示，目前 ESG 人才缺口高达 200 万[①]，CFA 协会（CFA Institute）2024 年年初发布的《中国 ESG 金融人才职业发展报告》显示，ESG 金融专业人才就业市场迈入刚需时代。

1. 职位增速快

在资本市场及政策推动下，国内催生了更多 ESG 就业机会。猎聘大数据研究院《"环境、社会与治理（ESG）"人才吸引力洞察报告 2023》显示，2022 年 5 月至 2023 年 4 月，全国新发布的"环境、社会与治理（ESG）"职位同比增长 64.46%，全国投递"环境、社会与治理（ESG）"岗位的人才同比上升 151.65%。

2. ESG 人才要求高

ESG 涉及领域广泛、专业性较强，目前高校对口专业建设相对滞后，企业人才培养难度较大，ESG 人才的供应远远不能满足需求。市场上高薪招聘的 ESG 人才一般属于复合型人才，对学历与工作经验要求都比较高，不但要求熟练掌握 ESG 专业知识，还需要有跨学科融合的能力与跨界的视角。

3. ESG 人才需求区域集中

当前，我国的 ESG 人才需求集中于北京、上海、广东等经济发达、上市公司较多的地区。尤其是随着上海、北京等地发布 ESG 相关政策，三大交易所发布可持续信息披露指引，进一步扩大了当地对 ESG 人才的需求。

（二）ESG 人才需求场景

ESG 人才职业发展路径多样，涵盖不同的行业和职能领域，主要为 ESG 服务、企业内部、非政府组织和行业协会以及高校科研院所等。

1. ESG 服务

在国内外，服务于企业的 ESG 人才是很大的一个职业群体，也是专业

---

① GlobalData：*ESG-related* job postings are *steadily increasing as companies develop their sustainability initiatives, finds GlobalData*，https：//www.globaldata.com/media/business-fundamentals/esg-related-job-postings-steadily-increasing-companies-develop-sustainability-initiatives-finds-globaldata/，2022 年 4 月 28 日。

分化更细的一个职业群体，主要执业于金融投资机构、咨询公司、评级机构、数据服务公司等。

金融投资机构。金融投资机构如银行、投资银行、基金公司、保险公司等需要 ESG 投资规划师、ESG 投资分析师、ESG 投资经理、绿色金融产品经理等专业人员，他们的工作对于评估和管理投资组合中的 ESG 风险和机遇至关重要。

咨询公司。随着企业和组织越来越重视可持续发展和企业社会责任，对 ESG 咨询服务的需求也在增长，咨询公司成为 ESG 人才发展和可选择的第二个路径。随着 ESG 在商业世界中的地位日益重要，咨询公司为 ESG 专业人士提供了广阔的发展空间和职业机会。如全球知名的四大会计师事务所普华永道、德勤、毕马威、安永，利用其在财务领域的独特优势，纷纷投身 ESG 浪潮，国内的北京融智、商道纵横、责扬天下等。

评级机构。评级机构在 ESG 领域扮演着重要角色，它们通过提供专业的评级服务，帮助投资者、企业和监管机构评估和比较不同企业的 ESG 表现。随着 ESG 意识的提高和市场需求的增长，评级机构在 ESG 领域的职业机会也在不断扩大。国内主流的 ESG 评级体系有华证 ESG 评级、中证 ESG 评级、商道融绿 ESG 评级、WindESG 评级、社会价值投资联盟 ESG 评级等。其中，华证、中证、商道融绿评级范畴覆盖全部 A 股上市公司，其他机构以中证 800、沪深 300 成分股为主。

数据服务公司。大数据与互联网时代，数据的支撑非常重要，ESG 行业的发展，同样离不开数据的支撑，社会出现了专门从事 ESG 数据业务的行业或公司。ESG 数据对于评估企业在可持续发展方面的表现至关重要，ESG 数据服务公司需要负责收集和整理 ESG 数据，通过建模，使用统计方法和工具来分析数据，为企业提供洞察和报告，为咨询公司或评级机构提供数据支撑服务。

2. 企业内部

长期以来，央企作为高质量发展的践行者，对 ESG 的重视程度不断提高。2022 年 5 月，国务院国资委印发《提高央企控股上市公司质量工作方案》，其中明确要求央企控股上市公司力争要在 2023 年实现 ESG 专项报告全覆盖。2024 年 6 月，国务院国资委发布《关于新时代中央企业高标准履行社会责任的指导意见》，提出切实加强环境、社会和公司治理（ESG）工作。推动控股上市公司围绕 ESG 议题高标准落实环境管理要求、积极履行社会责任、健全完善公司治理，加强高水平 ESG 信息披露，不断提高 ESG 治理能力和绩效水平。

此外，随着三大交易所对上市公司 ESG 信息披露的要求不断加强，促使广大民营上市公司、央企和国企供应商加强对 ESG 的关注，加快企业 ESG 治理体系和治理能力建设。

随着上市公司监管越来越严格，许多企业开始将 ESG 纳入其战略规划和运营决策中，设立专职的 ESG 部门和岗位，有的设在董办，由董秘统筹管理，有的设在办公室，还有的直接成立可持续发展部或 ESG 事业管理部，相应的岗位如可持续发展总监、可持续发展经理、ESG 经理、ESG 分析师等。虽然岗位名称不同，但工作职责和内容大多围绕 ESG 展开。

3. 非政府组织和行业协会

国际 NGO、国内非政府组织和行业协会在推动 ESG 实践和标准方面扮演着重要角色，设有与 ESG 相关的职位或岗位。

4. 高校科研院所

院校和研究机构，如清华大学、北京大学、复旦大学、中国人民大学、北京交通大学、中央财经大学等院校以及中国科学院、中国社会科学院都开设了 ESG 相关领域的研究，成立了相关的研究所、研究工作室，需要相关的 ESG 研究与分析、课程开发与教学、政策建议与咨询、数据收集与分析、报告撰写与发表等 ESG 专业人员。

（三）ESG 从业人员的工作职能

环境、社会、治理管理涉及多个层面，根据工作场景的不同，可以细分为"企业 ESG 管理""ESG 战略分析""ESG 信息鉴证"三个方面，具体工作任务如下。

1. 企业 ESG 管理

工作内容包含五个方面：一是制定和遵循环境、社会和治理信息的披露准则和标准，确保信息的透明度和一致性；二是信息披露，负责企业环境、社会、治理信息的收集、整理和公开披露，包括定期发布环境、社会、治理报告；三是管理体系建设，建立和完善企业的环境、社会、治理管理体系，包括政策、流程和绩效评估机制；四是投资者关系沟通，与投资者进行沟通，传达企业的环境、社会、治理实践和成效，建立良好的投资者关系；五是企业可持续形象宣传，通过各种渠道宣传企业的可持续发展实践和成果，提升企业形象。

2. ESG 战略分析

主要是在金融机构和评级机构，主要工作内容为：环境、社会、治理评级评价，对企业或资产的环境、社会、治理表现进行评级，为投资者提供决策依据；环境、社会、治理投资策略分析，分析和制定基于环境、社会、治理原则的投资策略，以实现财务回报与社会责任的双重目标；环境、社会、治理金融产品开发与设计，开发和设计符合环境、社会、治理标准的金融产品，如绿色债券、可持续投资基金等。

3. ESG 信息鉴证

主要是在第三方独立机构（事务所、银行、认证机构、核查评价机构）。其主要工作内容：一是环境、社会、治理合规分析，分析企业的 ESG 实践是否符合相关法律法规和国际标准；二是环境、社会、治理核查，对企业提交的环境、社会、治理报告或数据进行独立核查，确保其真实性和准确性；三是环境、社会、治理鉴证，提供专业的环境、社会、治理鉴证服务，增加企业环境、社会、治理报告的可信度；四是环境、社会、治理认证，对企业的环境、社会、治理实践进行认证，颁发认证标志，以证明企业在环境、社会、治理方面的成就。

四　三个维度锻造 ESG 高精尖人才

在我国，随着"双碳"目标的提出和对可持续发展的重视，环境、社会和治理（ESG）相关职业的需求正在迅速增长，当前专业人才社会需求量大，但人员知识能力欠缺问题依然严峻。基于人才的发展现状，锻造高精尖的 ESG 专业人才需要在态度、知识、技能三个维度着力。

（一）态度

终身学习：持续更新知识和技能，以适应快速变化的 ESG 领域。

国际化视野：由于 ESG 是一个全球性议题，ESG 人才往往需要具备国际化视野，了解不同国家和地区的 ESG 标准和实践。

开放心态：对新思想、新方法持开放态度。

主动性：主动寻求学习机会和职业发展路径。

方法论思维：对评级方法论有深刻理解，能够参与评级体系的设计和优化。

适应性：能够适应不同工作环境和要求。

责任感：对 ESG 工作的社会责任和影响有深刻的认识。

创新精神：寻求创新方法来解决 ESG 挑战。

批判性思维：评估和质疑现有的 ESG 实践，推动改进。

耐心和毅力：在面对 ESG 实施中的挑战时保持耐心和坚持不懈。

道德和诚信：在所有工作中坚持高标准的职业道德和诚信。

（二）知识

ESG 人才通常需要具备跨学科的知识和技能，包括环境科学、社会学、商业管理、法律和经济学等领域的知识。

环境知识：理解气候变化、资源管理、生态系统保护等环境问题；熟悉环境法律法规和国际环境标准。

社会知识：了解劳工权益、社区参与等社会问题；掌握社会责任和企业公民概念。

公司治理知识：理解公司治理结构、内部控制、风险管理等；熟悉公司治理的法律框架和最佳实践。

经济学基础：了解宏观经济和微观经济原理；理解 ESG 因素如何影响企业财务和市场表现。

金融知识：掌握 ESG 投资、绿色金融、可持续金融等概念；理解金融市场如何评估和整合 ESG 因素。

法律和合规知识：了解与 ESG 相关的法律和监管要求；掌握合规管理和企业伦理。

评级和报告撰写的框架：理解 ESG 评级和报告的编制。

可持续发展知识：理解联合国可持续发展目标（SDGs）；掌握可持续发展战略和实践。

（三）技能

团队合作：与不同背景的同事协作，共同实现 ESG 目标。

沟通技能：能够清晰地传达复杂的 ESG 概念和数据。

分析问题：能够分析问题、评估风险和提出解决方案。

项目管理：能够规划、执行和监控 ESG 项目。

领导力：指导团队，推动 ESG 倡议和变革。

技术熟练度：熟练使用 ESG 相关的软件和工具。

跨文化能力：在全球化背景下工作，理解不同区域、不同文化、不同宗教和信仰等人群对 ESG 的需求。

持续学习：跟上 ESG 领域的最新发展和趋势。

数据和算法：能够收集、分析和解释 ESG 数据，通过建模完成预判。

通过 ESG 在全球的发展过程，可以绘制出 ESG 专业人才的分类图谱，紧盯市场需求，就可以规划出 ESG 人才职业发展的路径，从态度、知识、技能三个维度，结合 ESG 独有的特点，可以看出：ESG 专业人才的培养是一个长期过程，需要结合理论学习和实践经验，不断提升其自身的专业素养和能力。ESG 人才要根植"生命不息，奋斗不止"的精神，锻造出一名优秀的高精尖 ESG 人才，不是一蹴而就，也不是蜻蜓点水，而是"仰之弥高，钻之弥坚"。

典型案例

B.8
强化 ESG 建设，提升 ESG 绩效　积极为全球可持续发展贡献中交力量

—— 以中国交通建设集团有限公司为例

吴建珍[*]

摘　要： 作为我国交通建设领域的国家队和主力军，以及高质量共建"一带一路"的重要参与者和积极贡献者，中交集团深入践行新发展理念和共商共建共享的全球治理观，积极落实习近平主席提出的"全球发展倡议"，按照"愿景驱动、目标带动、品牌推动"的责任理念，搭建起理念、目标、组织、制度、沟通、培训、品牌七大管理体系，遵循国务院国资委有关要求及联交所、上交所、深交所有关信息披露规定，连续17年编发社会责任报告、连续4年编发独立的 ESG 报告，高标准履行社会责任，深入推进 ESG 建设，积极为中国式现代化建设和全球可持续发展贡献中交力量。

---

* 本报告由中国交通建设集团有限公司社会责任处吴建珍供稿，数据资料均由企业提供，课题组基于所供材料编辑而成。

关键词：　中交集团　ESG　社会责任

一　企业简介

中国交通建设集团有限公司（以下简称"中交集团"）是全球领先的特大型基础设施综合服务商，在 158 个国家和地区开展实质性业务，位列 ENR 全球最大 250 家国际承包商第 4 位，连续 19 年获国务院国资委业绩考核 A 级，旗下有中国交建、中国港湾、中国路桥、振华重工、水电对外、澳大利亚约翰·霍兰德、美国 F&G、巴西康克玛特等国内外知名品牌。

中交集团深入开展 ESG 实践，积极提升 ESG 绩效，在中证指数和秩鼎 ESG 评级为 "AAA"，WIND ESG 评级为 "A"。入选首批 "中国 ESG 示范企业" "央企 ESG·先锋 100 指数"，以及央视 "中国 ESG 上市公司先锋 100"、福布斯 "2022 中国 ESG 50 强"。2024 年，共 20 余个案例荣获 "2024 年度中国 ESG 卓越实践" 等 ESG 领域相关优秀奖项。公司社会责任报告连续 4 年获评 "五星佳" 级，ESG 报告连续两年获评 "五星级"。

二　ESG 管理情况

中交集团将 ESG 纳入公司 "十四五" 发展规划，持续建立健全 ESG 治理体系，通过搭建理念体系、组织体系、目标体系、制度体系、培训体系、沟通体系、品牌体系，将 ESG 理念融入生产经营全链条、全领域、全流程。2024 年，公司举办 ESG 系列成果发布会，集体发布了 20 份 ESG 报告。公司不断加强与高校院所、学会协会、智库机构的联动，积极在国务院国资委领导下，参与编制系列 ESG 团体标准，牵头编制建筑央企海外 ESG 工作指南、交通基础设施项目 ESG 标准等，助力构建具有中国特色、接轨国际的 ESG 标准体系。

1. 完善理念体系

践行新发展理念，秉承"让世界更畅通、让城市更宜居、让生活更美好"的企业愿景，弘扬"交融天下　建者无疆"企业精神，坚持"愿景驱动、目标带动、品牌推动"的"三动"责任理念，打造具有全球竞争力的"科技型、管理型、质量型"世界一流企业，形成了愿景驱动型社会责任管理之道。

2. 完善组织体系

公司在集团层面成立社会责任与 ESG 工作委员会，在中国交建层面成立董事会战略与投资及 ESG 委员会，公司主要领导任主任，总经理、分管领导任副主任，其他领导和部门负责人任委员，统筹推进公司社会责任工作。党委工作部是社会责任管理和 ESG 工作的牵头部门，各部门各单位具体实施社会责任和 ESG 工作。

3. 完善目标体系

对标"产品卓越、品牌卓著、创新领先、治理现代"的世界一流企业标准，加强社会责任/ESG 沟通，积极向相关方征集社会责任/ESG 议题，聚焦代表性指标设置 ESG 目标，开展 ESG 实践，真实有效披露 ESG 建设情况，努力实现"让出资人放心、客户满意、相关利益方信任、经营者安心、员工幸福、社会赞誉"的受人尊敬企业目标。

4. 完善制度体系

制定中交集团社会责任管理办法、中交集团 ESG 报告编制发布实施细则、"中交助梦"行动方案，以及生态环保、绿色低碳、安全质量、科技创新等有关制度办法，明确社会责任/ESG 工作职责及流程，将 ESG 绩效与高管薪酬挂钩，推动社会责任/ESG 与业务有效融合。

5. 完善培训体系

加强 ESG 培训，从理念、标准、实践、信息披露、评级评价等维度设置 ESG 培训课程。除开展安全质量、绿色低碳、风险管理、创新引领等特色培训课程外，自 2022 年以来，每年举办覆盖全公司的社会责任与 ESG 培训会，以及 ESG 报告编制培训。此外，积极参加国资委、中国社会责任百人论坛、中国对外承包协会、中国企业改革与发展研究会等组织的 ESG 培训，提升社会责任/ESG 工作能力和水平。

6. 完善沟通体系

建立常态化、多渠道沟通机制，设立投资者关系处，识别不同利益相关方关注重点，及时准确回应利益相关方的关注。官网设立社会责任和投资者关系专栏，接受利益相关方的监督，持续改进 ESG 策略和实践。鼓励从事海外业务的重点企业编制发布公司、重点国别、重要项目年度 ESG 暨可持续发展报告，全力培育塑造"中交助梦"全球社会责任品牌。

7. 完善品牌体系

公司于 2021 年制定发布《"中交助梦"行动方案》，将公司多年来在境内外开展的社会履责实践，统一纳入"中交助梦"品牌旗下，统一命名为"中交助梦·XX 行动"，形成规范一致的全球统一品牌，并将"中交助梦"责任品牌作为中国交建的子品牌，积极培育打造推广。每年开展"中交助梦"责任品牌优秀案例评选表彰活动，选树社会责任和 ESG 先进典型。

三　ESG 实践成效

中交集团深入践行新发展理念和共商共建共享的全球治理观，积极响应联合国可持续发展目标倡议，深入推进海外 ESG 建设，积极为全球可持续发展贡献力量。中交集团在共建"一带一路"国家和地区累计投资建设 3000 多个基础设施项目，修建公路里程 13000 余公里、桥梁 200 余座、重点港口 150 余个，新建或翻修机场 30 余座等，创造就业 15 万余人次，建设了肯尼亚蒙内铁路、尼日利亚莱基港、克罗地亚佩列沙茨大桥等一大批代表时代较高水平的超级品牌工程。

（一）在治理方面，争做行业发展的引领者

科技创新为内核。中交集团成立首个央企科协，建成南亚区域、西非区域、东非区域、埃塞 4 个海外研发中心，搭建国际工程技术标准领域的产学

研用平台，牵头编制国际标准 10 项，打造了以"天鲲号""振华 30""太湖之星"等为代表的全球领先核心技术装备群，推动行业技术进步。

安全质量管理为根本。中交集团健全完善大海外安全责任体系，形成"1+7+N"海外合规管理体系性文件（1 为合规行为准则，7 为投标、采购、第三方、合同、现金、捐赠、招待合规实施细则，N 代表项目合规管理指南）等，积极履行联合国《反腐败公约》，把防止商业贿赂纳入海外合规体系进行严密管控。

"三链"协同为抓手。中交集团设立供应链管理委员会，下设海外供应链工作组，健全完善产业链、供应链、分包链三链联接机制，编制《海外物资装备采购供应管理细则（试行）》，推进资源共享平台建设，供应链系统覆盖海外 80 个国家和地区，544 个组织机构，实现海外供应链安全可控、自主可靠、绿色高效。

图 1　正在进行水上清淤施工作业的"太湖之星"

（二）在社会方面，争做社会发展的贡献者

坚持属地化发展，加强境外本土人才培养。公司在葡萄牙、新加坡、我国港澳地区、日本、澳大利亚和肯尼亚设立六大国际人才交流中心，带动公司人力资源的全球化配置和国际化交流，截至 2024 年 12 月，已累计培养了

超 2 万名复合型人才，境外员工属地化率超过 80%，外籍员工总数近 10 万人。

积极开展公益慈善。公司广泛开展扶贫济困、抢险救灾、医疗救助等活动。无偿援建非洲塞内加尔"火神山"医院，连续十九届赞助埃塞俄比亚"亚的斯杯长跑接力赛"，筑牢中埃友谊连心桥。

组织参与应急救援。当马来西亚突发百年不遇的水灾，中交项目迅速组织参与抢险，获当地政府嘉奖；坦桑尼亚一架民航客机不幸遭遇空难，中交员工张林在危急中沉着自救，并成功救下一名当地幼儿，受到坦桑尼亚总理亲切慰问，入选"2022 年度央企十大暖镜头"。

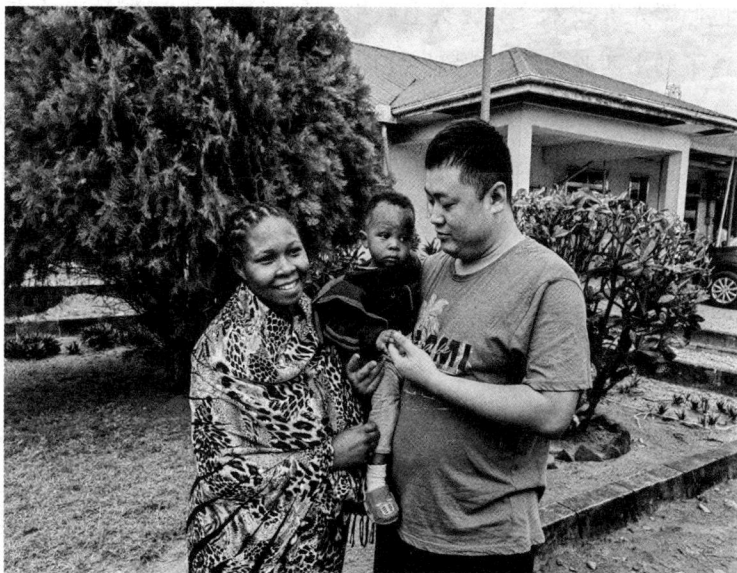

图 2　中交员工张林在坦桑尼亚客机坠湖后自救并救下当地幼儿

（三）在环境方面，争做生态文明的守护者

锚定"双碳"目标，2024 年中交集团加快基础设施绿色转型升级与绿色产业创新升维。

布局绿色产业。积极推动"交能融合"，在水利水电、生态环保、海洋工程特别是深远海工程等业务领域加大资源投入，带动传统交通产业向"高端、智能、绿色"迈进。中交集团近三年综合能耗总量与强度、碳排放总量与强度均呈下降趋势，其中单位营业收入二氧化碳排放量（可比价）同比下降18%，较2021年下降29.96%，提前实现公司2025年降碳目标。

构建绿色标准体系。公司成立绿色低碳研究中心，发布公路、水运、机场建设期碳排放测算等多项标准，填补行业空白，构建起包括75项国家标准、90项行业标准、37项团体标准、65项企业标准的交通基础设施领域绿色低碳标准体系。

推行绿色建造。坚持绿色规划、绿色施工、绿色运营，采用绿色建材和新型绿色低碳先进技术，从源头上减少大气污染、水污染和固体废弃物污染，打造了马来西亚东海岸铁路、几内亚马拉博国家公园等卓越绿色工程。

守护美好生态。发挥"江河湖海"治理优势，在非洲，蒙内铁路项目与肯尼亚专业动物组织合作，分析动物迁徙路径及生活习性，专门设置14处大型动物通道、600处涵洞和61处桥梁供动物穿行。加纳特马港项目邀请当地著名海龟医生指导项目工作，并在海滩开辟专门区域打造海龟孕育中心。

图3　放生大海的"小海龟"

结　语

中交集团愿与各方携手行动，加强沟通协作，大力实施品牌战略，积极创造社会价值，推动 ESG 建设走深走实，推动企业高质量可持续发展，为构建人类命运共同体和全球可持续发展作出新的更大贡献。

参考文献

中国交通建设股份有限公司：《中国交建 2023 年度 ESG 报告》，中国交建官网，https：//www.ccccltd.cn/shzr/zrbg/202407/P020240712413378161525.pdf。

中国交通建设股份有限公司：《中交集团 2023 年社会责任报告》，中国交建官网，https：//www.ccccltd.cn/shzr/zrbg/202407/P020240712412353148859.pdf。

B.9
新质生产力驱动下的供应链
物流 ESG 创新

——以京东物流股份有限公司为例

张婉诗[*]

摘　要： 在新发展格局下，物流行业作为支撑国民经济发展的基础性产业，要通过创新创造出具有高科技、高效能、高质量特征的，符合先进发展理念的新质生产力。2024 年，随着绿色低碳成为现代物流发展的必然趋势，京东物流持续扎根广阔实体经济，深度融入国家发展大局和绿色发展浪潮，积极采取多种创新措施实现供应链各环节的减碳、降碳；持续为社会提供大量就业岗位，员工总数超过 45 万人，为实现民众美好生活不懈努力，推动了企业、行业和社会的高质量发展。

关键词： 京东物流　ESG　协同降碳　就业贡献　新质生产力

一　企业简介

2017 年，京东集团正式成立京东物流股份有限公司（以下简称"京东物流"），2021 年 5 月于香港联交所主板上市，进入新发展阶段。作为中国领先的技术驱动的供应链解决方案及物流服务商，京东物流聚焦于快消、服装、家电家具、3C、汽车、生鲜等六大行业，为客户提供一体化供应链解

---

[*] 本报告由京东物流股份有限公司可持续发展高级经理张婉诗供稿，数据资料均由企业提供，课题组基于所供材料编辑而成。

决方案及物流服务；建立了包含仓储网络、综合运输网络、"最后一公里"配送网络、大件网络、冷链物流网络和跨境物流网络在内的高度协同的六大网络，已拥有超 3600 个仓库，服务范围覆盖了全中国；持续升级出海战略"全球织网计划"，在全球拥有近 100 个保税仓库、直邮仓库和海外仓库，为全球客户提供优质高效的一体化供应链物流服务。

京东物流始终以"有责任的供应链"践行使命担当，通过 211 限时达等时效产品和上门服务，重新定义了物流服务标准，客户体验持续领先行业。同时，扎根广阔的实体经济，促就业、保供应，持续创造社会价值。多年来，京东物流始终注重一线员工薪酬福利保障，坚持为一线员工缴纳"六险一金"，并提供有行业竞争力的薪酬福利保障。

京东物流着力推行战略级项目"青流计划"，从"环境（Planet）""人文社会（People）"和"经济（Profits）"三个方面，协同行业和社会力量共同关注绿色可持续发展。同时，推广和使用更多可再生能源和环保材料，践行绿色可持续发展理念。

2023 年，京东物流名列中国物流企业 50 强第四，被评为"国家企业技术中心""2023 年综合运输春运成绩突出集体""全国工人先锋号、全国最美驿站"，获得"北京市第一批先进制造业和现代服务业融合试点企业—领跑型企业""2023 年度 ESG 治理奖项""世界物联网 2023 年度杰出企业""全球零碳城市创新典范奖（Z-Carbon Award）企业领袖奖—铂金级"等重要荣誉。

二 绿色实践："共享碳足迹"，推动全链路协同降碳

实现供应链各环节的减碳、降碳，对于企业高质量发展至关重要。京东物流坚持在仓储、物流运输、包装材料等各环节不断推进减碳，通过 AI 算法提效、绿色能源及运输设备应用、包装材料循环使用等方式，打造行业领先的物流供应链绿色发展新模式，积极推动供应链端到端绿色化，为可持续生产和消费搭建了链接之桥、合作之桥、减碳之桥，推动供应链上下游实现

共生、共链、共赢。

京东物流率先提出了"供应链共享碳足迹"减碳路径，并将绿色低碳纳入企业发展战略。聚焦仓储、包装、运输及配送等核心业务场景，从推进绿色能源替代、推广新能源车队、一体化供应链协同降碳等方面推进实现减碳目标。

2023 年，基于多年的实践经验，京东物流推出了适用于多种不同场景下的供应链碳管理平台 SCEMP，面向企业、园区经营和运营主体，围绕低碳供应链场景，实现企业温室气体排放数字化监控，能源调度智能化，碳排放分析科学化及标准化，助力客户降本增效和节能降耗的同时，也让每一份订单都有自己的碳足迹。

（一）绿色仓储

京东物流以绿色基础设施建设和减碳技术创新为基础，积极打造绿色低碳仓储物流园区，推进绿色运营。作为国内首家建设分布式光伏能源体系的企业，2022 年京东物流西安"亚洲一号"智能产业园成为全国首个"碳中和"物流园区。目前京东物流已在 17 个亚洲一号智能产业园、2 个分拣中心、2 个大件仓、1 个物流园铺装屋顶光伏，总装机量达 114.48 兆瓦。

京东物流先后打造多个碳中和物流园区项目，2023 年更是凭借多年来丰富的碳中和园区和低碳供应链物流经验，为京东物流（北流）物流港定制国内首批基于冷链物流园区场景下的供应链碳管理平台 SCEMP。该平台为园区提供能源预测与预警、清洁能源资源配给、IoT 设备管理、能源效率提升、数字化系统应用、智慧能源管理、碳排放绩效达成及双碳路径模型搭建等，有效追踪物流园区碳排放在货物仓储、流转等环节产生的碳排放情况。同时，园区碳管理平台整合碳中和设计体系，让管理者除了可以计算园区的碳排放以外，还能通过数字化手段管理园区降碳路径，实现园区管碳、控碳到减碳的管理闭环。

成效：2023 年，京东物流全年共计采购光伏绿电 47344.4 兆瓦时，实现减少碳排放 2.7 万吨。通过采用 LED 灯，比采用荧光灯年省 68 吨标准煤当量，比采用金卤灯年省 38 吨标准煤当量。经中国仓储与配送协会组织的现场评价，京东物流已有 14 个园区被授予"绿色仓库标识"，其中一级（三星）绿色仓库 9 个、二级（二星）绿色仓库 5 个。

（二）绿色运输

京东物流优先选取碳排放较低的交通工具，在全国范围内规模化投放使用新能源车，积极推进氢能源重卡、无人车等实践应用，不断扩大多式联运规模，持续强化燃油使用及其排放管理，不断构建更加绿色的运输网络。

新能源车辆应用广泛，但在重载、高速、长续航的长途运营场景，续航不足、运输效率低的问题仍较为突出。京东物流与领先的氢能源装备企业、加氢站合作，在京津冀地区率先投入首批数十辆氢能源重卡物流车进行中长途运输工作，成为行业首家规模化投用氢能源卡车的物流企业。此外，京东物流还充分锻造了氢燃料电池车辆的调度使用、司机驾驶技术能力及售后保障等一体化管理能力，为后续不同新能源燃料电池的推广使用积累了丰富经验。

成效：自 2023 年 10 月投入使用首批氢能源车队以来，可每天保障运输 60 条线路以上，经测算，季度可节约使用柴油 7.4 万升。持续推进新能源汽车使用，已在干线及终端运输环节投入公路运力自营新能源车 8290 辆。

（三）绿色包装

京东物流不断加强绿色包装材料的技术创新与应用，持续探索循环包装精细化运营，围绕减量、复用、回收再利用、降解四大方向推进绿色包装实践。2022 年，京东物流发布了行业内首个原厂直发包装（原发包装）认证标准，携手上下游合作伙伴努力推行原发包装的环保包装模式。

2023 年，京东物流开发 X 系列快递纸箱，通过对常规纸箱的结构优化，确保箱内体积、材质、使用感不变，将纸箱开口从长边转到短边，通过更短的摇盖使用更少的耗材，实现纸箱减量化。同时，积极开展可循环包装规模化试点，如在上海交通大学闵行校区的京东快递站点里，"绿色"包裹逐渐多了起来,这些包裹的包装便是京东物流的"青流箱"。在第 54 个世界地球日来临之际,在此前广泛应用的基础上,京东物流陆续投放 100 万个循环快递包装,积极推广循环包装的共享回收模式,让包装循环起来。

成效:通过减量、复用、回收再利用、降解等包装减碳手段,截至2023 年末已实现碳减排约 69515 吨。2023 年,仅原厂直发包装帮助京东物流减少二次包装使用超过 8 亿个。自研的 X 系列纸箱仅 2023 年的使用量就达 1.1 亿个,共计减碳约 1719 吨。

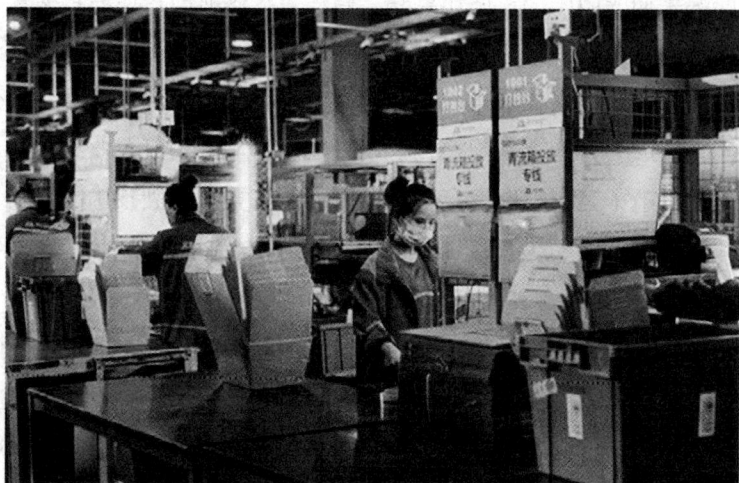

图 1　可循环包装规模化试点项目——循环青流箱投放专线

（四）绿色科技

京东物流长期坚持技术投入,将绿色、低耗能的设计理念融入整个规划及研发过程中。基于 5G、人工智能、大数据、云计算及物联网等底层技术,不断扩大软件、硬件和系统集成的三位一体的供应链技术优势,包括自动搬运机器人、分拣机器人、智能快递车等智能产品,以及自主研发的仓储、运输及订单管理等系统,将智能软件、硬件产品覆盖到包括园区、仓储、分拣、运输和配送等供应链的主要流程和关键环节。

京东物流自研产品"天狼机器人"尤为关注节约能源消耗、延长自身产品寿命的能量回收技术，将天狼穿梭车电池电容研发替换为超级电容。相较普通电池，超级电容功率密度高、寿命更长且能量回收效率高，可显著优化产品生命周期及环保性能；在自研无人车、室内配送机器人产品设计中考虑对环境的影响，采用不含重金属、无毒无污染、循环寿命长、安全性更高、稳定性更强的磷酸铁锂电池、三元锂电池方案；充分考虑低功耗策略，在不同工况下采用不同工作模式，最大限度地降低电能消耗；进行整车轻量化设计，降低产品原材料消耗和整车能量消耗。

京东物流自研的无人机主要用于城市、乡村等人口居住区域，在动力能源上全系列配备纯锂电能源，有效减少废弃物排放、噪声污染对空气质量及地面人员的危害，降低燃烧可能产生的安全隐患。同时，使用电力清洁能源，显著提高能源利用效率，降低飞行运营成本，助力无人物流技术应用的可持续发展。

三 社会实践：助力美好生活，共创社会永续价值

京东物流以"有责任的供应链"为原点向外延伸，努力与各个利益相关方互惠互利、共生共赢。对客户，紧跟民众的习惯和偏好，持续优化服务体验；对伙伴，不断加强合作协同，实现资源共享和优势互补，共同提升服务水平；对员工，坚持"先人后企"，为员工提供全方位的福利关怀和人才发展机制；对社会，力所能及投身公益、扶危帮困。

（一）便民极致服务体验

京东物流成功打造了首个接入医院终端的寄递新模式，为全国近千家医院提供送药上门服务，站点日均揽收量可达 1000~2000 件。在北京广安门医院，取药的患者中有超过 50% 选择京东物流寄送，每年服务超过 20 万人次，打造便民就医新体验。同时，京东物流深入社区，创新搭建"一刻钟服务送达"，针对居民日常生活中高频使用的快递、家电清洗、洗衣服务、

维修检测等需求提供服务。

历经十余年自营物流的经验和技术积累，京东物流在末端服务包含 211 限时达、京准达、夜间配、京尊达、极速达等一系列服务体系。2023 年 10 月，京东物流再次全面升级服务，率先提出了"1 小时未取件必赔""全程超时必赔"及"派送不上门必赔"三大服务承诺。

（二）助力员工幸福生活

作为行业内与一线员工签订正式劳动合同并缴纳"六险一金"的民营物流企业，京东始终将员工的发展置于商业成功之前，通过多样补贴全面保障员工工作和生活，持续推进高质量就业，提升 45 万名员工尊严感、幸福感和成就感。

2023 年，京东物流人力资源支出达 821 亿元，一线员工薪酬福利支出达 553 亿元，同比增长 23.9%；通过百亿"住房保障基金"、大幅扩充"员工子女救助基金"等多种方式提升员工福利保障，全年共发放救助基金 2000 余万元，帮助 250 多名员工渡过难关；重视高技术群体人才培养和新就业形态群体的职业技能提升，全年共有 4000 余名员工通过职业技能提升认证；关注女性员工成长，2023 年接受女性职业赋能及领导力提升培训的女性员工占比达 86.7%。京东快递员栾玉帅荣获全国五一劳动奖章，上海抗疫保供专班则被授予全国工人先锋号荣誉称号。

2024 年 8 月，京东物流启动了"一线楷模出国游"。自 2013 年起，京东物流每年都会组织赴马尔代夫、阿联酋迪拜、印尼巴厘岛、新加坡等地"一线楷模出国游"活动。

近年来，京东物流已涌现出百余位"3 年收入达百万"的一线快递员。在河南焦作，有 5 年工龄的快递小哥一天最多能发出近 3000 件快递，最高月收入超过 5 万元；而在青海西宁下南关牛羊肉市场，有快递小哥凭借热心肠与优质服务，与多个牛羊肉商家合作，如今一个月税后收入近 2 万元。

多年来，京东物流竭力让在职员工有收获、退休员工有保障。2024 年第三季度，华北、华东等地区入职的首批快递员已陆续退休，退休一线员工总数已经超过 1000 名。

图 2　一线快递小哥光荣退休

（三）共筑美好互益社会

京东物流积极投身公益事业，完善"平急两用"的供应链物流服务体系，面对各地灾情险情主动作为。2023 年，在京津冀洪涝灾害、甘肃临夏积石山地震等多个突发事件中，京东物流第一时间启动应急响应机制，从就近仓库紧急调拨应急物资驰援，有效保障了受灾地区的物资供应。

2023 年春节前，京东物流参与发起了"温暖城市守护者"公益活动，在北京、广州、深圳、武汉、西安、兰州等六个城市，联合为环卫工人、公交司机、医务工作者以及春运志愿者等一线保障工作者捐赠价值约 200 万元的生活物资；与 20 家爱心单位共创"温暖回家路""公益寄递""致敬守护""予爱童行""在穗团圆"五大模块活动，送出 8.5 万份、总价值超过 76 万元的爱心物资。2023 年，京东物流员工参与志愿服务总时长达 11233 小时。

结　语

与责任同行，与价值共生。在持续不断的探索和实践中，京东人坚信，企业经济绩效与环境绩效、社会绩效应当融合统一、相得益彰。展望未来，京东物流将坚守降本增效、极致服务的核心理念，以务实创新的精神，不断优化全球供应链网络，积极探索行业前沿科技，致力于降低全社会物流成本，为推动经济社会发展贡献力量。

参考文献

京东物流：《2023 年 ESG 报告》，京东物流官网，https：//www.jdl.com/esg。

袁传玺：《京东物流 2022 年 ESG 报告释放重要信息　数字化助力企业应对减碳难题》，证券日报网，http：//www.zqrb.cn/tmt/tmthangye/2023－05－08/A1683520619467.html，2023 年 5 月 8 日。

B.10
发挥综合金融优势，筑牢红树林
保护"绿色屏障"

——以中国平安保险（集团）股份有限公司为例

辛　炜*

摘　要： 自"双碳"目标提出后，碳汇的气候调节作用受到广泛的关注与重视。红树林湿地生态系统在应对气候变化、保护生物多样性、维系可持续发展中具有不可替代的作用。2023年，平安依托自身综合金融能力，积极探索绿色金融与服务的创新，支持深圳国际红树林中心建设，规划推出"红树林碳汇保险+红树林生态保护慈善信托+科技赋能+志愿者服务"的红树林保护综合金融服务方案，深入探索和实践 ESG 理念和可持续发展。全面推动红树林保护实践，为"深圳国际红树林中心"建设提供坚实支撑，为金融赋能绿色发展树立典范。

关键词： 中国平安　红树林　生态修复　慈善信托

一　企业简介

中国平安保险（集团）股份有限公司（以下简称"平安集团""平安"）于1988年诞生于深圳蛇口，是中国第一家股份制保险企业，至今已发展成为我国三大综合金融集团之一。

＊ 本报告由中国平安保险（集团）股份有限公司品牌宣传部 ESG 办公室辛炜供稿，数据资料均由企业提供，课题组基于所供材料编辑而成。

平安集团始终坚持以客户需求为导向，深化"综合金融+医疗养老"双轮驱动战略，完善公司治理及风险管控机制，为广大客户、员工、股东和社会实现长期、稳健、可持续价值最大化而持续奋斗。可持续发展是平安的发展战略，亦是确保公司追求长期价值最大化的基础。平安核心聚焦公司在 ESG 相关领域的实践提升，将 ESG 要求全面融入集团运营管理工作，定期开展可持续发展议题的分析与评估，检视集团可持续发展规划。

平安积极与全球领先的可持续发展标准保持同步，为中国首个以资产所有者身份签署联合国负责任投资原则以及大陆首家签署联合国环境规划署金融倡议（UNEP FI）可持续保险原则的公司，并加入 UNEP FI 指导委员会，成为中国唯一代表企业。平安亦参与并签署气候行动100+、"一带一路"绿色投资原则等可持续发展倡议，围绕落实全球发展倡议和可持续发展目标，进一步树立中国企业全球可持续发展形象。

平安在公司治理和企业社会责任等方面广受海内外评级机构和媒体的认可，在已公开结果的国内外主流 ESG 评级结果中，持续保持中国领先、行业领先。其中，在最新 MSCI 评级结果中，平安 2024 年 ESG 评级上调为 AA 级，连续三年位列"综合保险及经纪"亚太区第一；连续 14 年入选"恒生可持续发展企业指数系列"成分股，在众多企业中脱颖而出，持续保持着稳定且领先的可持续发展态势；CDP 评级为 B，荣膺中国内地金融企业最高评级；Sustainalytics 评估为低风险，在中国内地保险企业中取得最佳得分。

在社会责任履行方面，平安集团第四次获颁民政部"中华慈善奖"，用实际行动诠释对社会公益事业的奉献。同时，入选福布斯中国 ESG 创新企业 TOP50，展现出其在 ESG 创新实践中的先锋引领作用；蝉联福布斯"2024 全球最佳雇主"，体现出对员工的重视与良好的企业人文环境。

截至 2024 年 6 月末，平安保险资金负责任投资规模已达 7999.02 亿元，其中绿色投资规模达 1248.77 亿元，绿色贷款余额 1646.34 亿元。2024 年上半年，平安可持续保险原保费收入共 3606.11 亿元，绿色保险原保费收入

236.05 亿元；通过"三村工程"提供乡村产业帮扶资金 170.24 亿元；在运营减碳层面，截至 2024 年 6 月末，集团员工碳账户累计覆盖 15.2 万名员工，累计减碳量 20240 吨。

二 ESG 实践：中国平安红树林保护综合金融服务方案

红树林是地球上生物多样性和生产力最高的海洋生态系统之一，也是生态服务功能最强的生态系统之一，它们在防风消浪、促淤保滩、固碳储碳、维护生物多样性等方面发挥着重要作用。同时，红树林也具备较高的经济价值，生态养殖价值和生态旅游开发价值并存。然而，近年来红树林面临着诸多威胁，如沿海开发、污染排放、气候变化等，其面积不断减少，生态功能也逐渐退化。在此背景下，平安集团积极响应国家生态文明建设号召，充分发挥自身金融优势，推出了以"红树林碳汇保险+红树林生态保护慈善信托+科技赋能+志愿者服务"为核心的红树林保护综合金融服务方案，旨在为红树林生态系统的保护与修复提供全方位、多层次的支持，助力实现碳达峰、碳中和目标，践行企业的 ESG 社会责任。

（一）红树林碳汇保险：筑牢生态风险防线

2023 年 7 月 25 日，在国家金融监督管理总局深圳监管局、深圳市规划和自然资源局的共同见证下，广东内伶仃福田国家级自然保护区管理局与中国平安财产保险股份有限公司深圳分公司签订《福田红树林自然保护区红树林碳汇保险捐赠协议》，为福田自然保护区的红树林碳汇量提供风险保障和防灾减损服务，标志着全国首单红树林碳汇指数保险在深圳落地，深圳正式建立蓝色碳汇保险补偿机制。

在碳汇测量的方法上，平安产险立足深圳红树林保护实际和特点，创新采用"遥感+实地采样+样方调查"的方式确定碳汇量，数据确认具有科学性、可靠性、严谨性。这种多维度的测量方法，充分考虑了红树林生态系统

图 1　深圳市红树林蓝色碳汇综合保险捐赠仪式

的复杂性和多样性，能够更准确地反映红树林的碳汇能力和变化情况。

在保障方案设计上，平安产险将"保险机制+生态维护"有机融合，将红树林损毁造成的碳汇量损失指数化，以红树林碳汇价值损失作为补偿依据，损失补偿将用于灾后红树林生态保护修复等行动，使保险责任和赔偿标准更加清晰明确，便于操作和执行。

为助力自然生态系统碳汇价值转化，红树林碳汇指数保险创新试点以市场化手段管控风险，将"无形的碳汇"以科学的定价"有形化"，充分保障红树林碳汇的生态效益和经济价值，有效助力了红树林丰富的蓝色碳汇资产的盘活。通过保险为"蓝色碳汇"注入"绿色金融动力"，为"红树林"转变为"金树林"的生态产品价值实现提供风险保障。最终形成了可复制、可推广的蓝色金融发展经验，特别是在创新金融服务支持红树林及生物多样性保护等方面具有先行示范意义。

成效：截至 2024 年 3 月，平安产险碳汇指数保险已覆盖森林、草原、湿地、海洋四大类别，成为首家覆盖"陆地+海洋"生态系统碳汇保险保障服务的险企，并先后承保首单可持续发展（ESG）保险、首单城市红树林碳汇指数保险等，覆盖清洁能源、生态农业、环境保护等领域，为环境保护和绿色产业发展提供更全面的保障。

（二）红树林生态保护慈善信托：联合社会力量

2023 年 10 月 14 日，"平安生物多样性及环境保护慈善信托"签约仪式在深圳福田红树林生态公园成功举行。该慈善信托由深圳市平安公益基金会捐赠 1000 万元发起设立，由平安信托作为受托人，深圳市红树林湿地保护基金会作为慈善信托的慈善项目管理人，致力于保护生物多样性、促进生态保护和可持续发展，事故灾难和公共卫生事件等突发事件造成的损害救助，是国内首只重点关注红树林生态保护的慈善信托。

"平安生物多样性及环境保护慈善信托"为永续型信托，资助方向包括但不限于红树林生态保护和修复、水鸟生态廊道建设、科普教育与国际经验输出等。例如，通过资助相关科研项目，研究红树林生态系统的保护和修复技术；建设水鸟生态廊道，为鸟类提供更好的栖息和迁徙环境；开展科普教育活动，提高公众对红树林生态保护的意识和参与度。

图 2 "平安生物多样性及环境保护慈善信托"签约仪式

（三）红树林保护实践：鼓励全民参与

平安还通过组建红树林保护志愿者队伍，开展系列红树林保护行动，身体力行传递环保理念，带动更多人关注并投身红树林保护事业。

2024 年 7 月，深圳平安产险联合红树林基金会（MCF）举办了主题为"绿美湿地　共护未来"的"平安自然教育基地落成仪式暨平安红树林守护活动"。现场举行了"平安自然教育基地"落成揭牌和公益授牌仪式，标志着平安等爱心企业对红树林公益的热心支持。同时，平安产险深圳分公司向红树林基金会捐赠 50 万元资金用于湿地及其生物多样性保护等工作，并同步捐赠保额 38.8 万元的红树林森林种植保险，为红树林提供进一步的温暖守护及关爱支持。现场还开展了红树林种植及自然科普活动，与会者纷纷参与到保护红树林的实践行动中。

图 3　全国唯一地处城市腹地的国家级自然保护区——深圳市福田自然保护区红树林

三　ESG 成效：ESG 战略下的效益协同新典范

中国平安落地全国首单城市红树林碳汇指数保险以及首只红树林生

态保护慈善信托，以全方位的综合金融服务方案支持"深圳国际红树林中心"建设，以金融工具赋能绿色发展、以金融力量创新公益模式，实现金融与环境保护、社会发展更好的链接，全面助力全社会的可持续发展。

生态效益：红树林作为重要的海洋生态系统，对于维持生物多样性、固碳减排等有着不可替代的作用。平安红树林碳汇指数保险为红树林生态系统提供了关键的风险保障，一旦自然灾害等因素导致红树林碳汇受损，保险赔付资金能够及时用于红树林的修复与重建工作。如在经历台风等极端天气后，保险的赔付可以支持受损红树林区域的种苗补植、生态环境改善等行动，使得红树林生态系统得以较快恢复，有效保障其固碳、防风消浪、维护生物多样性等生态功能的持续稳定发挥。这不仅有助于保护当地的生态环境，还对全球碳循环和应对气候变化贡献了力量，增强了红树林生态系统在面对自然灾害等风险时的韧性。

经济效益：平安的红树林保护综合金融服务方案，以其创新性的金融产品与服务模式，为绿色金融产业的发展注入了新的活力与动力。红树林碳汇保险作为一种全新的绿色金融产品，拓展了保险业务的领域与边界，将传统保险的风险保障功能与生态保护的碳汇价值有机结合，开辟了绿色保险市场的新蓝海，吸引了更多金融机构关注与参与绿色保险产品的研发与创新。

红树林生态保护慈善信托的设立与运作，创新了慈善资金的募集与管理模式，通过整合社会各界资源，实现了慈善资金的规模化、专业化与可持续化运作，为绿色金融与慈善事业的融合发展提供了成功范例。这些绿色金融创新实践，不仅为平安自身带来了新的业务增长点与市场竞争力，也为整个绿色金融产业的发展提供了有益的经验借鉴与模式参考，推动了绿色金融产业链的不断完善与发展壮大。

社会效益：平安广泛宣传、大力促进志愿者服务队伍深入基层并进行普及教育，成功地将红树林保护的理念深深植入广大公众的心中，助力公众环保意识的提升。

参考文献

中国平安：《2023 年可持续发展报告》，中国平安集团官网，https：//www. pingan. com/app_upload/images/info/upload/73449760-b9ce-4b13-a291-67d41082fd8f. pdf。

B.11

扬帆国际铸品牌　海外履责显担当

——以南方电网国际有限责任公司 ESG 实践为例

阮晓光　刘　维　王　娜*

摘　要： 2024 年是共建"一带一路"倡议提出第十一年，南网国际公司深入贯彻党中央、国务院决策部署，积极推动国际化发展，在全球 10 余个国家和地区高质量开展国际业务，成为国资央企"走出去"和参与"一带一路"建设的重要典范。南网国际公司作为南方电网公司的国际化业务平台，积极推动国际化发展，通过内外借力、公益同行、文化融合等方式，创新品牌国际传播，履行海外社会责任，提升品牌影响力，为共建"一带一路"贡献力量，在共建"一带一路"中讲好中国故事，传播好中国声音，展示好企业形象，以开阔的视野、坚定的信心在国际舞台奏响属于自己的时代强音。

关键词： 南网国际　海外履责　品牌建设　共建"一带一路"倡议

一　企业简介

南方电网国际有限责任公司（以下简称"南网国际公司"）于 2007 年成立，南方电网国际（香港）有限公司（以下简称"南网国际（香港）公司"）于 2005 年成立，是南方电网公司的全资子公司，国际业务的主要实

---

* 阮晓光，南网国际公司党建工作部主任；刘维，南网国际公司老挝南塔河公司副总经理；王娜，南网国际公司党建工作部文化宣传主管。数据资料由企业提供，课题组基于所供材料编辑而成。

施平台、投融资平台。南网国际公司与南网国际（香港）公司按照"一套人马、两块牌子"的模式运作。南网国际公司以"成为具有全球竞争力的一流电力投资建设运营商"为战略目标，积极拓展国际市场，致力于构建跨国电力投资与运营平台，服务于粤港澳大湾区和海南自贸港的繁荣发展，做国际市场开拓者、国际资源整合者、国际资产运营者、港澳供电支撑者。南网国际（香港）公司作为南方电网公司海外投资的国际业务平台，以先进的电网技术、成熟的管理经验和强大的综合实力为支撑，负责跨国（境）输变电项目资产经营、对外技术合作与技术进出口、国际贸易等业务。

南方电网公司着力推动电网互联互通，促进"一带一路"基础设施联通；着力深化国际交流合作，促进"一带一路"规则标准融通；着力实施暖人心项目，促进"一带一路"人文民心相通。作为南方电网公司国际业务的主要实施平台、投融资平台，作为服务"一带一路"倡议的能源央企，南网国际公司始终坚持战略引领，将 ESG 理念深度融入企业决策、以实际行动做"一带一路"倡议的坚定信仰者、忠实践行者、最美奋斗者，积极应对各类风险挑战，保障企业稳健发展与利益相关方权益平衡，全方位推动企业可持续国际化发展，为共建"一带一路"国家地区的长期繁荣稳定注入源源不断的动力与活力。

二 治理实践：品牌建设，创新驱动筑牢海外发展之魂

在全球化浪潮汹涌澎湃的当下，品牌建设已成为企业在国际舞台上脱颖而出的关键密钥。在治理实践中，南网国际公司将品牌建设与创新驱动紧密融合，积极搭建多元化的传播平台，构建全方位传播矩阵，以创新的传播方式和内容呈现，增强国际社会对品牌的认同感；在文化融合上持续发力，通过属地化经营，深入推进"跨文化"融合，打造企业文化同心圆，持续提升品牌国际传播效能；以创新为帆，以文化为舵，在海外发展的征程中乘风破浪，塑造"一带一路"倡议下央企海外发展与品牌建设的璀璨典范。

（一）内外借力，增进国际社会品牌认同感

南网国际公司深入学习贯彻习近平总书记关于宣传思想文化工作的重要指示，立足国际化经营特点，主动适应国际传播新形势，先后搭建起公司官方网站、微信公众号、Facebook 及 X（原 Twitter 平台）账号等官方主账号，并建立了"1+2+3+N"的重点宣传策略，依托海外重点项目认真挖掘一批中外"企业文化使者"，打造 1 个员工"大 V"账号及 1 个垂直领域账号，以非官方视角讲述南网海外故事。

2024 年，南网国际公司结合所属行业性质、目标受众及关注偏好，已持续孵化老挝籍员工王万中的个人"大 V"账号以及南网国际公司驻智利代表处领养黄狗（ChiChi）为主角的宠物类垂直账号，分别借助员工视角和宠物第一视角分享南网国际公司日常点滴，进一步提升公司国际传播效能，助力打造南方电网良好央企海外品牌形象。

南网国际公司以"官方账号+海外'大 V'账号"的形式强化公司国际传播海外社交媒体矩阵，同时加强和海内外主流媒体的合作交流，构建起网上网下一体、内宣外宣联动的舆论格局，形成了较为立体化的全媒体国际传播体系。各媒介平台多向联动，效果显著，除聚焦企业在能源电力领域的发展与成就外，还充分利用大数据和市场调研等手段及时把握公众、媒体需求，不断探索新的内容呈现方式和国际化的视觉表达形式。海报《粤港澳大湾区"成绩单"》、GIF《中国首次低轨卫星互联网在偏远地区电力通信的应用测试》、手绘海报《"逐梦'一带一路'"系列》、AI 海报《劳动节》、海报《近零碳密码！2024 年博鳌亚洲论坛年会》、系列视频《我为"一带一路"打 call》等内容，均以融合创新的传播方式取得了不俗的成绩。

当前世界之变、时代之变、历史之变正以前所未有的方式展开，南网国际公司在国际传播实践中未雨绸缪，及时发现一些苗头性、倾向性的舆情，快速反应，和相关方真诚沟通，妥善处理。作为参与国际竞争合作、高质量共建"一带一路"的重要力量，通过为企业发声、为品牌塑形，展示南网的国际竞争力，扩大南网全球影响力，既为企业赢得更广阔的市场空间，也

为国家实现高水平对外开放鼓劲添彩。

成效:"官方账号+海外'大 V'账号"的社交媒体矩阵成型,多元传播矩阵持续推动各媒介平台协同作业。借助大数据与调研把握需求,创新内容呈现与视觉表达,产出系列爆款作品,如《我为"一带一路"打 call》收获 21 万阅读量、超千次互动量。

图 1　手绘《"逐梦'一带一路'"系列》海报

(二)文化融合,有效提升品牌国际传播效能

品牌影响力在全球范围内的传播离不开文化的加持。作为"一带一路"倡议的践行者,南网国际公司在用心打造精品工程、服务经济社会发展的同时,积极开展属地化经营,深入推进"跨文化"融合,和项目所在地政府、民众、媒体、社会组织建立起良好关系,产生情感共鸣,有效提升企业国际传播效能。公司积极开展属地化经营,深入推进"跨文化"融合,充分发挥属地员工、属地企业和属地人士作用,树立起可信、可爱、可敬的中国形象。

越南永新一期燃煤电厂项目在建设高峰期时曾雇用当地员工,并培养越南籍电力管理人员和技术骨干，运营期为当地提供数百个就业岗位。七年前，永新公司生产部经理助理裴氏占（BUITHICHIEM）在当地新闻中第一次接触到永新项目，当时刚刚大学毕业的她就选择加入越南永新公司。"刚开始我对电厂化学专业知识只是略知一二，对电厂设备系统也不够熟悉。经过锻炼和培养，我一步步从电厂化学运行值班员晋升为化学环保工程师，2022年更有幸晋升为生产部经理助理。在与众多专业过硬和经验丰富的中国同事学习合作过程中，我逐渐摸索出了适合自己的工作方法和经验，同时也学到了许多关于安全生产和运营管理的知识，这些宝贵的学习经历不仅提高了我的专业能力，也为我打开了职业晋升的通道。"裴氏占说。

2023年，越南永新公司"创新员工关爱工作机制，营造和谐向上企业氛围"案例荣获2023责任犀牛奖之海外履责奖。该奖项真实反映了越南员工对南网的认同感和归属感，同时也是对南网国际公司企业文化在越南电厂落地发芽的最好奖励，更是越南人民对"一带一路"共商共建共享原则的肯定。

根据项目所在地国家特点，南网国际公司持续深入推进"跨文化"融合工作，综合运用大众传播、群体传播、人际传播等方式，让中华文化连同中国经验走进海外项目当地，全面展示"一家亲、一家人"的良好形象。一方面，公司借助春节、冬至等中国传统节日，邀请属地员工挂灯笼、吃饺子，体验中国文化，在企业社交媒体平台及海内外主流媒体刊发报道，营造美美与共的文化氛围，促进中外员工情感融合；另一方面，聚焦企业发展目标，构建企业与中外员工同体化，精心打造企业文化同心圆。越南永新公司、老挝南塔河公司每年都会开展先进个人评选，都有优秀外籍员工被评为年度先进个人并得到表彰，进一步增强了当地员工的责任感、荣誉感和归属感，有效提升了南网国际公司品牌国际传播效能。

成效：2024年南网国际公司共有外籍员工709人，属地化率超过92.7%。越南永新一期燃煤电厂项目，高峰期雇用4000余名当地员工，运营期提供500多个岗位，还培养出众多本土电力管理人员与技术骨干。2023年，越南永新公司案例荣获责任犀牛奖之海外履责奖，彰显越南员工的认同

图2 海外发布端午节祝福

感。这些努力让企业与当地政府、民众、媒体等建立起良好关系，提升了国际传播效能，"朋友圈"持续扩大，树立起负责任、讲信用、实力强的央企形象，为塑造中国形象贡献力量。

三 社会实践：公益同行，真情奉献谱写海外责任华章

随着一大批务实合作项目陆续在海外"落地生根""开花结果"，南网国际公司也用实实在在的投入践行社会责任，为民相亲、情相近写下生动"注解"，用心用情用力支持项目所在地经济社会全方位发展和民生福祉改

善。将"占芭花""永新之光"等公益项目打造成为有力量、有温度、有代表性的企业爱心公益品牌，增加了当地社会对企业的好感度和亲切度，强力助推南网世界一流企业品牌形象塑造。

（一）"占芭花"开，助孩童梦圆

"占芭花"是老挝国花，象征圣洁高贵。南网国际公司依托南塔河 1 号水电站项目，自 2015 年起就以"占芭花"爱心公益活动和"小而美"民生工程回馈当地社会。2020 年，在项目永久营地附近的王利村和哈南村，南网国际公司投资 47 万美元援建两所中老友好学校。随后又以中老友好学校为载体，持续开展公益捐赠活动，先后建立起"南网电教室""知行图书角"，并赠送配套书籍及游乐设施，修建"爱心澡堂""爱心食堂"等，开设"南网课堂"进校园，修筑水井以及配套太阳能供水系统，捐赠全新的足球场，赠送运动装备及学习用品，通过不断完善援建学校的配备设施设备，极大改善了当地民众的学习和生活环境。

成效：两所中老友好学校，现可容纳 350 名学生，相较原来增加了 200 多名。"占芭花"爱心公益活动已成为"一带一路"倡议下中老两国民心相通的有温度的品牌。援建获得了来自社会各界的认可和感谢。老挝总理向南网国际公司颁发发展奖章，波乔省政府连续两年颁发"教育发展特别奖"，老中友好协会也发来感谢信。老挝国家电视台等当地主流媒体纷纷盛赞南方电网公司为深化中老传统友谊贡献力量。同时，该案例成功入选国务院国资委 2022 年度国有企业品牌建设典型案例，入选中电联电力行业企业品牌创新案例，获得南方电网公司品牌故事二等奖，获评农业农村部主办的 2024 年减贫与发展高层论坛的第五届全球减贫案例。

（二）南网情深，耀"永新之光"

越南永新燃煤电厂一期 BOT 项目所在地越南平顺省绥丰县永新乡地处偏僻，南网国际公司依托"小而美"民生工程和"永新之光"爱心公益品牌，为当地各项社会民生项目开展公益捐赠，总金额已超过 35 万美元。通

图3　2020年、2021年，波乔省政府连续两年向老挝南塔河公司颁发
"教育发展特别奖"

图4　组织中老友好学校学生进行趣味游戏，共度"六一"儿童节

过改造修葺校园、帮扶贫困家庭、修建文化活动室、"爱心进校园"、捐赠
教学用品等活动，越南永新公司持续支持当地教育和慈善事业，被越南平顺

省评为助学先进单位，也多次被《共产党报》《人民报》《越南之声》《平顺报》等多家越南当地主流媒体报道，进一步强化了越南社会和民众对中国和中国企业的认知、认同。

图 5 越南平顺省永进小学学生用上了全新的电脑和桌椅

成效："永新之光·健康卫所"活动向越南永新乡捐赠卫生站，加盖遮阳棚并捐赠全新病床和办公室电脑、桌椅等医疗办公设备，改善当地医疗卫生条件。"永新之光·平安道路"活动为永新乡安装道路照明系统 1900 米，为永新乡政府驻地公园翻修硬化地面 464.8 平方米，新建 7 个 4 平方米花圃，修建路面人行道路 128 平方米。"永新之光·阳光助学"活动为永新乡永进小学新建操场等。

结 语

"朋友圈"越来越大，同心圆越画越广。南网国际公司沿"一带一路"点亮万家灯火，用国际视野讲好企业海外故事，树立负责任、讲信用、实力强的国资央企形象，进一步为塑造可信、可爱、可敬的中国形象贡献自己的力量。当代中国与世界的互动已进入新一轮周期，挺立在时代潮头的南网国际公司，将时刻心系国家前途命运，坚持守正创新，通过保证项目建设质量、展现中华文化底蕴、创新国际传播策略、加强企业形象塑造，为讲好中国故事、传播好中国声音继续贡献智慧和力量。

参考文献

南方电网能源发展研究院：《南方电网发展报告（2023 年）》，中国电力出版社，2023 年 12 月。

中国南方电网有限责任公司：《2023 年企业社会责任报告》，南方电网官网，https：//www.csg.cn/shzr/zrbg/202409/P020240910526702540338.pdf。

B.12
万华化学，让生活更美好

——以万华化学集团股份有限公司为例

王安雨*

摘　要： 万华化学是一家国有控股、全球化运营的化工新材料公司，位列全球化工 50 强第 16 位。公司以技术创新为核心竞争力，拥有众多国家级实验室和科研人才。近年来，万华化学致力于可持续发展，围绕环境、社会、治理全新升级了公司的可持续发展战略。在环境方面，公司推动"双碳"目标落地，加强环境保护，实现清洁能源利用和工业废余热供暖；在社会方面，公司注重安全健康和人才发展，积极履行社会责任，开展科普教育和公益活动；在治理方面，公司优化治理架构，完善 ESG 管理机制，营造公平公正的良好文化氛围。万华化学通过持续创新和负责任经营，为人类创造美好生活。

关键词： 万华化学　ESG　"双碳"目标　员工发展

一　企业简介

万华化学集团股份有限公司（以下简称"万华化学"）是一家国有控股、全球化运营的化工新材料公司，位列全球化工 50 强第 16 位，拥有近 3 万名员工。公司始终把技术创新作为第一核心竞争力，建立从基础研究到

---

* 本报告由万华化学集团股份有限公司市场发展与品牌部品牌管理专员王安雨供稿，数据资料均由企业提供，课题组基于所供材料编辑而成。

产品应用一体化的技术创新体系，成立 14 个国家级实验室、工作站、研究中心和 1 个国家标准创新基地，共有 4000 多名高素质科研人才。秉承"敢想敢干、锲而不舍、没有不可能的事情"的创新理念，开发出一大批世界一流、全球领先的技术和产品，共有全球首创技术 14 项、关键核心技术 47 项、高质量发明专利 6800 多项，成为全球聚氨酯行业领军企业、中国最具竞争优势的精细化学品供应商之一。

近年来，万华化学基于人类社会未来面临的共同挑战和企业的健康长远发展，以联合国可持续发展目标 SDGs 为努力方向，以"化学，让生活更美好！"为使命，围绕环境、社会、治理全面升级了公司的可持续发展战略，致力于通过化学的力量，在推动自身变革的同时，为人类面临的共同挑战提供解决方案，助力可持续发展未来。

万华化学对可持续发展和负责任经营有着深刻认识，公司始终将 ESG 理念贯穿于日常运营和战略决策中，取得了一系列重要成就，多次获得国内外权威机构的高度认可，包括中国工业经济联合会颁发的"第七届中国工业大奖技术创新奖"、被国务院国资委办公厅评为"'双百企业'标杆"、被中国质量协会评为"全国质量标杆"等多项荣誉。

二 绿色引领：弘扬绿色价值，守护地球家园

（一）气候中性

2023 年，万华化学提出公司"双碳"目标，承诺将不晚于 2030 年实现碳达峰，力争于 2048 年实现碳中和，通过技术创新、能源转型、上下游合作，持续推动全产业链低碳发展。2024 年，公司进一步推动电力零碳化、能源低碳化、创新减碳化等举措，助力"双碳"目标落地。

电力零碳化。万华化学零碳电力的总体目标是到 2030 年国内所有生产基地清洁电力占比达到 50%以上，2035 年前实现清洁电力全覆盖。2023 年通过地域电力资源分析、合作采购模式创新等开拓零碳电力渠道，逐渐引入

新能源与核电，低碳电力增幅明显，助力集团电力清洁化转型升级。

能源低碳化。2023 年，通过装置内节能技术、装置间能量集成和园区节能优化等措施，实现蒸汽节省 223 吨每小时，减排量 45 万吨每年，后续公司还将围绕各园区持续进行节能控制优化。

创新减碳化。2023 年，万华化学与福港集团、东方海运试推行外贸托卡"公转水"业务，相较传统外贸托卡业务，可基于现有的海运运输路径，减少汽运运距以降低碳排放，也可减少对长距离汽运托卡的依赖性，缓解承运商的车辆采购压力。今后，万华化学将在低碳物流领域继续扩大"公转水"的推广范围并优化操作过程，探究"公转铁"及电能重卡替代传统汽卡的可行性，将减碳环保与降本增效相结合，实现共赢。

成效：公司在风电、太阳能、核电等清洁能源领域提前布局，通过合资、合作的方式实现清洁能源的社会增量，能源结构转型持续加速。海上风电项目已于 2023 年部分并网投产。该项目规划装机容量为 510MW，拟安装 60 台单机容量 8.5 兆瓦的海上风力发电机组，年上网量 16 亿度，年二氧化碳减排量 124 万吨；万华化学在山东省招远市投资建设的 120MW 农光互补光伏发电项目每年将带来 1.7 亿度发电量，相当于减少 17 万吨的碳排放；福建海上风电项目规划安装 23 台单机容量 13.6MW 的风电机组，实现年发电量 14.5 亿度，年二氧化碳减排量 80 余万吨。

2021 年 11 月，万华化学开始与江苏河海新能源有限公司共同研究万华工业园余废热收集利用。目前，项目一期已投产，2023~2024 年度供热季已实现 1200 万平方米的清洁供暖面积。2024~2025 年度继续推进工程建设，项目建设投产后供热负荷累计可达 1224MW，可实现清洁能源供热面积约 2850 万平方米；2025 年度项目全部建成投产后累计可输入供热负荷约 2880MW，可实现清洁能源供热面积约 6700 万平方米。该项目建成投产可节约标煤 110 吨每年，减排二氧化碳 286 万吨每年、二氧化硫 9350 吨每年、氮氧化物 8140 吨每年、PM10 粉尘 107 吨每年，可极大缓解项目所在地冬季的大气污染，为实现碳中和目标作出积极贡献。

（二）环境保护

万华化学致力于环境保护，制定了以《万华化学环境保护管理程序》为核心，包含《万华化学建设项目环保管理制度》等的 1+37 管理文件以完善环境管理体系。公司投入运营超过三年的基地 ISO14001 环境管理体系认证覆盖率 100%。作为化工行业内首个提出"零排放"环保理念并推广的企业，承诺"三废"排放实现无组织排放为零、有组织排放 100% 达标直至削减为零；在各大生产基地，致力于打造"三不见工厂"（看不见跑冒滴漏、听不见任何噪声、闻不见任何异味），为所在社区贡献绿色力量。

公司坚持化学的问题由化学来解决，积极探索绿色园区循环发展的水之道。化工园区的生产用水循环利用是当今世界性水资源合理利用的重点，公司在研发、生产运行、工艺优化等阶段强化水资源管理，规范废水产生、收集、处理、回用、排放的全过程管理，以废水零排放为目标，利用不同工艺处理、回用废水，减少工业用水和水污染，促进源头减排。2023 年，公司落实废水排放总量、排放浓度双达标管控要求，组织实施 32 个废水减量项目，从源头削减和回收利用两方面综合实现减量 53.3 万立方米。

其中 MDI 废盐水循环再利用技术就是优秀的实践案例。万华化学采用自主开发的废盐水回用技术，可将收集的 MDI 副产高浓含胺废盐水进行高效回收，在温和条件下催化处理转化，精制获取高纯浓盐水，其指标完全达到离子膜电解水要求，成为氯碱行业的优质原材料。

成效：MDI 废盐水循环再利用技术凭借高效的以废治废、零排放、工艺流程简单、处理效果稳定，实现了"氯"和"钠"以"双闭环"式循环，开创了异氰酸酯行业废盐水零排放的先河。目前该技术已在万华化学全球各园区（烟台、福建、宁波、BC）投用，废盐水回用总量约 300 万吨，二氧化碳减排量超 14 万吨每年，可大幅减少废盐水排放，为行业带来更可循环的原料。

（三）产业创新

万华化学推行"自主创新+数智赋能"双驱动的质量管理模式并通过了

质量体系 ISO9001 体系认证。2023 年，公司加快现有业务做强做大的步伐，通过众多创新型产品为客户提供更高效、更环保的体验。

成效：万华化学有多款产品获得 ISCC PLUS 认证，意味着公司已具备向客户供应含可再生、可循环原料产品的能力，支持众多下游行业绿色低碳发展。

三　责任在肩：共创美好生活，践行公民使命

一直以来，万华化学努力创建没有裙带关系、没有山头主义、没有利益输送、风清气正、文化纯净、奋发向上的工作环境，营造公平公正、有为有位、业绩导向的文化氛围，打造一支敬业奉献、担当有为、极具战斗力的员工队伍，形成有利于干事创业的良好生态，为公司跨越式发展保驾护航。

"阳光万华 345 行动"就是万华化学"廉洁从业监督管理体系"的重要内容，也是公司舞弊预防机制的常态化举措，是廉洁从业管理中的重要一环。2023 年"阳光万华 345 行动"共计发廉洁告知函 3752 份，有效回函 3703 份，回函率 99%。结合行动，公司加强内部教育，增强不想腐的自觉，活动期间完成 1 次网络授课、9 次现场授课和各类法院讲座、廉洁宣誓及签字仪式等活动，充分体现了公司教育在前、预防为主的廉洁风险防控理念原则。

（一）安全健康

2023 年，万华化学在"三零"（零伤害、零事故、零排放）目标的指引下，按照长期策略扎实推进各项工作，全面完成了当年的各项安全绩效目标。

化学品安全。公司致力于化学品生命周期每个阶段识别、管理及减少对环境、健康和安全的影响，通过信息化手段实现对原料及供应商准入、配方、产品 SDS 及标签、产品销售和物流等全流程的合规监管，实现了各个环节对法规符合性的管控。

过程安全。公司在 2013 年已经全面搭建起围绕过程安全危害识别

PHA、标准操作程序 SOP、操作边界 IOW、操作纪律 OD、变更管理 MOC 等 20 个要素的 PSM 管理体系。2023 年重点推动过程安全危害识别团队建设与人才培养、新项目风险管控前移等工作。

储运安全。公司建立了国际先进的储运安全管理系统并不断改进，管控化学品装卸、储存和运输过程中的风险，预防和控制化学品释放对安全、健康和环境的不良影响，助力公司的可持续发展。

此外，公司积极营造全员参与的安全文化氛围，着力让每一位员工都提升职业健康的意识。同时，公司通过建立《万华化学职业卫生和职业病防治管理制度》《万华化学医疗救治及工伤管理制度》等系列管理制度，提升职业健康管理水平，并获得 ISO 45001 体系认证。

（二）人才发展

万华化学高度重视人才发展工作，建立完善的培训体系和激励机制，提供多元化的职业发展通道，注重员工的职业健康和安全保障，为员工提供良好的工作环境和福利待遇。

围绕"人才是企业最重要的战略资源"理念，万华化学实施以"引才、育才、借才、用才、留才"为主要内容的人才工程，用崇高的使命和宏伟的目标感召人才，以有竞争力的薪酬和激励机制吸引人才，凭借科学的体系和方法培养人才，依赖优良的文化和公平公正的环境留住人才，进而为企业自主创新提供不竭动力，加快企业打造人才聚集新高地和高质量发展的步伐。

公司坚持以人为本，打造助力人才发展的国际化舞台，聚焦员工与社区需要，让人的成长与企业的成长相辅相成，铸就最佳雇主品牌。基于公司的行业地位和实力，持续发挥上游企业优势，深耕校企合作，分别针对高校端、行业教育端、学生端持续发力，不断提升影响力。

针对全球各地员工，公司打造了万华人才关怀体系，以法定福利为基础、公司福利为保障，针对女性、困难员工设置专项福利，开设职工俱乐部，组织丰富的员工活动，让员工没有后顾之忧，让万华化学成为员工的心之所向。

自 2019 年加入联合国全球契约以来，万华化学将联合国全球契约和相关原则的要求融入公司战略、企业文化和日常运营，建立反歧视、反强迫劳动、反骚扰虐待等相关人权政策、制度，承诺在公司内部落实十项基本原则的要求，积极参与联合国可持续发展合作项目，建立员工 100% 加入的工会、完善职工之家，鼓励并保障工会和集体谈判的权利。

通过制度、日常行为引导等，始终为员工营造公平公正、有为有位的文化环境，让奋斗者在公司能够心无旁骛专注工作，并为其提供更广阔的发展平台。公司着力打造"专业职级+管理职务"双序列晋升渠道，系统化培养、引进人才，保持组织活力，以人才之力保障公司事业持续发展。

（三）社会责任

万华化学积极履行社会责任，通过可持续采购、捐赠物资、支持公益事业等方式回馈社会。公司还加强与社区、政府等利益相关方的沟通与合作，共同推动社会和谐发展。

2023~2024 年，万华化学走过了我国四川、福建、山东、上海等地，以及匈牙利的多个城市，带领 3000 余名中小学生走进"神奇实验室"，将专业的化学知识融入妙趣横生的科普课堂，通过趣味性实验，探索化学奥妙，帮助更多人树立正确的科学观，激发探索未知的热情。

2024 年，万华化学将数万张聚氨酯慢回弹记忆棉床垫带入华东理工大学、中国石油大学（华东）、大连理工大学、北京化工大学、天津大学、西安交通大学、福州大学、江南大学等八所高校，依托强大的科研创新实力，不断打磨睡眠材料，优化年轻一代的睡眠习惯，用科普知识承托新生梦想，奔赴活力未来。

结　语

万华化学秉持绿色发展理念，致力于环保与节能减排，同时以人为本，并积极与相关方携手共进，推动社会和谐发展。未来，万华化学将继续坚持ESG 理念原则和实践路径，加强技术创新、强化节能减排、推动人才战略和社会责任项目，为可持续发展和人类美好生活贡献力量。

参考文献

万华化学集团股份有限公司：《2023 年万华化学 ESG 报告》，万华化学官网，https：//video. ceultimate. com/100009_2007175034/2023% E5% B9% B4ESG% E6% 8A% A5% E5% 91%8A. pdf。

辛笠：《中国企业出海的理想与经验：万华化学国际化组织能力建设实践探讨》，中国商务出版社，2024。

B.13
绿色低碳引领电动化转型
——以比亚迪股份有限公司为例

郑　杏　刘秋芸[*]

摘　要： 发展新能源汽车是迈向汽车强国的必由之路，节能环保和安全是汽车工业发展的永恒主题。比亚迪积极响应国家"双碳"目标，将可持续理念融入企业发展，致力于通过技术创新推动环境保护和社会责任，接连推出颠覆性技术和产品，推动交通领域电动化转型，推进更高水平的绿色可持续发展。同时，比亚迪积极履行社会责任，支持教育、慈善，关爱员工，用极致的技术、产品和体验，创造企业的长期价值，持续满足人们对美好生活的向往。

关键词： 比亚迪　绿色战略　科技创新　社会责任

一　企业简介

比亚迪股份有限公司（以下简称"比亚迪"）成立于1994年，总部位于广东省深圳市，业务横跨汽车、电子、新能源和轨道交通四大产业，是在香港和深圳两地上市的世界500强企业，在全球累计申请专利超4.8万项、获得授权专利超3万项。2023年，比亚迪集团总营收6023.2亿元，同比增长42.0%；2024年前三季度营收5022.5亿元，同比增长18.9%。

* 本报告由比亚迪集团可持续发展办公室ESG管理科负责人郑杏及比亚迪集团可持续发展办公室ESG管理科科员刘秋芸供稿，数据资料均由企业提供，课题组基于所供材料编辑而成。

比亚迪的使命是"用技术创新,满足人们对美好生活的向往",秉承绿色可持续发展理念,坚持用绿色技术推动环境保护,以"为地球降温1℃"为目标,促进人类可持续发展。

表1   2023年及2024年重要ESG荣誉

奖项举办方	获奖名称	获奖时间
中国上市公司协会	2024"上市公司可持续发展最佳实践案例"	2024年
中诚信绿金国际有限公司(CCXGF)与香港ESG报告大奖有限公司(HERA)	杰出全球ESG影响力大奖	2024年
网易财经	2024年度ESG典范企业奖	2024年
Wind万得	2024年度Wind中国上市公司ESG最佳实践100强	2024年
毕博	2024汽车行业ESG菁英奖 绿色创新产品奖	2024年
中央广播电视总台	"中国ESG上市公司大湾区先锋50"榜单	2024年
中央广播电视总台	"中国ESG上市公司先锋100"榜单	2024年
南方周末	2023年度杰出责任企业	2023年
中国上市公司协会	2023年上市公司ESG最佳实践案例	2023年
证券时报	第十七届中国上市公司价值评选"中国上市公司ESG100强"奖	2023年
新财富	最佳ESG信披奖	2023年

二 推动绿色低碳,促进电动化转型

(一)绿色战略

比亚迪进入汽车行业的初衷,就是做新能源汽车,走可持续发展道路,坚持在解决社会问题的过程中发展自己。比亚迪有三大绿色梦想——电动汽车、储能、太阳能,希望打通从能源获取、存储,再到应用的各个环节,通过提供绿色技术和产品、输出绿色理念,推动绿色能源在全球的广泛使用。

比亚迪把推动实现三大绿色梦想、持续改善全球生态环境、造福全人类视为最重要的社会责任，每推出一辆电动车、架设一座太阳能和储能电站，都是出于这份社会责任。

面对城市环境污染、空气质量等社会问题，比亚迪在 2010 年就提出城市公交电动化战略，并率先在深圳试行，逐步把深圳的公交车和出租车替换成新能源车，2017 年深圳成为全球首个公交全面纯电动化的城市，空气质量得到显著提升。深圳的成功案例迅速被全国关注到，各大城市纷纷响应，随后"城市公交电动化"模式上升为国家战略，并迅速推向全球，有效改善了城市空气质量，提升了居民的生活质量。

早在 2015 年，比亚迪就发布了"7+4"全市场战略，全面覆盖新能源汽车领域，力争实现中国道路交通领域全部电动化，为绿色低碳发展贡献力量。其中，"7"代表 7 大常规领域，包括城市公交、出租车、道路客运、城市商品物流、城市建筑物流、环卫车、私家车；"4"代表 4 大特殊领域，包括仓储、矿山、机场、港口。通过这一战略的实施，比亚迪推动了新能源汽车在各个领域的广泛应用。

2016 年 12 月，在墨西哥 C40 全球市长峰会上，比亚迪携手全球百大城市发出"为地球降温 1℃"的倡议，并发布了"用电动车治污、用云轨云巴治堵"战略。比亚迪希望通过电动化、智能化、立体化的绿色交通方式，为地球升温做减法，为人类的可持续发展贡献力量。

2022 年 3 月，比亚迪响应国家 3060 的"双碳"目标，停止传统燃油汽车的整车生产，专注于纯电动和插电混动汽车业务，成为全球首家停产燃油车的车企，并于 8 月成功打造了中国汽车品牌首个零碳园区总部，为全球交通运输行业和制造业的低碳转型提供了示范。

2024 年，比亚迪正式提出公司碳中和目标，力争在 2045 年实现碳中和，积极响应气候变化挑战，主动践行气候保护承诺，为推动全球可持续发展贡献力量。在绿色减碳管理方面，比亚迪将不断完善能源管理体系，大力发展节能减排项目，逐步加大可再生能源的覆盖。

成效：2023 年，比亚迪的绿电使用量 50.8 万兆瓦时，在"中国绿色电力（绿证）消费 TOP100 企业"中排第 25 名；2024 年上半年，比亚迪的绿电使用量已经达到了 183.4 万兆瓦时，是 2023 年全年总量的 3 倍以上。2025 年比亚迪将投入 3000 万元，继续增加绿电使用量，加快构建绿色供应链体系，健全核心供应商碳排放信息共享机制，推动 80% 以上的主要供应商协同减碳，引领整个产业链的绿色转型。

（二）绿色技术

"技术为王，创新为本"始终是比亚迪在绿色低碳发展过程中的核心驱动力。比亚迪目前拥有 11 大研究院，有近 11 万名研发工程师，是全球研发人员最多的车企。

成效：2023 年比亚迪在研发上投入了近 400 亿元，2024 年前三季度投入就达到 333 亿元，累计研发投入近 1500 亿元，在中国 A 股上市公司中排名第一。接连推出刀片电池、DM-i 超级混动技术、e 平台、易四方、云辇、魔方储能系统等颠覆性技术，打造出了比亚迪的"技术鱼池"。

汽车领域。比亚迪坚持纯电和插混"两条腿走路"，纯电上通过开发高安全的刀片电池实现使用零排放，插混上通过技术创新迭代，持续降低碳排放。2024 年 5 月，比亚迪正式发布第五代 DM 技术，在核心"三大架构"上实现技术突破，NEDC 馈电油耗低至 2.9L/100km，迈入油耗"2"时代，进一步助力低碳目标。

电池领域。为了给消费者提供更加安全的产品，比亚迪坚守磷酸铁锂技术路线，研发的刀片电池以其超凡的安全性和续航能力，赢得了市场的广泛认可，将动力电池技术路线带回正轨。同时，为了减少传统的铅酸启动电池的铅污染，2023 年比亚迪宣布全面淘汰铅酸蓄电池，推动全车无铅化，成为全球唯一在所有插混车上使用 12V 磷酸铁锂小电池的车企，为行业树立环保标杆。截至 2024 年 11 月，已经累计实现减少 3.8 万吨铅的使用。

光储领域。比亚迪通过构建光储一体化战略布局，引领全球能源转型。以高安全的磷酸铁锂电池技术奠定储能核心，光伏组件结合最新技术，提升太阳能转化率，强化电网稳定性，同时推出全新一代魔方储能系统，体积能量密度提升35%，不仅提高了能源利用效率，还实现了能源的清洁、高效利用，为构建绿色低碳的能源体系提供了有力支撑。

（三）绿色产品

中汽研数据显示，新能源汽车全生命周期碳排放比传统燃油车低约30%，一辆纯电动车比燃油车碳排放减少约15吨，一辆插混车则减少约10吨，新能源汽车减碳效益非常明显。

作为新能源汽车的龙头企业，比亚迪积极响应国家号召，在2022年成为全球首个正式宣布停产燃油车的企业，助力国家"双碳"目标的实现，这也是比亚迪的初心。2024年，比亚迪成为全球首家达成第1000万辆新能源汽车下线的车企，这既是比亚迪的全新里程碑，也是中国汽车工业发展史上新的里程碑，标志着中国由汽车大国向汽车强国迈出了坚实的一步，中国汽车迎来高质量发展阶段。

成效：截至2024年11月，比亚迪新能源汽车累计销量超1000万辆，累计减少碳排放超7573万吨，相当于种了12亿棵树，这是比亚迪践行"为地球降温1℃"，共同迈向绿色出行的最佳行动证明。

图1　比亚迪第1000万辆新能源汽车下线

比亚迪商用车以技术实力、产品品质和创新运营模式，在北京、深圳、广州等国内众多城市及欧美日韩市场广泛应用，成为中国新能源客车全球覆盖的领军企业。截至 2024 年，比亚迪已累计向全球合作伙伴交付纯电动客车 12 万辆，运行足迹已遍布全球 50 多个国家及地区 300 多个城市，实现全球六大洲的战略布局。

2024 年 10 月 31 日，比亚迪为第 29 届联合国气候变化大会（COP29）交付的电动大巴 K9UD，接受了阿塞拜疆总统伊利哈姆·阿利耶夫的检阅，标志着比亚迪在推动阿塞拜疆绿色低碳出行上迈出重要一步，为召开的 COP29 提供了有力的交通保障，也为大众树立了绿色公共交通普及与发展的新标杆。

凭借丰富的电动大巴矩阵和十余年的行业积累，比亚迪将继续专注于技术革新，致力于与各方携手，推动可持续交通解决方案的制定与实施，共同构建更加绿色、安全的未来。

三 履行社会责任，推动可持续发展进程

比亚迪心系社会，秉持"科技慈善"理念，在赈灾救助、教育支持、关爱特殊人群等领域，帮助最需要的人解决实际困难。同时，比亚迪深知人才是企业发展的根本动力，公司致力于构建平等包容的就业环境，为解决国家就业问题贡献力量，并且注重员工关怀，提供全方位的住房、交通、医疗和教育支持，打造幸福园区。

（一）携手共建和谐共益的社会环境

2024 年，在比亚迪 30 周年 1000 万辆新能源汽车下线仪式上，比亚迪宣布将会捐出 30 亿元用于社会慈善，回馈社会，聚焦教育慈善，发展高校教育与大众科普，为国家培养更多的科技人才，助力中国式现代化建设。这 30 亿，一部分比亚迪将分批捐助全国多所高校，作为奖学金；另一部分将给全国中职以上的院校、博物馆和科技馆，捐赠新能源解剖

车，作为科普展具，激发学生们对汽车技术和工业智造的兴趣，培育下一代工程师。

图2　比亚迪公益项目

2024年，比亚迪成为欧洲杯官方合作伙伴，也成为欧洲杯首次携手的中国汽车品牌。以此为契机，比亚迪建立了"中国足球少年"公益项目，旨在全国招募有天赋、有梦想的足球少年，同时与孙继海青训组织"海选未来"合作，共同助力中国足球的未来。以2024欧洲杯为契机，比亚迪招募了百名来自贵州兴仁、普安、大方、遵义，陕西留坝、宁陕和辽宁大连的足球少年，赴欧洲进行了为期6天的足球之旅，见证了世界一流的足球赛事。此外，他们还与慕尼黑1860足球俱乐部、青训队伍罗森海姆等进行了三场交流和友谊赛。比亚迪的"中国足球少年"公益项目，让中国足球少年在竞技中体验世界足球的高水平，为热爱足球的中国少年种下梦想的种子。

图3　比亚迪"中国足球少年"活动照片

2024年10月24日，比亚迪郑州"迪空间"正式开馆，这是比亚迪专为全民打造的集汽车文化、设计、技术、体验于一体的沉浸式科普馆，也是中国首个新能源汽车科普馆。郑州"迪空间"，建筑面积约1.5万 m^2，共有4层楼，按照国际一流、国内领先的标准建设。展馆共设立"品牌文化"

"匠心智造""创新技术""科技探索"四大空间,包含300多个展项,是用户家门口的新能源汽车"博物馆",可以让广大用户一站式体验一流的汽车知识科普服务,沉浸式感受新能源汽车的技术魅力和未来交通的无限可能。

作为新能源汽车世界冠军,比亚迪肩负高度责任与使命,希望以"迪空间"这一新能源汽车科普馆,为用户提供全方位的、一流的汽车知识科普服务,持续满足人们对美好生活的追求,并助力填补新能源汽车科教领域的空白,为中国新能源汽车文化高质量发展注入新动能。

图 4　迪空间新能源汽车科普馆

(二)共筑关爱员工、和谐发展的企业氛围

在促进就业和社会福祉方面,比亚迪坚持"机会平等、量才录用"的原则,为社会创造了大量的就业机会。2023 年,比亚迪员工总数 703504人,2024 年员工总数已经超过 90 万人,员工组成涵盖 56 个民族,遍布全球多个国家和地区,为不同背景、不同技能的人才提供了广阔的发展平台。同时也带动了产业上下游发展,创造了大量就业岗位。

在员工赋能方面,比亚迪通过线上线下培训,2023 年累计开展 2200 余场管理人才培训,覆盖 2.5 万余人,内生培养 3.3 万人,有效提升员工技能和竞争力。公司通过职称评审体系,提升技术人才水平,2023 年技术职称人才增至 8 万多人,技能工种覆盖广泛,认证发展到高一级技能工 2.4 万余人。

比亚迪注重员工关怀,提供全方位的住房、交通、医疗和教育支持,打造幸福园区。公司优良的餐厅、员工宿舍、通勤班车、医疗基金等配套设施服务，极大地提升了员工的归属感和幸福感。此外，公司投资亿元建设休闲娱乐和运动场所，组织丰富多样的文体活动，满足员工及家属的多元化需求。

图 5 员工活动

结 语

比亚迪始终致力于推动技术创新，构建更完善的产业链生态系统，并计划推出更多核心与颠覆性技术，与产业链上下游企业紧密合作，共同铸就强大的中国新能源汽车产业。同时，比亚迪将 ESG 视为"一把手工程"，由王传福董事长亲自担任"战略及可持续发展委员会"主席，全面领导 ESG 工作，从公司运营的各个方面全面提升 ESG 管理水平，持续深化公司 ESG 战略目标体系，积极成为 ESG 理念的践行者和引领者。未来，比亚迪将继续发展全产业链，助力全球空气污染治理，走绿色创新发展之路。

参考文献

比亚迪股份有限公司：《比亚迪汽车有限公司环境保护信息公告》，比亚迪全球官网，2024 年 12 月 17 日，https：//www. bydglobal. com/sitesresources/common/tools/generic/web/viewer. html？file＝%2Fsites%2FSatellite%2FBYD%20PDF%20Viewer%3Fblobcol%3Durldata%

26blobheader% 3Dapplication% 252Fpdf% 26blobkey% 3Did% 26blobtable% 3DMungoBlobs% 26blobwhere%3D1638928483627%26ssbinary%3Dtrue。

比亚迪股份有限公司：《2023 年比亚迪社会责任报告》，比亚迪全球官网，https：// www. bydglobal. com/sitesresources/common/tools/generic/web/viewer. html？ file = % 2Fsites% 2FSatellite%2FBYD%20PDF%20Viewer%3Fblobcol%3Durldata%26blobheader%3Dapplication% 252Fpdf% 26blobkey% 3Did% 26blobtable% 3DMungoBlobs% 26blobwhere% 3D1638928467049% 26ssbinary%3Dtrue。

B.14
建设低碳钢铁企业，迈步绿色发展之路

——以山西建邦集团有限公司为例

张红旭*

摘　要： 作为钢铁制造领域的领先企业，山西建邦集团始终积极贯彻绿色发展理念，通过创新绿色工艺技术、打造绿色工厂等行动，以实施"环保创 A"行动为引领，持之以恒固碳降碳，积极发展废钢回收循环利用，缩短炼钢流程，全力构建高技术含量、高生产效率、高安全可靠性和低排放、低成本的可持续发展模式，引领行业绿色发展，助力"双碳"目标实现。

关键词： 山西建邦　"双碳"目标　污染防治　绿色发展

一　企业简介

山西建邦集团有限公司（以下简称"建邦集团"）创建于 1988 年，资产总额 300 亿元，现有员工 6000 余人。是国家球墨生铁、高纯生铁、四面肋热轧钢筋、热轧钢筋用连铸方坯标准制定成员单位，中国企业 500 强、中国制造业企业 500 强、中国企业信用 500 强、中国民营企业 500 强、中国制造业民营企业 500 强、中国对外贸易民营企业 500 强、中国民营企业信用 100 强、工信部第二批符合钢铁行业规范条件企业、国家级绿色工厂、国家高新技术企业、全国节能减排示范企业、全国环境守法示范企业、国家两化融合示范单位。

---

* 本报告由山西建邦集团有限公司技术质量部长张红旭供稿，数据资料均由企业提供，课题组基于所供材料编辑而成。

建邦集团已获"环境管理体系、质量管理体系、职业健康安全管理体系、能源管理体系、测量管理体系"五体系认证，公司下设 15 个实体和 21 个驻外分公司，是一家集进出口贸易、炼铁、炼钢、轧材、铸造、清洁发电、新型建材、矿山开采、铁路运输、现代物流、电子商务、金融投资、房地产开发、钢材深加工、教育培训、产学研融合于一体的跨区域跨国界经营、跨行业多元化发展的中大型钢铁联合企业。

迄今，集团已形成年产 800 万吨铁、650 万吨钢、650 万吨材、1000 万吨铁路到发量、210 万吨新型建材、12 亿度清洁发电的产能规模和"控资源、进出口、大物流、洁生产、水循环、能回收、气发电、电炼铁、铁炼钢、钢轧材、材深延、渣产建材"的绿色循环生态链。

图 1　集团公司通才生产厂区

二　绿色实践：发力环保建设，践行环境承诺

建邦集团始终秉承"建业兴邦，造福社会"的企业使命，坚持"安

全、绿色、低碳、循环"的发展理念，不断推进节能环保工作的开展。踏实践行"绿水青山就是金山银山"理念，建立了以安全、环境、质量、能源为主要内容的管理体系，形成预防污染、节能降耗、持续改进的长效机制。

公司先后投资30余亿元实施循环经济、节能减排、提标技改及环保设备设施升级改造工作，实现了厂区节能环保与循环发展的双提升，形成了"绿色、节能、环保"的现代化工厂。

（一）环保设施治理

烧结工序：为稳定达到钢铁行业超低排放的要求，公司对 $360m^2$ 烧结机机头脱硫设施进行了烧结烟气脱硫脱硝超低排放改造，改造完成后的 $360m^2$ 烧结机机头烟气脱硫脱硝主抽风机风量为230万 m^3/h，采用的工艺为 GGH+中温 SCR，在烟气脱硫系统出口新增两个布袋箱体，共6个箱体14640条除尘布袋更换为奥伯尼覆膜滤料布袋，实现 $360m^2$ 烧结机机头脱硫脱硝烟气出口污染物排放稳定达到超低排放标准，即烟气出口颗粒物排放浓度 $<10mg/m^3$，SO_2 排放浓度 $<35mg/m^3$，NOx 排放浓度 $<50mg/m^3$。

成效：改造完成之后，$360m^2$ 烧结机机头烟气脱硫脱硝烟气出口污染物排放浓度稳定达到超低排放标准，系统正常运行期间烧结机机头烟气中的 SO_2 排放浓度控制在 $3\sim5mg/m^3$，NOx 排放浓度控制在 $15\sim28mg/m^3$，颗粒物排放浓度控制在 $3mg/m^3$ 以内，SCR 脱硝设施氨逃逸浓度不高于 $2.5mg/m^3$。污染物连续在线监测系统监测结果显示，能够稳定达到超低排放水平。

高炉热风炉工序：2021年4月，公司进行高炉煤气精脱硫建设工程，采用微晶吸附工艺，微晶吸附精脱硫设施布置在高炉 TRT 之后，由吸附塔+煤气解吸附系统组成，高炉煤气中含有水、粉尘、氯化物等其他成分，会影响吸附剂的吸附效率和寿命，因此在吸附塔前配套设置了煤气预处理装置，去除高炉煤气中的水、粉尘、氯化物等。

成效：高炉煤气经 TRT 后通过管道进入吸附塔，吸附气体中的硫化物、氯离子和油等杂质成分，经过处理后的净化合格煤气进入下游工段，确保下游的热风炉、轧钢加热炉、煤气发电等高炉煤气用户无需配套末端烟气脱硫设施而直接能够达到超低排放的要求。

（二）建设无组织管控一体化平台

建邦集团投资 7000 余万元建设覆盖全公司的无组织排放管控治一体化平台（生产流程全覆盖、全监控、全治理）。按照《临汾市 2019 年钢铁、焦化行业深度减排实施方案》要求，逐一设计，布置管控治点位，共治理点位 203 处；环境在线检测仪为 307 个，厂区环境摄像机 44 台，环保设施高清摄像机 55 台，鹰眼 19 个，总尘在线检测 51 个，雾炮、雾帘、雾桩、干雾抑尘等治理设施 230 余套，对全公司所有涉及无组织排放实行有效检测、管控、治理，确保主要无组织排放源周围 1 米处，颗粒物浓度小于 $5mg/m^3$。

图 2　智能化无组织排放管、控、治一体化智能平台大厅

该项目已于 2019 年 8 月完成，2021～2023 年进行了三次升级，升级为 5.0 版本，主要具备以下功能：GIS 地图可视化、能够展示某个监测点位的详细数据、查询监测点位的历史数据、报警统计、监测数据分析、热力图分析、视频监控及洗车机监控、棚内管控治联动、机扫车 GPS 定位管控治联动、后台管理、有组织排放监测接入、人工智能治理分析等。

成效：

（1）满足污染点数据显示、排名，国控点测量值与平台数据比对分析；能展示某个监测点位的详细数据，历史数据查询对比分析；能显示企业内扬尘监测设备、总尘监测设备数据超限报警统计，对监测设备的历史数据进行横向、纵向方面的多点位、多参数分析。

（2）在 GIS 地图基础上，平台以热力图的方式显示厂区内的无组织扬尘情况，满足污染空间分布热力分析显示、污染趋势预警；能接收厂区内机扫车实时 GPS 信号，在 GIS 地图上动态显示出来，满足厂区环保优化调度。

（3）平台采用人工智能 AI 技术实现无组织污染溯源分析，基于机器视觉和大数据分析技术，实现动态污染识别。抑尘设备和污染自动关联，根据预警或趋势联动除尘设备运行。

（4）平台引入门禁物流系统数据，能够实现门禁系统的实时监控、大宗原燃料的采购明细、产品的销售明细等功能，通过该功能可以展示公司的清洁运输情况。

（5）平台能够学习监测点位历史数据和治理设备历史数据，推测污染排放和除尘设施的关系，深度挖掘粉尘性质、工序、环境参数与污染之间的动态联系，自动优化治理策略。

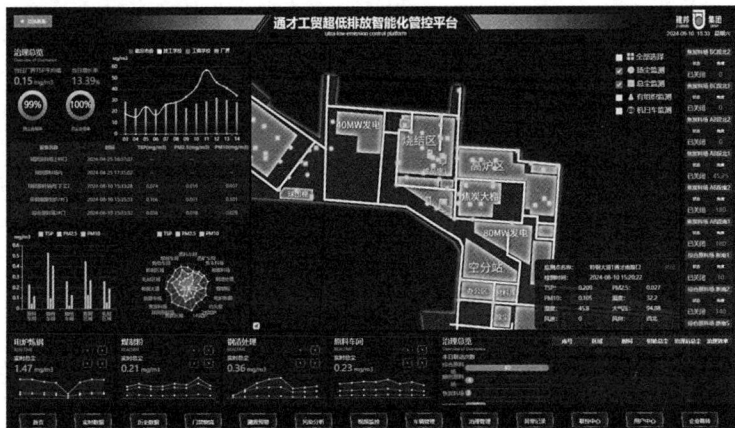

图 3　无组织管控治一体化平台主控界面

（三）绿化青山、植树造林

多年来，集团坚持"共建生态文明、打造绿色建邦"，推行绿色智造，助力工业领域实现碳达峰、碳中和目标，实现制造业转型升级发展，获评"国家级绿色工厂"；坚持深化改革和创新驱动，推进绿色低碳技术创新进展和成果转化，使公司从传统制造模式向生态文明绿色制造模式转变，为钢铁行业绿色高质量发展作出贡献，为引领区域制造业绿色转型、工业经济发展提供新动能。

集团公司累计投入绿化费用 1 亿余元，稳步推进"森林中的钢铁企业"建设，全域绿化面积 900 亩，绿化紫金山 4600 亩，种植雪松、桧柏、法桐、国槐、皂角、白蜡、甜柿、核桃、柳树、紫叶李、冬青、桃、李、山楂、海棠等常绿和观赏类苗木 77 万余棵，草坪绿地约 18 万 m^2，绿化资产评估价值达 3 亿元。投资 350 余万元修建了一条长 3.86 公里的防火通道，为满足防火救援、护林员巡山护林提供便利，完成 1000 方土工膜蓄水池一座、1000 方胶泥蓄水池一座；修建了 187 米紫金山森林防火通道防护网工程、8000 米的围挡工程。

成效：提升了紫金山作为南山守护神的总体形象。目前水土保持率达到 85% 以上，每年可吸收二氧化碳 78 万吨，涵养地下水资源 36 万 m^3，释放氧气 5 万余吨。每亩水土保持功能显著增强，生态效益更加明显。

图 4　紫金山生态区

三　社会实践：履职尽责，回报社会，构建责任企业

创实业，干企业，就是要为国家贡献税收，解决就业，造福社会，惠及乡里，这是建邦集团30多年来的企业文化传承。建邦积极响应党委政府号召，支持地方公益事业，累计捐款捐物达10亿元。

近年来，建邦集团先后参与支持侯马市、曲沃县的文化旅游、乡村振兴、荒山绿化、教育卫生、城市亮化、交通环卫等事业的发展，为五村、一政府、一学校减免取暖费、清洁费等计500余万元，为实现区域社会和谐、环境清洁、平安幸福作出了贡献。特别是投资5000余万元建设的曲沃北关现代化三轨制标准小学及绿化侯马紫金山、美化市府路工程，受到地方党委、政府的肯定和人民群众的称赞。

以人为本，促进和谐发展。发展至今，建邦集团已有员工6000余人。集团倡导"企业的根是员工，员工的根是家庭"的人文理念，始终坚持关爱员工，致力于构建规范、合理、共赢、和谐的劳动关系，严格遵守国家法律规定的用工要求，保障员工机会平等。建立健全了薪酬福利和社会保障制度体系，员工收入在区域内位居前列，保持员工薪酬待遇每年15%以上的增幅。

校企合作，创造就业机会。建邦集团坚持合法经营，稳健发展，积极为社会创造就业岗位。集团与北京科技大学、太原科技大学、山西工程职业技术学院等院校建立了长期战略合作关系，设立奖、助学金450万元，出资30万元筹建山西晋商培训学院，并在山西工程职业技术学院设立"建邦班"达17年，每年定向招培40人。同时，集团定期参加院校就业招聘会，积极吸纳各类大中专毕业生、复转军人，并积极为农民工和残疾人及困难群体提供就业岗位。

重资建设建邦职业培训学校。建邦集团领导层深刻认识到，员工的素质、技能水平的提升与企业稳健发展密不可分。为此，集团公司于

2011 年通过学习德国巴登钢厂的先进理念，投资 5000 余万元建设了省内一流、功能齐全、设备领先、规范配套的建邦职业培训学校、培训中心和实习实训基地，长期开展就业培训和课程指导，加强员工技能培训和能力提升。

多种形式丰富员工工作生活。集团公司设立有全国总工会授牌的员工图书阅览室、道德讲堂、演播室、文体广场和员工业余文工团，做到月月有活动，节日有安排，内容丰富健康，形式多种多样。通过广泛的文体活动，释放缓解员工的工作压力，关爱员工身心健康。多年来，集团先后为十几名特殊困难员工捐助爱心善款达 300 余万元，使每个员工都能感受到集体的温暖和关爱。

布善行义做公益，德泽乡里献爱心。集团积极响应国家扶贫开发号召，通过多种方式积极参与"千企帮千村""百千百""光彩事业"等扶贫开发重点项目，对公司包联的两个村 11 户贫困家庭投入扶贫资金 42.3 万元；参加山西省光彩事业长治革命老区帮扶活动，捐赠 10 万元用于长治市壶关县五龙山乡三王头村和平顺县东寺头乡前庄村的公益事业，捐助 3 万元面粉用于蒲县贫困群众，为侯马、曲沃修路架桥，慰问三老人员、敬老院老人、参战参试荣退军人等，为永和县捐助 10 万元，赞助 20 名贫困大学生；连续多年发放金秋助学（每年 3 万~5 万元），捐助善款 350 万元认购修缮文物古建——曲沃赵庄娘娘庙。

防汛救灾，灾害无情人有情。建邦集团发挥好本土企业的支撑作用，积极参与防汛救灾，向侯马市政府捐赠 500 万元用于防汛救灾，以实际行动为侯马市防汛救灾尽一份责任、贡献一份力量、表达一份爱心，帮助侯马受灾人民顺利渡过难关，早日重建家园。

携手创新，共建和谐社会。建邦集团钢铁有色技术创新研究中心以工业除尘灰综合利用的基础研究为起点，立足侯马创业，投资山西创新，链接行业创效，走向世界创收，是钢铁行业融合有色行业，持续推动钢铁行业高质量发展的高科技创新平台，标志着建邦在科技创新上率先蹚出一条新路。

结　语

建邦集团始终秉承"创新、求实、拼搏、奉献"的企业精神，坚持以科技创新为引领，致力于打造具有国际竞争力的钢铁企业，通过持续自主研发和技术创新，最终实现"化尘为金、变废为宝"的目标，力争在五年内打造成国家级研究中心，为企业持续发展注入强大动力。

公司坚持"简单、高效、低成本、高质量"的发展思路，积极贯彻落实国家产业结构优化升级和"双碳"目标战略，形成了产业链条循环，产品定位高端，装备精良，工艺指标一流，成本优势明显，节能减排领先，转型跨越快捷，致力于构建安全、环保、和谐、循环、高效的新型民营企业，为振兴地方经济发展作出更大贡献。

艰难方显勇毅，磨砺始得玉成。在今后的发展进程中，建邦集团将继续坚持绿色低碳发展，弘扬晋商光荣传统，积极承担社会责任，不忘初心、牢记使命，改革创新，奋发有为，审时度势，稳健发展，用智慧和汗水谱写中华民族伟大复兴的光辉篇章。

参考文献

邓紫莹：《走进钢铁行业低碳践行者：山西建邦——"森林钢厂"高质降碳，节能标杆绿色发展》，我的钢铁网，2024 年 12 月 19 日，https://www.mysteel.com/green/a/24121909/6229815CD3ADB26F.html。

刘加军、李倩、常语宁：《山西建邦：发力环保建设　践行环境承诺》，中国钢铁新闻网，2024 年 12 月 9 日，http://www.csteelnews.com/xwzx/djbd/202307/t20230710_76856.html。

B.15
ESG 与数字技术创新赋能绿色转型

——以软通动力信息技术（集团）股份有限公司为例

董瑞强*

摘　要： 软通动力将 ESG 理念作为践行长期主义的准则，紧跟新一代数字技术发展趋势，紧抓智能化、自主化、绿色化与国际化市场机遇，基于自身技术赋能的深厚积淀和对客户需求的深刻洞察，通过 ESG 与数字技术创新推动绿色转型，赋能企业数字化、低碳化"双驱并行"和经济社会可持续发展。

关键词： 软通动力　数字技术　绿色转型　可持续发展

一　企业简介

软通动力信息技术（集团）股份有限公司（以下简称"软通动力"）是中国数字技术产品和服务创新领导企业，致力于成为一家具有全球影响力的科技企业，企业数字化转型可信赖合作伙伴。2005 年，软通动力成立于北京，坚持科技创新，具有软硬全栈的智能技术产品和服务能力，提供软件与数字技术服务、计算产品与数字基础设施、数字能源与智算服务以及国际化服务，在 10 余个重要行业服务超过 1100 家国内外客户，其中超过 230 家客户为世界 500 强或中国 500 强企业，员工近 9 万人。

---

* 本报告由软通动力信息技术（集团）股份有限公司 ESG 首席专家、ESG 规划实施负责人董瑞强供稿，数据资料均由企业提供，课题组基于所供材料编辑而成。

软通动力设立了 30 个能力中心，拥有 1 个国家级工程实验室，6 个省市政府认定的工程、技术实验室及研发中心，1 个博士后科研工作站，50+ 技术合作伙伴的生态合作体系，不断探索前沿技术的巨大商业应用潜力。先后获得"2023 年中国 IT 服务市场排名 Top1""2024 年 Q2 PC 出货量国内市场份额排名 TOP4""2024 年中国软件和信息技术服务竞争力百强企业""2023 年中国信创企业 100 强""2023/2024 Wind ESG 评级 AA 级、信息技术服务行业第一""2024 深交所国证 ESG 评级 AAA 级"等荣誉及市场认可，并拥有全球软件工程领域最高级别 CMMIV2.0 成熟度 5 级评估认证、国家研发运营一体化（DevOps）三级能力成熟度模型认证、信息技术服务标准（ITSS）运维能力成熟度一级认证等专业资质，支撑公司更优质的服务体系。

二 ESG 总体实践经验

（一）理念指引，战略先行

软通动力高度重视 ESG 工作，秉持"以人为本、关爱员工、绿色环保、创新发展"的责任理念，确立 ESG 与可持续发展战略，成立 ESG 委员会，聚焦 ESG 三大维度制定专项目标与行动路径，根据国际国内可持续发展信披准则和标准，编制发布 ESG 报告①，真实全面生动展现 ESG 专项行动及成效。倡导数智向善，携手客户共创价值，持续推动绿色发展和社会进步，致力于成为对社会负责、受人尊敬的优质企业，倡导回馈社会、爱护赖以生存的环境，同时积极投身社会公益，将自身深厚积累转化为对人才的培养、就业的带动并推动社会发展。

（二）深入实践，完善管理

软通动力根据所在行业属性和业务特点，按照 ESG 管理实践"4P+E 模

---

① 软通动力 2023 年度 ESG 报告链接：https://static.cninfo.com.cn/finalpage/2024-04-27/1219867385.PDF。

型"①，完善 ESG 管理和信披体系及制度，以"自我升级+对外赋能"规划开展 ESG 专项行动。

E：贡献"双碳"目标，赋能绿色转型

软通动力积极服务国家"双碳"战略，一方面，重视自身节能减排行动，运营管理践行绿色发展理念，制定温室气体管理方针和节能减排方案，成立节能减排工作组，针对能源、电力、建筑等重点领域开展节能降碳专项行动；推行绿色办公，加强资源、废弃物管理和利用；基地建设使用可再生能源，打造节能减排绿色建筑；依据 ISO 14001 环境管理体系和 ISO 45001 职业健康安全管理体系对外部突发环境重大事故进行风险评估、制定应急预案，根据不同基地及地域环境开展区域性应急预案识别和更新；全方位开展碳盘查，形成温室气体排放报告及核查认证报告，制定并发布碳中和路线图。

另一方面，软通动力确立绿色化战略，积极探索绿色业务，通过数字技术创新为众多行业提供数字化绿色化解决方案，帮助客户减少碳足迹；依托数字孪生平台，打造了数字孪生水泥工厂、重庆旗能电铝等标杆案例；联合中交城投等成立空间智能及"双碳"元宇宙研究院，参编中国信通院《重点工业行业碳达峰碳中和需求洞察报告》《碳达峰碳中和白皮书（2024）》以及国内首个《卫星对地观测下的森林碳指标监测体系标准》；作为可持续发展与实践战略联盟创始会员单位，共同创新低碳技术，开发绿色应用。

S：支持员工成长，赋能社会发展

持续健全员工雇用、人才培养体系。软通动力通过体系化人才发展项目，完善人才培养管理体系，搭建员工发展平台，加速人才成长；尊重不同类型的员工，禁止一切歧视现象，打造多元、公平、包容的工作环境，保障员工民主权利和薪酬福利，劳动合同签订率、社会保险覆盖率均达 100%；规范员工职业健康与安全管理，开展员工健康安全与关怀专项行动，完成企

---

① "4P+E 模型"（Policy，Programme，Practice，Performance，Evidence）。

业社会责任 SA8000 管理体系认证等，组织开展安全生产、消防安全重点活动。

公司完善信息安全管理体系，将保护措施融入产品和服务。建立透明、科学的供应商管理体系，举办供应商合规共建会，营造公平阳光职场环境。秉承用数字技术提升客户价值的使命，不断加强数字技术创新研发能力，建立了完备的技术研发和创新体系，严格遵守科技伦理规范。2022～2023 年，研发投入超 20 亿元。

服务乡村振兴重大战略。软通动力打造"数字万村"产品，打通了农村普惠"最后一公里"，2023 年项目投入金额达 589 万元。通过子公司软通教育与众多高校加强产学研合作，助力专业技术人才培养。作为"2023 智能制造与工业互联网系列公益联播"战略支持单位，承办 100 场公益联播直播，全面推动工业互联网应用落地。开展"通心行动—专项产业助残公益行动""为爱奔跑—助力山区儿童成长公益活动"，重点帮扶残疾人、退伍军人、贫困人口等特殊群体就业。2023 年，公益慈善捐赠投入超 500 万元。

G：规范治理运营，共促高质量发展

软通动力始终坚守依法合规的经营底线，致力于提升经营管理水平，为公司法人治理规范化运行提供制度保障，形成了权力机构、决策机构、监督机构之间相互协调制衡机制，同时保障董事会有效性及多元化。建立内控合规体系，设置三道防线和多级监管体系，强化合规管理与风险应对，从2018 年起，每年在全公司范围内开展由 CEO 顶层设计的合规守纪月活动，持续提升合规守纪、遵法守法意识。

软通动力秉持诚信经营的理念，打造廉洁诚信的企业文化，恪守商业道德，反腐培训覆盖率达 100%。依法合规参与市场竞争，反对任何形式的商业贿赂、洗钱、垄断、不正当竞争行为，以制度加强廉洁管理，确保经营过程合规、透明和公正。加入"阳光诚信联盟"并成为决策委员会成员单位，共同打造反腐生态圈。发挥党建政治思想引领作用，规范党组织建设，开展"党建+共建+公益"系列典型活动，助力业务高质量发展。

（三）规划路径，稳步提升

软通动力深入研究国际国内准则标准指引，综合考量利益相关方关注重点、同行对标结果、战略方向，按照识别、评估和选定等程序，筛选实质性议题，规划开展高质量信披。

- 基于复盘总结和指标分析，制定评级提升方案
- 推进 ESG 顶层设计，量化目标制定中长期规划
- 洞察趋势，分析可持续相关风险、机遇和影响
- 规范可持续发展信息披露，回应资本市场关切

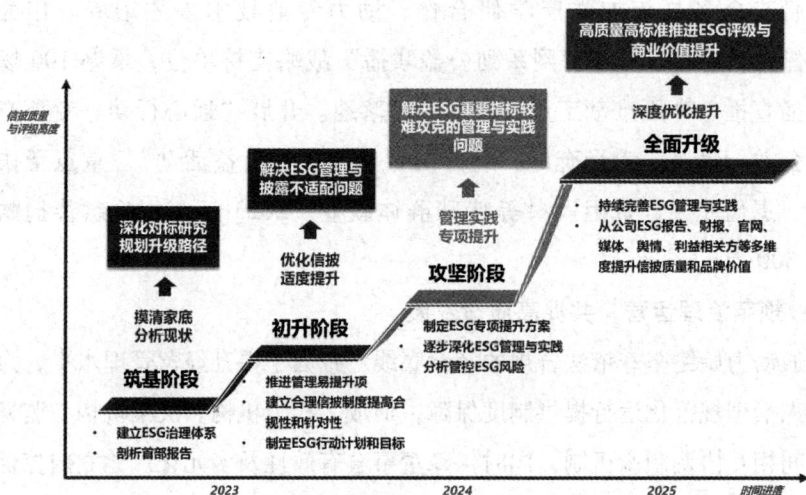

图 1　软通动力 ESG 发展规划路径

三　"双碳"科技创新实践经验

软通动力积极贯彻国家应对气候变化的战略及政策，制定低碳策略并将气候变化管理纳入 ESG 管理架构和企业风险管理体系，持续推动碳减排，增强气候韧性。同时致力于在应对风险危机中发现机遇，打造"双碳"业务发展新模式，赋能经济社会绿色低碳转型。

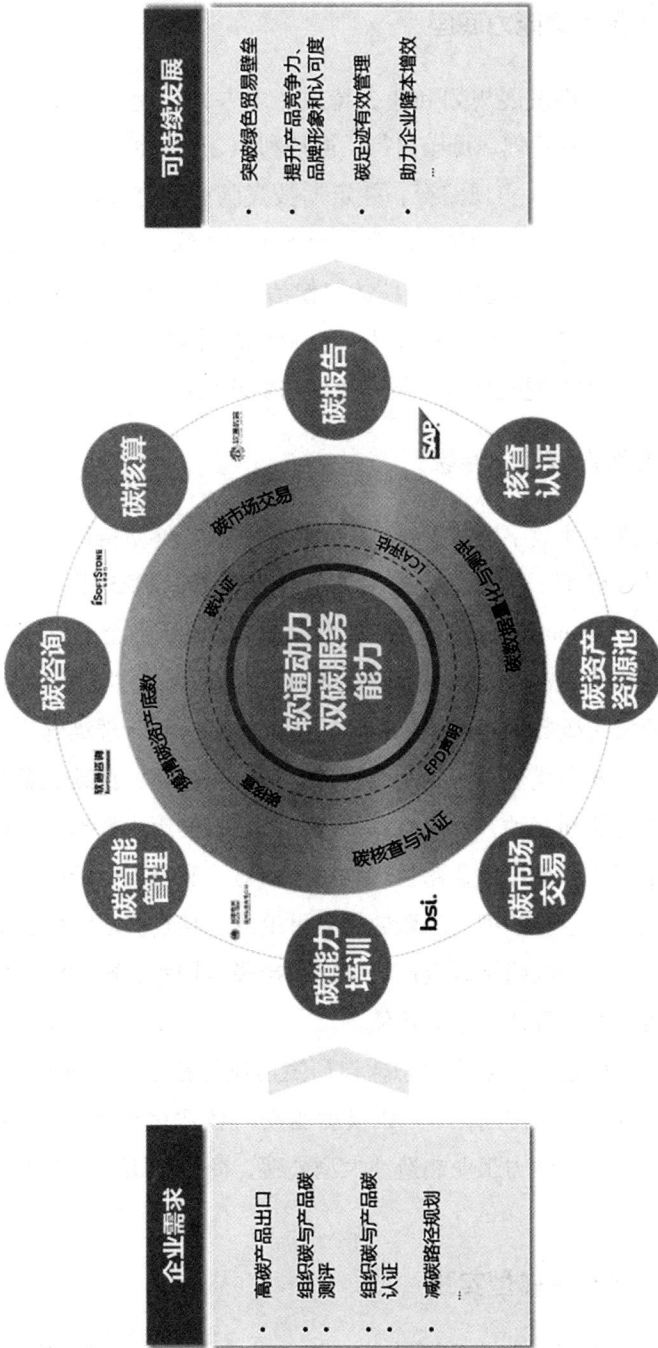

图 2 软通动力"双碳"业务发展新模式

可持续发展
- 突破绿色贸易壁垒
- 提升产品竞争力、品牌形象和认可度
- 碳足迹有效管理
- 助力企业降本增效
- ……

软通动力双碳服务能力

碳报告
核查认证
碳资产资源池
碳市场交易
碳能力培训
碳智能管理
碳咨询
碳核算

企业需求
- 高碳产品出口
- 组织碳与产品碳测评
- 组织碳与产品碳认证
- 减碳路径规划
- ……

245

（一）夯实碳管理能力底座

软通动力根据战略发展规划和业务特质，多方论证制定气候战略与政策，在绿色办公、能效管理、低碳出行、循环利用、碳抵消、供应链等方面全面构建碳中和目标科学实现路径，并定期披露碳中和进展。2023 年，软通动力通过购买 I-REC 国际绿证 537 张，相当于使用绿电 537MWh，减少公司碳排放 387.04tCO2e。搭建职责分明的气候治理架构，最高由董事长指导应对气候变化计划的实施工作。ESG 委员会提供总体解决方案推动 ESG 体系完善，以及 ESG 和应对气候变化策略管理与实践发展。

（二）打造智慧碳管理专家

软通动力长期关注数字技术对绿色经济的使能，始终坚持绿色数字技术发展，深耕碳计算模型，携手生态提供绿色技术服务。2023 年，软通动力自主研发打造了 iSSMeta-Green 碳智能管理平台，落地绿色企业及产品认证中心，提供专业化的碳测评、碳认证两大核心产品，以及"5+6+N"延伸服务，帮助企业实现碳数据精准量化与核查认证，解决碳管理难题。

平台拥有两大核心优势：一是实现设备级碳数据流动，让碳数据与元宇宙深度融合，实时协同互动，形成数据资产；二是根据历史数据预测企业排放趋势并针对重点环节提出优化路径。具备碳核算、碳报告、碳账本、碳全景等功能，提供专业量算模型、获取数据且可追溯、核查获取绿色认证、满足政府硬性要求、管理碳账本碳资产、节能减排降本增效、赋能绿色化供应链、提升品牌可持续性等八大核心价值。

在此基础上，软通动力联合生态伙伴研发能碳智控平台，通过 AI 节能算法模型、AI 负荷预测，打造了"AI 模型驱动与数智化平台"，大幅提升企业能效和运维效率，助力工业制造、大型公建、商业场馆、数据中心等多场景实现节能降碳增效。

（三）多领域绿色转型实践

"创造科技+体育绿色"发展新典范。软通动力联合 SAP 打造了数字化零碳球场，在应对球场运营能耗管理、环保材料使用、球迷参与方面实现了极大优化。建立球场数字化模型，实现碳排放全流程监控。结合零碳控制塔、碳计算引擎，实现球场循环利用动态精细管理。

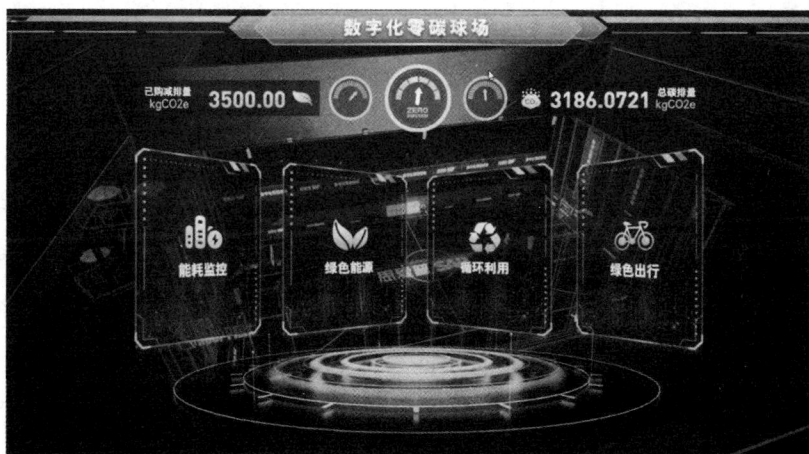

图3 软通动力数字化零碳球场标杆案例

赋能企业新能源产业发展。软通动力与海螺集团合作的"新能源智能控制系统项目"实现对光伏发电、储能等数据建模分析，帮助不同业务场景用户更快、更准确决策。目前，项目已接入海螺新能源公司下辖全国18个省份70余家场站，真正做到风光储能与大数据深度融合，实现了海螺新能源产业及时准确可视、安全全面可控、高效智能可管。

加快电网绿色低碳转型进程。软通动力打通数字技术与能源技术，创新打造智能化虚拟电厂平台，在光伏电能领域具有极高应用价值，通过分布式光伏提升能源利用效率，有效处理电网负荷，降低光伏电能对供电质量的影响。电动汽车充换电站升级为分布式储能站，响应分布式光伏电源"填谷"，提升电网对清洁能源的消纳。

"双碳""1+1>2"聚合效应。软通动力积极开展"双碳"领域合作交流，与国家电投智慧能源、电投数科、南京审计大学等达成战略合作，在智慧能源系统、边端设备、智慧零碳工厂、无人新能源电站等方面联创联建，探索数字技术与教育、智慧矿山、智慧能源深度融合，推动数字化绿色化转型。

四　ESG 成效及经验总结

（一）ESG 成效

近年来，软通动力打造了独具特色的可持续发展管理体系，规划开展了大量 ESG 实践，取得了显著成效，在 Wind、深交所国证、中证等八家国内主流评级机构均实现 A 级及以上评级，其中有三家达 AA 级；首获深交所国证 AAA 级，取得重大突破；首获华证 ESG 信披最高等级并入围 TOP10；在 Wind 连续两年获评 AA 级、信息技术服务行业第一，实现持续领跑；MSCI 评级呈现稳步上升态势。

凭借领先的 ESG 实践，软通动力荣获 2024 CSO 全球可持续发展论坛首席可持续发展官、中国能源报首届绿光 ESG 典范创新贡献奖 TOP3、21 世纪"活力·ESG"个人先锋贡献奖、中国上市公司协会 ESG 最佳实践案例和可持续发展优秀实践企业、Wind 中国上市公司 ESG 最佳实践 100 强和 ESG 最佳实践奖、南方周末 2024 年度 ESG 竞争力企业并入选《企业"双碳"行动观察暨案例集》、中国社会企业与影响力 2024 年度向善企业、新华社"2023~2024 智能·零碳成果展"、北京软协社会责任治理最高等级 AAA 评价、IDC 中国可持续发展先锋案例、国网数科感谢信，首次参评深交所信披工作评价荣获最高等级 A 级评价，凭借碳智能管理方案硬核实力展现，荣获 SAP 首届合作伙伴骇客松创新营决赛路演二等奖等。董事长兼首席执行官刘天文先生荣获"2022 年度公益人物奖""2023 年度最具社会责任企业家"荣誉称号。这体现出软通动力 ESG 实践已获社会高度认可，也意味着软通动力在 ESG 领域具备较强竞争力，资本市场对软通动力长期投资价值的认可度在持续提升。

图 4 软通动力荣获 2024 CSO 全球可持续发展论坛首席可持续发展官

（二）经验总结

ESG 上升至战略高度融入企业经营战略。将 ESG 理念融入企业经营战略，经营战略围绕利益相关方价值实现，变成可持续商业战略，从 ESG 视角审视经营目标，让 ESG 真正成为企业打开市场的金钥匙。

加强科技创新赋能 ESG 与绿色低碳转型。加强科技与 ESG 的深度融合，数字化赋能 ESG 从经验决策转向数据决策，提升 ESG 工作的效率和效能，增强准确性、科学性，有针对性地制定 ESG 专项行动方案。

前瞻规划布局提升经济效益与 ESG 效益。抓住可持续发展监管趋严大趋势，增强 ESG 工作的前瞻性和规范性，确定符合企业实际的 ESG 和低碳发展路径，分阶段定目标，逐步完善 ESG 重难点指标管理。

结 语

下一步，软通动力将在 ESG 工作取得显著成效基础上，进一步总结经验，持续完善 ESG 管理，打造更多标杆实践案例。继续秉持责任理念，增强可持续发展能力和经营韧性，携手利益相关方推动绿色转型，为经济社会高质量发展作出新的更大贡献。

参考文献

黄倩：《数字转型新动力——软通动力信息技术（集团）有限公司》，《中国大学生就业》2020 年第 10 期。

软通动力：《软通动力 2023 年度环境、社会及治理（ESG）报告》，软通动力官网，https：//www.isoftstone.com/zh-cn/htmls/esg/index.html。

B.16
ESG 创新赋能佳新可持续发展之路

——以江西佳新控股（集团）有限公司为例

李东晓*

摘　要： 佳新集团作为一家深耕赣南革命老区的民营企业，始终坚持绿色引领，创新赋能，将 ESG 高质量可持续发展深度融入企业核心战略、运营管理和社会责任履行中。佳新集团通过构建绿色发展体系，包括绿色产业实践、绿色建筑实践和绿色振兴实践，实现了企业经营与生态环境的和谐发展。在绿色产业方面，佳新集团积极助推南康家具产业向"泛家居"产业绿色转型升级，建设了多个大型产业链平台。在绿色建筑方面，佳新集团致力于打造人与自然和谐共生的绿色城市，推进绿色建筑和生态社区建设。在绿色振兴方面，佳新集团提升赣州低空经济产业园生态性，对接融入粤港澳大湾区，助力苏区产业振兴，并融入共建"一带一路"。此外，佳新集团还积极履行社会责任，多维度参与和谐社会创建，创新提出并深度践行"幸福佳园计划""'快乐工作，幸福生活'计划"和"慈善公益计划"，不断推动社会可持续发展。

关键词： 佳新控股　ESG　绿色发展　社会责任

一　企业简介

江西佳新控股（集团）有限公司（以下简称"佳新集团""佳新"或

---

* 本报告由江西佳新控股（集团）有限公司党建办副主任李东晓供稿，数据资料均由企业提供，课题组基于所供材料编辑而成。

"集团")始创于 1998 年，总部位于江西省赣州市，是一家以产业发展、城市更新为主业，以电商物流、电器销售、园林绿化、物业服务等多赛道主营业务为一体的综合性集团控股公司，拥有员工 976 人，创立 26 年来累计纳税超 50 亿元。

佳新集团秉承"正德厚道，至诚至善"的企业核心价值观，坚守"佳礼以仁，大业方兴"的发展理念，肩负"产业发展引领者"和"花园生活创享者"的企业使命，在 ESG 高质量可持续发展的引领下，坚持"深耕"和"精品"发展战略，在"致力成为健康美好城市服务商"美好愿景的道路上，努力推进绿色建筑、生态社区协同发展，开发建设了中国·南康国际家居博览中心等 6 个大型产业链平台，打造出"花园系""云府系""原著系""滨江系"等 13 个经典系列人居产品，总建设面积约 600 万平方米，以优质的产品和服务赢得了政府、社会和业内同行的信任和赞誉。

在稳健发展的同时，集团始终自觉承担起社会责任，持续关注民生，回馈社会，慈善义举遍及文教、敬老、基建、扶贫、乡村振兴、抗疫等多领域，累计捐赠款物价值达 3.5 亿元。

集团公司先后荣获"2015 中国年度产业贡献奖"、"赣州慈善明星企业"、江西省"千企帮千村"精准扶贫行动先进民营企业、"防控新冠疫情突出贡献企业"、纳税大户奖、《江西民营企业社会责任报告（2020）》优秀案例、连续四年跻身"江西民营企业社会责任领先指数"榜单前十等 200 余项荣誉，2022 年入选全国工商联"中国民营企业社会责任优秀案例"。鉴于在环境、社会和治理实践领域的主动作为和突出成就，集团成功入选《中国企业环境、社会与治理报告》ESG100 上榜企业。

二 绿色发展："三大体系，构筑绿色生态"

佳新集团坚持把绿色低碳可持续发展理念贯穿于企业经营管理的各个方面，特别是在产业发展、城市更新和苏区振兴等领域，有效促进了企业经营与生态环境和谐发展，更为区域经济社会发展贡献了巨大的"绿色能量"。

（一）绿色产业实践成效

作为"产业发展引领者"，佳新始终坚持"建设一个市场、培育一个市场、做旺一个市场、助推一个产业、带动一方经济、富裕一方百姓"的市场开发运营理念，紧跟国家战略政策方向和行业发展趋势，特别是在南康千亿家具产业集群发展中，佳新坚持新材料、新设计、新工艺"三新"引领，积极助推产业升级，先后开发建设了中国·南康国际家居博览中心等6个大型产业链平台，有力助推南康家具产业向"泛家居"产业绿色转型升级，为南康经济社会发展作出积极贡献。

作为中国实木家具之都，南康木材每年消耗量超1000万立方米，对生物循环、土壤保护和水资源等造成不可逆的影响。在家具产业集群蓬勃发展之际，2017年，佳新审时度势开发建设了占地150亩的木材集散中心，从50多个国家引进近200种木材，年交易额超300亿元，有效了平衡产业发展和生态保护，实现了木材资源有效配置。

图1　南康国际软体中心设计效果

相较于实木家具，软体家具通常使用布艺、皮革和一些人造材料等环境友好材料，有效减少树木资源消耗，促使生态良性发展。为实现南康千亿家具产业集群绿色化发展，佳新投资数十亿元创新布局软体产业链，2024年5

月正式开工建设南康国际软体中心。项目建成后,不仅强链补链南康家具原辅材料交易市场,助力南康家具产业集群向 5000 亿产值目标腾飞迈进,更将创新引领行业降碳、扩绿,实现千亿家具产业绿色可持续发展。

(二)绿色建筑实践成效

在城市更新领域,佳新致力成为"健康美好城市服务商",打造人与自然和谐共生的绿色城市,以高品质生态环境助力城市内涵式、高质量发展。

绿色公园。佳新努力做好城市"护绿""增绿"文章,积极推进打造南康城市十里长廊——南康蓉江河省级湿地公园,发挥赣粤古驿道上"名人文化多、文化典故多、历史遗存多、县志记载多"的人文优势,更以"一轴三区"——蓉江水系为主轴,以"家居小镇特色产业区、南山森林公园文化生态区、大山脑原始森林公园旅游区"为中心,将湿地保护与利用两者紧密结合,形成"山、水、林、田、湖"生命共同体,包括赣州港、家居特色小镇、家具城、金融中心、商贸中心、工业园等在内的城市绿色生态区域,打造成人文历史与绿色自然交相辉映的城市郊野绿道,有效提高了湿地生态系统的服务功能。

图 2　佳兴·南山原著打造首个"格力健康家智慧社区"

注:佳新集团曾名佳兴集团。

绿色社区。佳新不断探寻可持续的建筑技术和绿色设计，助力"双碳"目标实现，如集团旗下佳兴·南山原著项目引入"格力零碳健康家"，通过能源、空气、健康、安防、光照五大核心管理系统，为业主打造绿色、健康、便捷、安全的人居环境，同时匹配格力智慧家电，让"全屋智慧健康家电"成为品质生活的标配，开创智慧家电相伴的健康生活"佳新样板"。

绿色建筑施工。佳新积极推行绿色施工技术，全面提升住宅项目的环保节能效益，有效减少了建筑垃圾的产生和工程施工对环境的影响。同时，佳新还在建筑垃圾回收利用、节能、节地、节材、节水、现场垃圾分类处理等方面持续改进创新，取得良好效果，充分践行了工程绿色施工"四节一环保"的要求。

（三）绿色振兴实践成效

提升赣州低空经济产业园生态性。佳新先后投入数千万元，积极从源头促进产业园的生态提升，不仅可以创造可观的绿色经济效益，更能实现经济发展与环境保护双赢。佳新同时引进格力学校、民宿等配套，丰富产业生态，极大提升了产业集聚效应。当前，赣州低空经济产业园发展迅速，已成为全国首个无人机物流配送试点，吸引丰羽顺途、明德新材等众多企业入驻，取得显著成果。

对接融入粤港澳大湾区，助力苏区产业振兴。佳新主动作为，助力格力电器入驻赣州，建立了格力电器在全球第十五个生产基地，2022 年实现首套"苏区造"空调顺利下线，年产超 300 万套，不仅带来巨大的经济效益，更形成了"引进一个、带来一批、拉长链条"的联动效应。

融入共建"一带一路"倡议。为助力千年瓷都与现代工业文明的有机融合，发挥新质要素资源整合优势，佳新集团董事长王家新多次奔赴景德镇、珠海两地，推动格力民族工业品牌与千年瓷都景德镇强强联合，讲好新时代中国品牌故事，为千年瓷都注入新质动能。目前，三方已达成初步意向合作协议。

图 3　推动格力电器携手千年瓷都战略合作

三　社会实践:"三大计划,构建美好生活"

多年来,佳新集团在稳健发展的同时,积极履行社会责任,多维度参与和谐社会创建,创新提出并深度践行"幸福佳园计划""'快乐工作,幸福生活'计划"和"慈善公益计划",在不断创造美好人居的同时,更将公益内化为企业常态化坚守的事业,第一时间把手伸向最困难的人,在与民共生、共创和谐上不断推动社会可持续发展。

(一)幸福佳园计划

佳新创新提出"幸福佳园计划"品牌主张,坚持购买放心、交付安心、入住舒心、生活开心的"四心"理念,坚持超预期兑现品质,让客户从购房到交付,从入住到生活都放心无忧。当前,佳新"匠心"文化已成为全体员工的自觉行动,数十个项目均实现零投诉完美交付,获得业内领先的客户满意度。

2023 年 1 月，佳新集团成功落地了南康首座滨江云宸"爱佳"透明工厂，以"标准透明、材料透明、过程透明、检验透明和服务透明"的 5 大透明维度和 12 大体验，实现项目 100% 全过程的透明展示，让客户更直观、简单地了解项目生命全周期，以严要求高标准引领行业发展方向，真正实现了"购买放心"。

佳新坚持匠心营造幸福佳园，在社区园林打造中，通过第四代 5 重 3 层森林园林体系，强化人景互动，用心用情构建美好花园生活。同时，佳新首次提出"全龄乐活社区"概念，并从老、中、幼三代娱乐、学习、健身等需求出发，着力打造了童梦乐园、四点半学堂、运动主题、图书馆主题、茶艺等多个有温度的社区架空层，满足全龄人群生活需要。

佳新不仅在社区内做足文章，超预期兑现品质，更以社区生活圈的视角，推进高标准打造幸福公园、格力实验学校、格力公园等公区，不断提升城市品质形象和群众幸福指数。

（二）"快乐工作，幸福生活"计划

佳新不断健全人才发展体系，竭力创造健康舒适的工作环境，创新提出了"快乐工作，幸福生活"计划，实实在在落地员工关怀，有效增强了员工归属感和幸福感。

人才引进培养。近年来，佳新每年引进人才上百人，不断增加女性员工比例，安置退伍军人和残疾人 35 名，劳动合同签约率和五险一金缴纳率 100%；建立健全人才发展体系，不同时期设立不同的培养计划，拓展培训的广度和深度，全方位为员工提供实现自我价值的平台。近三年来，佳新员工培训覆盖率均保持在 100%，为企业的发展奠定了坚实的人才基础。

保障员工健康生活。佳新每年为员工提供健康体检，开展健康讲座，更让员工"穿有工服、食有其味、住有所宜"。为员工建立"工服衣橱"，每年定制春、夏、秋、冬四套工作服；坚持选取绿色健康、质优价美的原材料，建立卫生管控机制，确保员工吃得放心；为员工免费提供住宿公

寓，并新增健身活动器材，品茗饮茶、读书看报休闲场所，创造良好的休息环境。

图 4　持续开展员工团建活动

关爱员工。佳新通过温馨、阳光、和谐的职场环境，建立了科学、规范的福利管理体系，并在员工入职、转正、晋升、生日，关爱员工家属，员工工作状态和发展期望等方面开展系列关怀活动，每年创新组织开展全民健身、"三八"关爱、"温暖重阳"等活动，为员工成长和幸福生活提供源源不断的动力。

（三）慈善公益计划

佳新集团无偿捐赠投资 2 亿元打造的"中国南康红木展览馆"，助力南康打造家具产业对外展示形象的靓丽窗口。从 2021 年到 2024 年，佳新集团的公益慈善捐赠金额分别为 1410 万元、1540 万元、1730 万元，公益慈善项目数量分别为 49 个、52 个、64 个，公益慈善捐赠包含教育文化、孤老优抚、疫情防控、乡村振兴、抢险救灾、医疗体育和公共环保等多个领域。

助力文教敬老。佳新投入 800 万元设立"佳兴奖教助学金"、投资 300 万元为南康第六小学兴建"佳兴楼"、捐赠 200 万元用于希望学校购买家具、成立"王氏助学基金会"、实施乡村教师"领头雁"项目、持续开展教

图 5 持续开展"尊老助教 情暖人间"公益活动

师节慰问等；向南康全区村（居）养老食堂建设累计捐赠近 200 万元，成立"王氏敬老、尊老基金会"，每年投入 100 万元以上，同时设立"佳兴专项帮扶基金"，已捐赠 150 万元用于帮扶和养老事业发展。

助力疫情防控。新冠疫情期间，佳新集团率先捐赠了总价值 120 万元的防疫物资及 100 万元的现金，主动在自身经营的园区厂房、专业市场中实行租金减免 3 个月，累计为商户减免租金 3200 万元。2021 年投入 500 万元作为抗疫经费，开展核酸采样等防疫物资捐赠及系列慰问一线抗疫人员等活动，用实际行动展现了高度的社会责任感。

助力乡村振兴。佳新积极响应"百企帮百村"行动号召，2020 年，率先与"十三五"贫困村南康区横市镇大陂村签订结对帮扶协议，创新扶贫扶智模式，投入 350 多万元培育高产油茶林特色产业，帮助该村户均年增收 2 万元，成功实现脱贫，走上产业致富之路。为有效巩固脱贫攻坚成果，佳新专门成立乡村振兴领导小组，常态化开展走访慰问，了解村情民意、村庄规划、产业发展、社会治理以及巩固脱贫攻坚成果同乡村振兴有效衔接的节点难点问题，先后送去价值 200 万元的慰问物资。

鉴于在公益慈善领域的突出贡献，佳新集团 2022 年首次入选"2022 中国民营企业社会责任优秀案例"，位列全国企业第 14 位，成为江西省唯一入选企业，成功跻身"2022 中国民营企业社会责任报告"榜单，王家新董事长荣获中国 2024"年度慈善家"荣誉称号。

结　语

展望未来，佳新将坚持企业绿色可持续发展方向，在 ESG 理念的引领下，把 ESG 高质量可持续发展深度融入企业核心战略、运营管理和社会责任履行中来，不断创新绿色发展和责任履行模式，根植社会，回馈社会，引领行业发展，奋力谱写民营企业发展新篇章，助推赣南革命老区振兴发展。

参考文献

赣州市委统战部：《优秀企业家精神典型案例——江西佳新控股（集团）董事长王家新》，同心赣南，2023 年 11 月 7 日，https：//mp. weixin. qq. com/s? src = 11&timestamp = 1735187791&ver = 5711&signature = CbN5wRKZKxYKHyrujPvb ∗ J4m − YPx − 7rwFNRxYgW 1qt0AGs3K ∗ KsY0LRyOj−W8BalatWnubpXoFH0TRJhNb6NppvYH ∗ ∗ JW2StqZLyBhZSN1lvFT z212wFhe56rmgBsb0d&new = 1。

陈莉：《南康一企业家获评"年度慈善家"》，《江西日报》2024 年 7 月 4 日，第 11 版。

B.17
珍视自然馈赠，厚植低碳未来

——以扬子江药业集团有限公司为例

王尊龙*

摘　要：　扬子江药业集团积极响应国家"双碳"战略，将绿色发展理念融入企业 ESG 治理全过程，积极探索大健康产业的高质量发展新模式。集团通过有机种植、生态设计等方案显著提升了资源利用的管理效率；以建设"无废集团"为策略，推动企业 ESG 治理方案不断优化；以实践创新为纲领，为"新污染物"治理工作的推进贡献力量。集团高度重视气候变化风险与机遇管理工作，积极部署和开展集团层面的"双碳"战略规划相关工作，以智能能源管理系统、可再生能源替代方案、绿色生产及绿色供应链管理为着力点，厚植集团绿色发展底色。

关键词：　扬子江药业　ESG　绿色发展　"双碳"战略

一　企业简介

扬子江药业集团有限公司（以下简称"扬子江药业集团"）始创于 1971 年，是一家跨地区、产学研相结合、科工贸一体化的大型医药企业集团，也是科技部命名的全国首批创新型企业。2024 年，有员工超 1.7 万人，形成了遍布全国的生产、研发和销售网络。主要产品涵盖中药、化药、生物药、大

---

* 本报告由扬子江药业集团有限公司 ESG 负责人王尊龙供稿，数据资料均由企业提供，课题组基于所供材料编辑而成。

健康等领域，部分产品出口至全球 30 多个国家和地区。集团秉承"求索进取，护佑众生"的使命，践行"高质、惠民、创新、至善"的核心价值观，弘扬"为父母制药，为亲人制药"的质量文化，致力向社会提供优质高效的药品和健康服务。

扬子江药业集团以《"健康中国 2030"规划纲要》为航标，深耕大健康领域，连续 14 年位居"工信部中国医药工业百强榜"前 10 强，位列"全国工商联 2022~2023 年度中国医药制造业百强榜"第 1 名；继 2022 年荣获"2022 中国年度最佳雇主大奖"后，又被评为"2023 年度责任企业"；2024 年，荣获"第十八届人民企业社会责任奖""ESG 典范企业奖"等奖项，并被评为"最具传播价值中国民族品牌"。

二　ESG 实践：循环经济，珍视自然馈赠

鉴于药品生产过程中对自然资源的大量需求，扬子江药业集团深刻认识到，合理规划和管理对自然资源的使用行为，不仅是降本增效的关键举措，更是减少环境影响、践行绿色发展理念的重要途径。

（一）以生态保护为基石，推动中药材种植基地高质量发展

没有科学种植，就没有好药材。从种植环节开始，集团不断探索中药材基地、溯源和质量的融合，相继在陕、甘、川、渝、豫、湘等道地药材产区建立了 80 个规范化药材种植基地，通过绿色发展、产业升级和生态保护，在黄芪、栀子、灯芯草、板蓝根等多个中药材品种上成功建立"种植—加工—销售"的全产业链帮促模式，因地制宜带动当地种植户致富、共享产业增值收益。

2018 年，扬子江药业集团在固阳选址建设黄芪标准化种植基地，为保障种植全流程可追溯，集团每年向种植基地派驻管理人员，帮助芪农对照集团标准，将每批黄芪生长的水土、气候、施肥等溯源信息进行日常录入。在集团与芪农共同努力下，黄芪基地成功通过"三无一全"（无硫加工、无黄曲霉

毒素污染、无公害和全过程可追溯）品牌认证、中国医药保健品进出口商会"药用植物种植和采集质量管理规范（GACP）"符合性认证、有机认证。

图1　"三无一全"品牌证书及药用植物种植和采集质量管理规范（GACP）

（二）以生态设计为抓手，探索绿色包装的创新之路

集团"绿色工厂"在项目立项、产品设计之初就引入了生态设计的理念，在设计阶段就考虑产品生命周期全过程的环境影响，通过改进产品制备方法设计和工艺设计，将产品在生产过程中及走向市场后对环境的影响降低到最低程度。同时，减少有毒有害物质的使用及污染物产生和排放，确保所立项的工艺产品在设计阶段符合GB/T32161—2015《产品生态设计通则》的相关规定及评价要求。

成效：通过一系列管理举措，截至2023年末，集团合计减少用纸量182.7吨、铝箔6.8吨、塑料441.9吨。其中，仅蓝芩口服液包装盒生态设计一个项目（即将药品说明书拓印在包装盒外侧，减少说明书的纸张使用），预计每年可节约包材成本800万元。

（三）以全面防控为目标，提升资源循环利用管理效率

扬子江药业集团从管理方法优化着手，不断完善管理思路。通过细化固

263

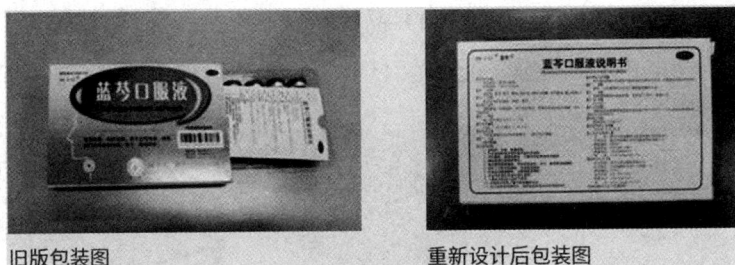

旧版包装图　　　　　　　　　　　重新设计后包装图

图 2　蓝芩口服液包装图

体废物分类要求，编制固废分类图鉴，达到固体废物准确投放，减少固体废物混存的风险。

扬子江药业集团江苏紫龙药业有限公司从废弃物流程管理细节入手，探求废弃物减量的机会。从源头减量，大幅减少"心脑血管、感染性、免疫系统、小分子药物以及神经性制剂药物产业化项目"原辅料废弃，降低危险废物产生量。

扬子江药业集团江苏制药股份有限公司使用直筒型提取器对废药渣中残留的乙醇进行回收，减少一般工业固体废物产生量。

扬子江药业集团南京海陵药业有限公司着力于废弃物处置过程的优化改进，在保证合规的前提下，将活性炭吸附废气流程优化为水喷淋处理，减少危险废物产生量。

扬子江药业集团江苏海慈生物药业有限公司积极探索废有机溶剂（危险废物）回收利用途径，将部分废有机溶剂由焚烧处置改为回收利用，2023 年全年累计回收废有机溶剂 350 吨。

（四）以建设"无废集团"为策略，优化企业 ESG 治理方案

在新发展理念引领下，2022 年 1 月，江苏省率先启动全域"无废城市"建设工作，将固体废物环境影响降至最低。2023 年 10 月，扬子江药业集团启动《"无废集团"建设实施方案（2024—2025 年）》，覆盖到集团省内 9 家生产型子公司。根据方案规划，到 2025 年，集团将完成固体废物"智慧环保"

平台建设，实现固体废物信息化、可视化管理，预计可减少固废产量 2990 吨每年，产生经济效益 1800 万元每年，并有效改善集团周边生态环境质量，增强生态环境承载能力，切实增进集团员工及周边居民的生活幸福感。

（五）以实践创新为纲领，推进"新污染物"治理工作

为贯彻落实国家《新污染物治理行动方案》和《江苏省新污染物治理工作方案》，保质保量完成江苏省"新污染物"治理工作任务，江苏省环境科学研究院（以下简称"省环科院"）成立工作专班，并牵头申请建设"江苏省新污染物治理工程研究中心"，扬子江药业集团是该项目中唯——家签订共建协议的工业企业。集团以自身在医药制造产业中的丰富经验，全过程全方位支撑新污染物治理工作，参与修订国标等污染物排放标准，协助制定更完善的国家污染物指南及管理方法。

成效：截至 2023 年末，集团已协助省环科院完成《江苏省新污染物治理工程研究中心建设方案》的编制，并将持续为项目提供研究场地及工作条件，提供布点、采样等工作支持，为新污染治理工艺研究和相关标准的制定贡献力量。

三　ESG 实践：绿色发展，厚植低碳未来

扬子江药业集团高度重视气候变化风险与机遇管理工作，为更好地贯彻ESG 理念，将气候风险相关工作纳入集团日常运营，建立了由执行委员会、ESG 办公室以及各业务职能部门组成的三级气候变化治理架构，由董事长作为气候变化事务的最高负责人。

集团积极推进"双碳"工作部署，自 2021 年起每年发布《各工厂碳中和及降本项目汇总》，总结高效节能减排经验和节能减排技术，指导下一年度的减碳策略。出台《扬子江药业集团"双碳"工作实施方案》，明确提出涵盖七项年度减碳计划的全面框架，旨在依托"一项标准、四个阶段、五大机制"的总体布局，全方位、多层次推动生产型子公司减污降碳进程。

2024 年，集团在完成全面碳盘查工作的基础上，积极展开了"双碳"战略规划的工作部署。

扬子江药业集团认为，扎实做好能源管理是"双碳"工作能够落地的关键。为了确保能源管理工作顺利有效开展，集团要求各生产型子公司建立能源管理架构，推广"建立健全能源管理体系、开展能源计量与监测管理、定期组织能源审计、持续优化能源管理、推广节能技术与设备应用"的"五步走"能源管理模式。截至 2023 年末，集团共计 7 家子公司通过 ISO50001 能源管理体系认证。

（一）搭建智能能源管理系统，全面提升能源管理效率

扬子江药业集团应用物联网技术搭建了能源计量监控系统（EnMS），以实现对各部门电、蒸汽使用状况的实时动态监控。一旦能源使用出现异常波动，相关部门能够迅速响应并妥善处理。

图 3　智能能源管理系统

通过搭建空压智能控制系统，可以实现对排气压力、温度和电能等多维数据的实时收集，基于 AI 算法模型，系统能够根据末端需求的变化，调整空压机的运行数量及频率，优化运行状态，选择最优运行策略。

智能系统完全投入使用后，可基于全面的能耗数据分析，科学厘定能源

流向，制定生产节能规划，有效推动单位产量能耗的持续降低，可实现"3号动力中心"节能率27.26%、"2号动力中心"节能率7.93%，年节约用电量约71万千瓦时。

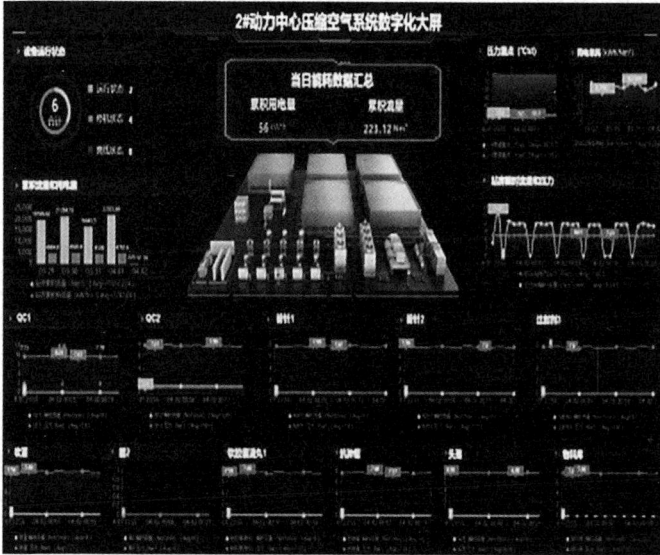

图4　空压站云智控—数字化大屏

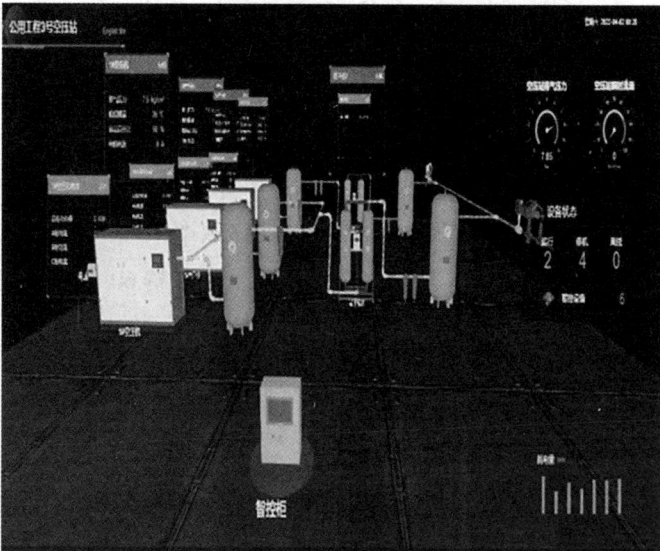

图5　3D组态界面

（二）探索可再生能源替代方案，创建美好零碳未来

2023年10月，扬子江药业集团正式启动一、二期规模共达30兆瓦的光伏建设项目，其中一期项目于2024年4月顺利竣工。该项目采用"自发自用、余电上网"的光伏应用模式，预计首年发电量可达3197.4万度，约占集团2023年总用电量的10%，有望为企业减少二氧化碳排放量18235吨，显著提升集团环保效益。

2024年4月，集团着手启动三期光伏项目，该项目覆盖具备安装条件的5家子公司。建设完成后，预计装机容量将达到9.87兆瓦，年均发电量有望突破1002.87万千瓦时，实现年减碳量5719吨。

（三）选用绿色生产设备和工艺，打造低碳环保新标杆

近年来，部分生产型子公司使用电能制冷机组替代效率低下的老旧溴化锂机组。截至2023年末，共计4家生产型子公司完成改造，年减少蒸汽使用34568吨，综合节约费用438万元，综合减少碳排放7723吨。

扬子江药业集团南京海陵药业有限公司针对2套公用工程制冷系统进行技术优化，使用低功率循环水泵替代卧式循环水泵，并基于实际制冷负荷，合理切换水泵，年节约电量28.56万千瓦时，节约电费23.76万元，减少碳排放163吨。

扬子江药业集团广州海瑞药业有限公司引入高性能空预锅炉替代原有燃气锅炉，降低污染物排放浓度的同时，锅炉热效率从85%提升至95%，每年可减少天然气使用量约15万立方米，节约天然气费60万元，减少碳排放328吨。

扬子江药业集团有限公司对注射用水灭菌周期进行工艺优化，延长灭菌周期，将最终灭菌车间的注射用水灭菌周期由30天/次调整为90天/次，单套全年减少8次灭菌，共计8套系统，全年减少64次灭菌，年节约蒸汽1664吨，节约费用39.44万元，减少碳排放495吨。

扬子江药业集团上海海尼药业有限公司改变产品工艺，将苯磺酸左氨氯

地平片和苯磺酸氨氯地平片流化床一步制粒工艺变更为粉末直压工艺，减少交叉污染的机会、提高生产效率，年节约电量 43.2 万度，减少碳排放246 吨。

扬子江药业集团江苏龙凤堂中药有限公司通过余热回收装置将高温的蒸汽冷凝水通过板式换热器进行热量交换，充分利用生产产生的余热为员工宿舍提供生活热水，全年累计减少蒸汽使用成本 40 万元，减少碳排放 700 吨。

（四）完善绿色供应链管理体系，共绘可持续发展新蓝图

扬子江药业集团制定并公布了绿色采购政策，明确对环保产品及服务的采购要求。在供应商选择和评价过程中，集团将 ESG 综合表现作为加分项，优先选择与拥有环保认证或在生产过程中进行可持续实践的供应商合作。截至 2023 年末，集团共有 3 家子公司获得国家级"绿色供应链"荣誉。

结　语

未来，扬子江药业集团将坚定不移地推进碳减排战略，致力于实现"双碳"目标。推广清洁能源，优化能源结构，以光伏发电、绿色建筑标准等为支撑，构筑绿色生产链条，逐步实现长远低碳发展。

参考文献

扬子江质量发展研究院：《为父母制药　为亲人制药——扬子江药业质量风险管控模式》，中国标准出版社，2022。

扬子汪药业集团党委书记、董事长徐浩宇：《加强品牌建设　共筑美好未来》，《人民日报》2024 年 5 月 9 日，第 14 版。

附录一
2024中国企业 ESG 100指数入选企业

企业名称（按照笔画升序排列）	企业名称（按照笔画升序排列）
一汽解放汽车有限公司	中国电子科技集团有限公司
三一重工股份有限公司	中国电能成套设备有限公司
万华化学集团股份有限公司	中国民生银行股份有限公司
上海农村商业银行股份有限公司	中国光大环境(集团)有限公司
上海晨光文具股份有限公司	中国华电集团有限公司
山东博汇纸业股份有限公司	中国华能集团有限公司
广西柳工机械股份有限公司	中国交通建设集团有限公司
广州汽车集团股份有限公司	中国邮政速递物流股份有限公司
广州越秀资本控股集团股份有限公司	中国物流集团有限公司
广联达科技股份有限公司	中国诚通控股集团有限公司
天合光能股份有限公司	中国建设银行股份有限公司
天齐锂业股份有限公司	中国建材集团有限公司
云南铜业股份有限公司	中国保利集团有限公司
比亚迪股份有限公司	中国神华能源股份有限公司
中国人民保险集团股份有限公司	中国盐业集团有限公司
中国工商银行股份有限公司	中国核能电力股份有限公司
中国大唐集团有限公司	中国铁道建筑集团有限公司
中国中药控股有限公司	中国铁路通信信号股份有限公司
中国中铁股份有限公司	中国旅游集团有限公司
中国节能环保集团有限公司	中国海洋石油有限公司
中国石油化工集团有限公司	中国通用技术(集团)控股有限责任公司
中国平安保险(集团)股份有限公司	中国铝业集团有限公司
中国东方航空股份有限公司	中国银行股份有限公司
中国北方稀土(集团)高科技股份有限公司	中国银河证券股份有限公司

企业名称（按照笔画升序排列）	企业名称（按照笔画升序排列）
中国移动通信集团有限公司	国家电网有限公司
中国融通资产管理集团有限公司	金风科技股份有限公司
长江三峡集团实业发展（北京）有限公司	金宇生物技术股份有限公司
龙湖集团控股有限公司	京东方科技集团股份有限公司
东风汽车集团有限公司	京东物流股份有限公司
东阿阿胶股份有限公司	宝山钢铁股份有限公司
北京农村商业银行股份有限公司	宜宾五粮液股份有限公司
北京首创生态环保集团股份有限公司	珀莱雅化妆品股份有限公司
北京首钢股份有限公司	南方电网国际有限责任公司
申万宏源集团股份有限公司	贵州茅台酒股份有限公司
四川长虹电器股份有限公司	美的集团股份有限公司
四川丝丽雅纤维科技有限公司	珠海格力电器股份有限公司
立讯精密工业股份有限公司	圆通速递有限公司
宁德时代新能源科技股份有限公司	浙江正泰电器股份有限公司
同程网络科技股份有限公司	海尔智家股份有限公司
华电国际电力股份有限公司	常州华利达服装集团有限公司
华润三九医药股份有限公司	烽火通信科技股份有限公司
多氟多新材料股份有限公司	深圳美丽魔方健康投资集团有限公司
兴业银行股份有限公司	维尔利环保科技集团股份有限公司
农夫山泉股份有限公司	联想集团有限公司
好想你健康食品股份有限公司	惠州亿纬锂能股份有限公司
佛山大学·广东好来客集团有限公司	紫金矿业集团股份有限公司
英科再生资源股份有限公司	晶科能源股份有限公司
杭州海康威视数字技术股份有限公司	湖南联诚轨道装备有限公司
旺能环境股份有限公司	福耀玻璃工业集团股份有限公司
国网（西安）环保技术中心有限公司	潍柴动力股份有限公司

附录二
《中国企业环境、社会与治理报告（2024）》企业案例索引

序号	位置	案例名称
1	B.2	立讯精密工业股份有限公司:构建绿色供应链,引领零碳发展
2	B.2	联想集团有限公司:科技创新赋能,共筑可持续发展生态
3	B.2	美的集团股份有限公司:打造"可持续灯塔工厂"绿色新样板
4	B.2	国网甘肃省电力公司武威供电公司:腾格里沙漠区域新型能源生态圈建设
5	B.2	佛山大学·广东好来客集团有限公司:校企共建,打造绿色餐饮校园
6	B.2	国网江苏省电力有限公司高邮市供电分公司:创新举措促进电网与东方白鹳和谐共生
7	B.2	多氟多新材料股份有限公司:低品位氟硅资源高质综合利用　助推绿色循环经济
8	B.2	中国人民保险集团股份有限公司:创新绿色保险,推动绿色金融业务高质量发展
9	B.2	四川长虹电器股份有限公司:绿色生产、节能家电与循环回收体系
10	B.2	山东博汇纸业股份有限公司:碳足迹认证,全生命周期零碳产品引领
11	B.2	中国电能成套设备有限公司:为兰考县域能源革命"赋能加速"
12	B.2	广西柳工机械股份有限公司:以智慧绿色机械延伸人类力量
13	B.2	上海农村商业银行股份有限公司:"心家园",金融赋能社会治理
14	B.2	农夫山泉股份有限公司:助力赣南脐橙发展,推动绿色乡村振兴
15	B.2	金宇生物技术股份有限公司:人病兽防,赋能畜牧业高质量发展
16	B.2	圆通速递股份有限公司:打通农村寄递"最后一公里"
17	B.2	烽火通信科技股份有限公司:与埃及共建"数字埃及"愿景
18	B.2	海亮集团有限公司:"教育+农业"双引擎,开创乡村振兴新路径
19	B.2	合肥泰禾智能科技集团股份有限公司:AI视觉识别技术赋能传统农业
20	B.2	深圳美丽魔方健康投资集团有限公司:公益路上的杰出践行者

续表

序号	位置	案例名称
21	B.2	中国邮政速递物流股份有限公司:产业融合,构建可持续发展新模式
22	B.2	北京首钢股份有限公司:构建全方位 ESG 管理体系,引领钢铁行业绿色发展
23	B.2	英科再生资源股份有限公司:践行 ESG 理念,铸可持续发展之路
24	B.2	江苏长电科技股份有限公司:加强公司治理,推动 ESG 落地
25	B.2	一汽解放集团股份有限公司:以创新和变革增强企业核心竞争力
26	B.2	中国核能电力股份有限公司:发布生物多样性保护实践报告
27	B.2	四川明星电力股份有限公司:完善可持续发展组织架构
28	B.2	云南铜业股份有限公司:"铜"创美好生活,优化公司治理
29	B.2	深圳德昌裕新材料科技有限公司:升级 5R 环保理念,打造可持续品牌
30	B.2	晶科能源股份有限公司:构建"CARE"框架 ESG 管理体系
31	B.3	北京首创生态环保集团股份有限公司:深耕环保行业,推动"生态+"战略发展
32	B.3	中节能太阳能科技(镇江)有限公司:零碳园区一体化解决方案
33	B.6	浙江正泰电器股份有限公司:引领绿色低碳转型,迈向零碳未来
34	B.6	天合光能股份有限公司:建立"零碳体系"
35	B.6	奇瑞控股集团有限公司:绿色供应链与社会责任的典范
36	B.6	泸州银行股份有限公司:创新金融产品和服务,助力绿色信贷发展
37	B.6	上海莱巍爵供应链管理有限公司:绿色低碳发展及影响力传播
38	B.6	国网浙江省电力有限公司余姚市供电公司:绿色"塑"变,探索塑料行业下游低碳管理

后　记

　　ESG，这一简洁的缩写，蕴含着驱动经济模式深刻变革的强大势能。在中国，它正逐步演变为政策创新的利器、区域竞争力提升的关键以及企业高质量发展的引擎。随着《中共中央　国务院关于全面推进美丽中国建设的意见》的颁布，ESG 被正式纳入美丽中国建设蓝图中重要的组成部分，为我们的研究探索注入了新的动力，指明了方向。作为中华环保联合会 ESG 专业委员会，我们深感责任重大，使命光荣。依托中华环保联合会广泛的行业影响力与深厚的资源积淀，我们汇聚了高等院校、科研机构、认证机构、企事业单位以及众多专家学者的智慧与力量，共同探索美丽中国建设的 ESG 实践路径，为这一时代课题贡献专业力量。

　　《中国企业环境、社会与治理报告（2024）》作为"企业 ESG 蓝皮书"系列的第二部，我们突破了以往仅限于上市公司研究的局限，以更加多元化的样本、更为广阔的视角，客观展现了当前中国企业在环境、社会与治理领域的深刻洞察与积极行动。本研究秉持长期跟踪的原则，深入剖析企业 ESG 意识与实践的演进，揭示企业 ESG 发展与社会各界的互动机制，通过价值观的引领激发企业可持续发展的内在动力，为美丽中国建设添砖加瓦。

　　在此，我们要向所有为本书编撰付出辛勤努力的同仁表达最深切的感激之情。是你们的智慧与汗水，让这部蓝皮书熠熠生辉。同时，我们特别感谢全国各级生态环境部门、环保组织、学术研究机构和广大企业的鼎力支持与积极参与。没有你们的信任与鼓励，我们的工作难以取得今天的成果。我们还要向中国质量认证中心、中国工业经济联合会碳达峰碳中和促进中心、北京融智企业社会责任研究院、中安正道自然科学研究院、南方周末中国企业社会责任研究中心、上海莱巍爵供应链管理有限公司、上海闵行区青悦环保信息技术服务中心、全联正道（北京）企业咨询管理有限公司、河南省企业社会责任促进中心、郑州全联云域大数据科技有限公司等机构及专家学者致以崇高的敬意。你们的专业指导与宝贵建议，为本书的编撰工作提供了坚实的支撑与保障。感谢出版界知名品牌社会科学文献出版社对本书编辑出版的鼎力支持。

中华环保联合会 ESG 专业委员会

2024 年 12 月

Abstract

As the second milestone in the first series of corporate ESG blue papers in China, *the China Corporate Environmental, Social and Governance Report* (*2024*) zeroes in on the ESG practices of Chinese enterprises. It combines professional insights, expert knowledge, and empirical research methodologies to offer an annual review and in-depth analysis of the ESG development and hot topics within the Chinese corporate landscape in 2024. Additionally, it provides projections and forecasts regarding future trends.

Based on the detailed data obtained from the special ESG research on enterprises across the country, combined with the public information of relevant departments such as the Ministry of Ecology and Environment and that of enterprises, this report makes an innovative breakthrough in the previous research limitations that only focused on listed companies. It expands the research perspective to a broader group of enterprises. In accordance with the group standard of the "Evaluation Guidelines for Enterprise Environmental, Social and Governance (ESG)" (T/ACEF 168—2024) issued by the All-China Environment Federation, an ESG index system is constructed. Based on the internal and external conditions and stage characteristics of China's enterprise ESG practices at present, a structured analysis of the data is carried out. By adopting the form that combines data, charts and cases, the report summarizes, analyzes and evaluates the capacity building, practice models and performance of the sample enterprises in terms of environment, society and corporate governance. Four special reports are set up, covering ESG investment policies, development and prospects, the action mechanism and strategic path of ESG in helping to achieve the "dual carbon" goals, the optimization of the ESG ecosystem and the mechanism for high-quality urban development, as well as the development trends and paths of ESG talents. It endeavors to provide references and examples for exploring the path of innovative development of ESG for Chinese enterprises.

The year 2024 marks the 20th anniversary of the United Nations Global Compact's introduction of ESG. The global ESG development landscape shows significant divergence: the United States has encountered a wave of resistance, the European Union has strengthened its regulatory efforts, while China demonstrates the most active and rapid progress. Despite facing various challenges, ESG development remains resilient and continues to expand its global influence. ESG provides a comprehensive, dynamic and long-term policy tool for China's high-quality development. In recent years, there have been frequent new policies in the ESG field in China, with high investment enthusiasm, both the quantity and quality of information disclosure advancing simultaneously, and professional services keeping up with the pace of the market. It presents a good trend of overall accelerated development with carbon peaking and carbon neutrality as the focus and information disclosure as the starting point. The influence of ESG is also transitioning from being an investment tool in the capital market to a guideline for urban development and being implemented in regional planning and corporate business practices. According to estimates, the ESG development index of Chinese enterprises is on a steady upward trend. The social dimension leads in scoring, and the environmental dimension witnesses the fastest growth. However, there is a marked disparity in the governance level. In particular, the gap between qualitative and quantitative metrics has shrunk, as corporate information disclosure has been enhanced. But supply chain management remains relatively feeble, and the transmission of ESG risks along the industrial chain has become a prominent issue. Chinese enterprises now encounter three major hurdles in ESG development, namely, ambiguous concepts, a lack of tools and a shortage of talent.

The report analyses the five major challenges to ESG development in China: insufficient knowledge of the concept, the quality of information disclosure needs to be improved, the evaluation system is diversified and complicated, the phenomenon of 'greenwashing' disrupts the market order, and the supply of tools is insufficient. Especially in the field of ESG investment, China's ESG bonds are mainly green bonds, the scale of asset management products is still small, and there is a gap with the international advanced level, facing imperfect regulatory policies, greenwashing risk, data bottlenecks, talent shortages and lagging behind in investor education and other challenges. Therefore, it is suggested that we start from strengthening the promotion of ESG concepts, promoting corporate ESG information disclosure, constructing localised ESG rating standards, and establishing a sound ESG regulatory system, in order to explore an effective path to build a new pattern of ESG development in China.

The report analyzes five major challenges in the development of ESG in China: insufficient understanding of the concept, the need to improve the quality of information disclosure, the multiplicity and complexity of evaluation systems, the phenomenon of "greenwashing" disrupting market order, and the inadequate supply of tools. Especially in the field of ESG investment, ESG bonds in China are mainly green bonds, and the scale of asset management products is still relatively small, with a gap compared to the international advanced level. They are faced with challenges such as imperfect regulatory policies, the risk of greenwashing, data bottlenecks, a shortage of talent, and lagging investor education. Therefore, it is recommended to start from aspects such as strengthening the publicity of the ESG concept, promoting the ESG information disclosure of enterprises, constructing localized ESG rating standards, and establishing and improving the ESG regulatory system, so as to explore effective paths for constructing a new development pattern of ESG in China.

Keywords: Chinese Corporate; ESG Practice; ESG Index; ESG Ecology

Contents

I   General Report

Abstract: This report focuses on the process of ESG in China, and summarises the current development of ESG in the world and China through both international and domestic dimensions. The global ESG development pattern is obviously divided: the United States is now boycotting the trend, the European Union has increased its regulation, while China is the most active and the fastest progressing country, and the ESG development has maintained its resilience and expanded its global influence in spite of various challenges. In recent years, China's ESG sector has been characterised by frequent new policies, investment boom, quality and quantity of information disclosure, and professional services, with a focus on carbon neutrality and disclosure, and an overall acceleration. The report analyses the five major challenges of ESG development in China: shallow concept cognition, information disclosure quality to be improved, increased diversification of the evaluation system, the phenomenon of 'greenwashing' disrupting the market, and insufficient supply of tools, and proposes to explore and improve the ESG regulatory system from the aspects of increasing ESG concept publicity, promoting ESG information disclosure of enterprises, constructing localized ESG rating standards, and establishing a sound ESG regulatory system. We propose to explore the effective path to build a new pattern of ESG development by increasing the publicity of ESG concept, promoting the disclosure of corporate ESG information, constructing localized ESG rating standards, and establishing a sound ESG regulatory system.

Keywords: Chinese Enterprises; ESG Concept Propaganda; ESG Information Disclosure; ESG Rating Standard; ESG Supervision System

II Evaluate Report

B.2 China Corporate ESG Index Report (2024)

Wang Haican, Mao Shiwei / 023

Abstract: Based on the national strategy of ecological civilisation and sustainable development, this report expands the research field to a wider group of enterprises, and selects 5, 168 enterprises of different industries, sizes, ownership structures, and listed and unlisted status as the sample group for tracking and observation. Based on the ESG group standard of China Environmental Protection Association, the index system is constructed to quantitatively analyse the main features and development trend of ESG development of Chinese enterprises. At the same time, 100 companies with outstanding performance in their respective fields were selected for both listed and unlisted sectors for industry reference and benchmarking. The study finds that the ESG development index of Chinese companies has been steadily improving, with the social dimension leading the way, the environmental dimension growing the fastest, and the governance level varying significantly. Specifically, the gap between qualitative and quantitative indicators has narrowed, corporate disclosure has improved, supply chain management is relatively weak, and ESG risk transmission in the industrial chain has been highlighted. Corporate ESG development faces three major obstacles: vague concept, lack of tools, and shortage of talents.

Keywords: Chinese Enterprises; ESG Index; Index Observation

Ⅲ　Industry Reports

Abstract: As a solid pillar of China's green transformation, the high-quality development of the environmental protection industry is deeply and actively driven by the ESG concept. The report points out that ESG plays a key role in promoting the environmental protection industry towards high-quality development, driving enterprises to accelerate the innovation and application of green technology, promoting resource recycling, reducing pollution, and leading the green transformation of the industrial chain to achieve a win-win situation for the economy and the environment. The study finds that environmental protection enterprises are actively responding to climate change, enhancing scientific and technological innovation, optimising industrial layout, and paying attention to employee well-being, and their ESG reports are increasing in number and being compiled in a more standardised and professional manner, with a focus on climate response and industrial transformation, and jointly contributing to the construction of a beautiful China.

Keywords: Environmental Enterprises; ESG Development; Climate Change; Industrial Transformation

Ⅳ　Thematic Reports

Abstract: ESG investment is increasingly becoming a core strategy in the international investment market. This report comprehensively analyses the connotation, characteristics, regulatory policies, market progress, challenges and development trends of ESG investment, which as an emerging investment concept, emphasizes non-financial considerations, and demonstrates long-term, non-negative, purposeful and beneficial characteristics. The report compiles the regulatory policies on ESG disclosure, rating and investment products, and points out that China's ESG bonds are mainly green bonds, and the scale of asset management products is relatively small, which is a gap with the international level. At the same time, the report reveals challenges such as unsound regulatory policies, greenwashing issues, data bottlenecks, talent shortages and insufficient investor education. Looking ahead, with the improvement of regulatory policy system, accelerated product and service innovation, increased investor attention and improved ESG investment ecosystem, ESG investment will usher in a broader development prospect.

Keywords: ESG Investment; ESG Bond; ESG Fund

B.5   Sound ESG Ecology for High-quality Urban Development

Sun Xiaowen / 119

Abstract: Cities play a key role in sustainable development and climate change response. The study finds that the ESG concept provides a new path for high-quality development of cities, and ESG eco-construction has become a new focus of sustainable competitiveness of cities; the current ESG eco-construction of cities mainly starts from promoting sustainable development, enhancing ESG investment, and strengthening industrial ESG competitiveness. It is suggested that cities should take into account their own realities and take multiple measures in terms of policy guidance, integration of industry and finance, platform construction, ecological empowerment, and regulatory reinforcement to accelerate the construction of ESG ecology and promote the high-quality development of cities.

Keywords: Cities; High-quality Development; ESG Ecology; Sustainable Development

B. 6 Mechanisms and Strategic Paths for ESG to Contribute to

the Achievement of the "Dual Carbon" Goal *Qu Weifeng* / 144

Abstract: ESG plays a key role in promoting the realization of the "dual carbon" goal. This report provides an in-depth analysis of the role of ESG in achieving the 'dual-carbon' goal, and proposes that the environmental dimension should promote emission reduction and efficiency improvement, and that enterprises should take energy saving, emission reduction, renewable energy and resource recycling as their core strategies; the social dimension should strengthen responsibility and fairness, and promote enterprises to take into account the community and the environment, so as to win the broad support of society's low-carbon transition; the governance dimension should ensure high standards of transparency and accountability, and lay a solid management foundation for the 'dual-carbon' goal. Through practical cases in the electrical and electronics, automotive, financial and service industries, ESG investment has demonstrated the multiple paths and remarkable results in promoting low-carbon development. At the same time, it proposes to strengthen policy support, corporate actions, social participation and international cooperation to meet the challenges of data standardization, financial sustainability, technological innovation and regulatory effectiveness, and to build a strategy system for ESG to contribute to the goal of 'dual-carbon'

Keywords: ESG; "Dual Carbon Goals"; Sustainable Development

B. 7 Trends and Pathways for ESG Talent

Li Mocheng, Mao Qiaorong / 165

Abstract: This report focuses on the career groups and talent development paths spawned by ESG development. The study finds that four major career groups-ESG investment analysts, professional analysts, report compilers, and researchers-have emerged, and the demand for jobs is growing against the trend. Career development paths cover three directions: service enterprises, internal enterprises, NGOs and industry associations. It is recommended to strengthen the cultivation of ESG talents in terms of attitude, knowledge and skills to help sustainable development.

Keywords: ESG Talents; ESG Careers; Career Development Paths

V Typical Cases

B. 8 Strengthening ESG Construction, Enhancing ESG Performance and Actively Contributing to Global Sustainable Development with CCCC's Power
—*Taking China Communications Construction Group Ltd. as an Example*　　　　　*Wu Jianzhen* / 178

Abstract: As a leading force and the mainstay in China's transportation construction sector, as well as an important participant and an active contributor to the high-quality construction of the " Belt and Road Initiative ", China Communications Construction Group (CCCC) has been deeply implementing the new development concept and the global governance concept of extensive consultation, joint contribution and shared benefits. It has actively put into practice the "Global Development Initiative" put forward by President Xi Jinping. In line with the responsibility concept of " driven by vision, motivated by goals and promoted by brand", it has established seven major management systems covering concept, goal, organization, institution, communication, training and brand. Following the relevant requirements of the State-owned Assets Supervision and Administration Commission of the State Council and the information disclosure regulations of the Stock Exchange of Hong Kong Limited, the Shanghai Stock Exchange and the Shenzhen Stock Exchange, CCCC has been compiling social responsibility reports for 17 consecutive years and independent ESG reports for 4 consecutive years. It has fulfilled its social responsibilities with high standards, vigorously promoted ESG construction, and actively contributed CCCC's strength to China's modernization drive and global sustainable development.

Keywords: CCCC Group; ESG; Social Responsibility

B.9 ESG Innovation in Supply Chain Logistics Driven by New Quality Productivi forces.
—*Taking JD Logistics Co. , Ltd. as an Example*

Zhang Wanshi / 186

Abstract: Under the new development pattern, the logistics industry, as a basic industry supporting the development of the national economy, has to create new-quality productive forces with high-tech, high-efficiency and high-quality characteristics through innovation, in line with advanced development concepts. In 2024, with green and low-carbon development an inevitable trend in modern logistics, JD Logistics continues to be rooted in the broad real economy, deeply integrates into the national development agenda and the wave of green development It has been actively adopting a variety of innovative measures to realize carbon reduction and carbon lowering in all links of the supply chain; it continues to provide a large number of jobs for the society, with a total number of more than 450000 employees, and makes unremitting efforts to realize a better life for the people, and promotes the high-quality development of the enterprise, the industry and the society.

Keywords: JD Logistics; ESG; Joint Carbon Reduction; Employment Contribution; New Quality Productive Forces

B.10　Building a "Green Barrier" for Mangrove Protection

　　　　by Utilizing Comprehensive Financial Advantages

　　　　—*Taking Ping An Insurance（Group）Company of*

　　　　China, Ltd. as an Example　　　　*Xin Wei* / 195

　　Abstract：Since the "double carbon" goal was proposed, the climate regulation role of carbon sinks has been widely noticed and emphasized. Mangrove wetland ecosystems play an irreplaceable role in addressing climate change, protecting biodiversity and maintaining sustainable development. In 2023, relying on its comprehensive financial capabilities, Ping An actively explored innovations in green finance and services, supported the construction of the Shenzhen International Mangrove Center, and planned to launch a comprehensive financial service plan for mangrove protection, which combined "mangrove carbon sink insurance + mangrove ecological protection charitable trust + technology empowerment + volunteer services". It gave a full-throttle push to mangrove protection efforts, lending firm support to the building of the "Shenzhen International Mangrove Center" and setting a sterling example for how finance could supercharge green development.

　　Keywords：Ping An of China; Mangrove Forest; Ecological Restoration; Charitable Trust

B.11　Innovating International Brand Communication,

　　　　Amplifying CSG's Overseas Voice

　　　　—*Taking China Southern Power Grid International Co.,*

　　　　Ltd. as an Example

　　　　　　　　Ruan Xiaoguang, Liu Wei and Wang Na / 203

　　Abstract：China Southern Power Grid International Co., Ltd. has been actively promoting its international development and has become an important exemplar for state-owned central enterprises to "go global" and participate in the "Belt and Road Initiative" construction. The company not only conducts international business in over ten countries and regions around the world but also attaches great importance to the international dissemination of its brand and innovates its international communication strategies. By setting up official main accounts such as official websites and social media accounts and formulating the "1+2+3+N" key publicity strategy, CSG International tells overseas stories from a non-official perspective, enhancing the efficiency of international communication. Regarding the content of brand communication, CSG International focuses on integrated innovation. It has launched a series of content, such as the short video "Guardianship at 26℃" and the poster "Report Card of the Guangdong-Hong Kong-Macao Greater Bay Area", which have received extensive attention and acclaim. Meanwhile, the company also emphasizes cultural integration. By advancing "cross-cultural" integration work, it has established good relationships with local governments and the public at project locations, improving the company's international image. In terms of fulfilling social responsibilities, CSG International actively conducts public welfare activities, such as the "Champa Flower" charity event and the "Small but Beautiful" livelihood projects, making positive contributions to local societies and further strengthening the appeal of the CSG brand.

Keywords: CSG International; Internationalization of Brand Communication; Cross-cultural Integration; Building the "Belt and Road" Initiative

B. 12 Wanhua Chemical, Better Life
— *Taking Wanhua Chemical Group Co. , Ltd. as an Example*
Wang Anyu / 213

Abstract: Wanhua Chemical is a state-controlled, globally-operated new chemical materials company, ranking 16th among the world's top 50 chemical companies. With technological innovation as its core competitiveness, the company has many national laboratories and scientific research talents. In recent years, Wanhua Chemical has been committed to sustainable development and has upgraded its sustainable development strategy around environment, society and governance. In terms of environment, Wanhua Chemical promotes the implementation of dual-carbon goals, strengthens environmental protection, and realizes clean energy utilization and industrial waste heat for heating; in terms of society, Wanhua Chemical focuses on safety, health and talent development, actively fulfilling its social responsibility, by carrying out science education and public welfare activities; in terms of governance, Wanhua Chemical optimizes the governance structure, improves the ESG management mechanism, and creates a fair and just corporate culture. Through continuous innovation and responsible operation, Wanhua Chemical creates a better life for mankind.

Keywords: Wanhua Chemical; ESG; Dual-carbon Goals; Employee Development

B . 13   Green Low Carbon Leads Electrification Transformation

—*Taking BYD Company Limited as an example*

Zheng Xing , Liu Qiuyun / 221

Abstract: The development of new energy vehicles is a necessary road towards an automotive powerhouse, and energy saving, environmental protection and safety are the eternal themes of the development of the automotive industry. BYD actively responds to the national dual-carbon goal, integrates the concept of sustainability into its corporate development, and is committed to promoting environmental protection and social responsibility through technological innovation, launching disruptive technologies and products one after another, promoting the transformation of electrification in the field of transportation, and advancing a higher level of green and sustainable development. At the same time, BYD actively fulfills its social responsibilities, supports education and charity, cares for its employees, and creates long-term corporate value with the ultimate technology, products and experiences to continuously satisfy people's aspirations for a better life.

Keywords: BYD; Green Strategy; Technology Innovation; Social Responsibility

B. 14 Building A Low-carbon Steel and Iron Enterprise and
Stepping on the Road of Green Development
—*Taking Shanxi Jianbang Group Co. , Ltd. as an Example*
Zhang Hongxu / 231

Abstract: As a leading enterprise in the field of iron and steel manufacturing, Shanxi Jianbang Group has always actively implemented the concept of green development. By innovating green process technology, and building green factories, the company has been persistently engaged in " environmental protection initiatives" action, to live up to A standards Jianbang Group firmly focuses on carbon fixation and reduction, and has actively developed the recycling and circular use of scrap steel, shorten the process of steelmaking. The company is making every effort to build a sustainable development model with high technological content, high production efficiency, high safety and reliability, low emission and low cost, leading the green development of the industry and helping to realize the double-carbon goals.

Keywords: Shanxi Jianbang; Double Carbon Goals; Pollution Prevention and Control; Green Development

B . 15 ESG and Digital Technology Innovation Enmpowering

Green Transformation

—*Taking iSoftStone Information Technology (Group) Co. ,*

Ltd. as an Example   *Dong Ruiqiang / 240*

Abstract: iSoftStone takes the ESG concept as a guideline for practicing long-termism, following the development trend of new-generation digital technology. Grasping the market opportunities of intelligence, autonomy, greening and internationalization, and based on the deep accumulation of its own technological empowerment and profound insight into customers' needs, iSoftStone promotes the green transformation through ESG and digital technological innovation, empowering the enterprises to digitize and decarbonize in "parallel" and the sustainable development of the economy and society.

Keywords: iSoftStone; Digital Technology; Green Transformation; Sustainable Deveopment

B . 16 ESG Innovation Enabling Jiaxin's Sustainable Development

Path

—*Taking Jiangxi Jiaxin Holdings (Group) Co. , Ltd. as*

an Example   *Li Dongxiao / 251*

Abstract: As a private enterprise deeply entrenched in the revolutionary old areas of southern Jiangxi, the Jiaxin Group has always been committed to being led by green initiatives and empowered through innovation. It has thoroughly incorporated high-quality, sustainable ESG development into its core strategies, operational management, and social responsibility fulfillment. The Jiaxin Group has realized harmonious coexistence between business operations and the ecological environment by building a green development system that covers green industry practices, green building practices, and green revitalization efforts. In the green industry domain, the Jiaxin Group has vigorously propelled the Nankang furniture industry's green transformation and upgrade towards the "pan-home furnishing" industry, erecting multiple large-scale industrial chain platforms along the way. Concerning green buildings, the Jiaxin Group is dedicated to forging green cities where humanity and nature live in harmony, pushing forward the construction of green buildings and ecological communities. With regard to green revitalization, the Jiaxin Group has augmented the ecological attributes of the Ganzhou Low-altitude Economic Industrial Park, interfaced and integrated with the Guangdong-Hong Kong-Macao Greater Bay Area, lent a hand to the industrial rejuvenation of the Soviet Area, and dovetailed into the national "Belt and Road Initiative" strategy. Moreover, the Jiaxin Group has also been actively shouldering its social responsibilities, engaging in the creation of a harmonious society on multiple fronts. It has innovatively put forward and deeply implemented the "Happy Jiaxin Garden Plan", the "Happy Work, Happy Life Plan", and the "Charity and Public Welfare Plan", continuously fueling the engine of social sustainable development.

Keywords: Jiaxin Holdings; ESG; Green Development; Social Responsibility

B.17　Valuing Natural Gifts and Planting a Low-Carbon Future

　　—*Taking Yangtze River Pharmaceutical Group Co.*,

　　Ltd. as an Example　　　　　　　　　*Wang Zunlong* / 261

Abstract: Yangzijiang Pharmaceutical Group actively responds to the national "dual-carbon" strategy, integrates the concept of green development into the whole process of corporate ESG governance, and actively explores a new mode of high-quality development for the health industry. The Group has significantly improved the management efficiency of resource utilization through organic cultivation and eco-design; With the strategy of building a "zero-waste group", it has continuously optimized the enterprise's ESG governance solutions. Guided by practical innovation, it has contributed to the promotion of the governance work on "emerging pollutants". The Group attaches great importance to the management of climate change risks and opportunities and actively deploys and carries out the work related to the "Dual Carbon" strategic planning at the Group level, focusing on the intelligent energy management system, renewable energy substitution program, green production and green supply chain management, it has firmly established the foundation for the group's green development.

Keywords: Yangtze River Pharmaceutical; ESG; Green Development; "Dual Carbon" Strategy

社会科学文献出版社

皮 书

智库成果出版与传播平台

❖ 皮书定义 ❖

皮书是对中国与世界发展状况和热点问题进行年度监测，以专业的角度、专家的视野和实证研究方法，针对某一领域或区域现状与发展态势展开分析和预测，具备前沿性、原创性、实证性、连续性、时效性等特点的公开出版物，由一系列权威研究报告组成。

❖ 皮书作者 ❖

皮书系列报告作者以国内外一流研究机构、知名高校等重点智库的研究人员为主，多为相关领域一流专家学者，他们的观点代表了当下学界对中国与世界的现实和未来最高水平的解读与分析。

❖ 皮书荣誉 ❖

皮书作为中国社会科学院基础理论研究与应用对策研究融合发展的代表性成果，不仅是哲学社会科学工作者服务中国特色社会主义现代化建设的重要成果，更是助力中国特色新型智库建设、构建中国特色哲学社会科学"三大体系"的重要平台。皮书系列先后被列入"十二五""十三五""十四五"时期国家重点出版物出版专项规划项目；自2013年起，重点皮书被列入中国社会科学院国家哲学社会科学创新工程项目。

皮书网

（网址：www.pishu.cn）

发布皮书研创资讯，传播皮书精彩内容
引领皮书出版潮流，打造皮书服务平台

栏目设置

◆ 关于皮书
何谓皮书、皮书分类、皮书大事记、
皮书荣誉、皮书出版第一人、皮书编辑部

◆ 最新资讯
通知公告、新闻动态、媒体聚焦、
网站专题、视频直播、下载专区

◆ 皮书研创
皮书规范、皮书出版、
皮书研究、研创团队

◆ 皮书评奖评价
指标体系、皮书评价、皮书评奖

所获荣誉

◆ 2008 年、2011 年、2014 年，皮书网均
在全国新闻出版业网站荣誉评选中获得
"最具商业价值网站"称号；

◆ 2012 年，获得"出版业网站百强"称号。

网库合一

2014 年，皮书网与皮书数据库端口合
一，实现资源共享，搭建智库成果融合创
新平台。

皮书网

"皮书说"
微信公众号

权威报告·连续出版·独家资源

皮书数据库
ANNUAL REPORT(YEARBOOK)
DATABASE

分析解读当下中国发展变迁的高端智库平台

所获荣誉

- 2022年，入选技术赋能"新闻+"推荐案例
- 2020年，入选全国新闻出版深度融合发展创新案例
- 2019年，入选国家新闻出版署数字出版精品遴选推荐计划
- 2016年，入选"十三五"国家重点电子出版物出版规划骨干工程
- 2013年，荣获"中国出版政府奖·网络出版物奖"提名奖

皮书数据库　　"社科数托邦"
　　　　　　　　微信公众号

成为用户

　　登录网址www.pishu.com.cn访问皮书数据库网站或下载皮书数据库APP，通过手机号码验证或邮箱验证即可成为皮书数据库用户。

用户福利

- 已注册用户购书后可免费获赠100元皮书数据库充值卡。刮开充值卡涂层获取充值密码，登录并进入"会员中心"—"在线充值"—"充值卡充值"，充值成功即可购买和查看数据库内容。
- 用户福利最终解释权归社会科学文献出版社所有。

数据库服务热线：010-59367265
数据库服务QQ：2475522410
数据库服务邮箱：database@ssap.cn
图书销售热线：010-59367070/7028
图书服务QQ：1265056568
图书服务邮箱：duzhe@ssap.cn

社会科学文献出版社　皮书系列
SOCIAL SCIENCES ACADEMIC PRESS (CHINA)
卡号：923292914437
密码：

S 基本子库
SUB DATABASE

中国社会发展数据库（下设 12 个专题子库）

紧扣人口、政治、外交、法律、教育、医疗卫生、资源环境等 12 个社会发展领域的前沿和热点，全面整合专业著作、智库报告、学术资讯、调研数据等类型资源，帮助用户追踪中国社会发展动态、研究社会发展战略与政策、了解社会热点问题、分析社会发展趋势。

中国经济发展数据库（下设 12 专题子库）

内容涵盖宏观经济、产业经济、工业经济、农业经济、财政金融、房地产经济、城市经济、商业贸易等 12 个重点经济领域，为把握经济运行态势、洞察经济发展规律、研判经济发展趋势、进行经济调控决策提供参考和依据。

中国行业发展数据库（下设 17 个专题子库）

以中国国民经济行业分类为依据，覆盖金融业、旅游业、交通运输业、能源矿产业、制造业等 100 多个行业，跟踪分析国民经济相关行业市场运行状况和政策导向，汇集行业发展前沿资讯，为投资、从业及各种经济决策提供理论支撑和实践指导。

中国区域发展数据库（下设 4 个专题子库）

对中国特定区域内的经济、社会、文化等领域现状与发展情况进行深度分析和预测，涉及省级行政区、城市群、城市、农村等不同维度，研究层级至县及县以下行政区，为学者研究地方经济社会宏观态势、经验模式、发展案例提供支撑，为地方政府决策提供参考。

中国文化传媒数据库（下设 18 个专题子库）

内容覆盖文化产业、新闻传播、电影娱乐、文学艺术、群众文化、图书情报等 18 个重点研究领域，聚焦文化传媒领域发展前沿、热点话题、行业实践，服务用户的教学科研、文化投资、企业规划等需要。

世界经济与国际关系数据库（下设 6 个专题子库）

整合世界经济、国际政治、世界文化与科技、全球性问题、国际组织与国际法、区域研究 6 大领域研究成果，对世界经济形势、国际形势进行连续性深度分析，对年度热点问题进行专题解读，为研判全球发展趋势提供事实和数据支持。

法律声明

"皮书系列"（含蓝皮书、绿皮书、黄皮书）之品牌由社会科学文献出版社最早使用并持续至今，现已被中国图书行业所熟知。"皮书系列"的相关商标已在国家商标管理部门商标局注册，包括但不限于 LOGO（✍）、皮书、Pishu、经济蓝皮书、社会蓝皮书等。"皮书系列"图书的注册商标专用权及封面设计、版式设计的著作权均为社会科学文献出版社所有。未经社会科学文献出版社书面授权许可，任何使用与"皮书系列"图书注册商标、封面设计、版式设计相同或者近似的文字、图形或其组合的行为均系侵权行为。

经作者授权，本书的专有出版权及信息网络传播权等为社会科学文献出版社享有。未经社会科学文献出版社书面授权许可，任何就本书内容的复制、发行或以数字形式进行网络传播的行为均系侵权行为。

社会科学文献出版社将通过法律途径追究上述侵权行为的法律责任，维护自身合法权益。

欢迎社会各界人士对侵犯社会科学文献出版社上述权利的侵权行为进行举报。电话：010-59367121，电子邮箱：fawubu@ssap.cn。

社会科学文献出版社